rororo

rororo

Tony Hillerman wurde 1925 als Farmersohn in Oklahoma geboren und besuchte acht Jahre lang als Tagesschüler ein Internat für Indianer. Neben seinen Tätigkeiten als Journalist und Dozent an der University of New Mexico begann er Ende der sechziger Jahre Kriminalromane zu schreiben. Für seine Ethnothriller um die Navajo-Cops Jim Chee und Joe Leaphorn erhielt er von der Vereinigung der amerikanischen Krimi-Autoren den Edgar Allan Poe Award und den Grandmaster Award. Hillermans Romane wurden in siebzehn Sprachen übersetzt. Der sechsfache Vater lebt mit seiner Frau in Albuquerque, New Mexico.

Den vorliegenden Roman «Wer die Vergangenheit stiehlt» hält Tony Hillerman selbst für seinen besten.

TONY HILLERMAN

Wer die Vergangenheit stiehlt

Roman

Deutsch von
Klaus Fröba

Rowohlt Taschenbuch Verlag

Neuausgabe Oktober 2001
Veröffentlicht im Rowohlt Taschenbuch Verlag GmbH,
Reinbek bei Hamburg, Juni 1990

Die Originalausgabe erschien 1988 unter
dem Titel «A Thief of Time» bei Harper and Row
Publishers, New York

Umschlaggestaltung any.way, Cathrin Günther
Illustration Jürgen Mick
Gesamtherstellung Clausen & Bosse, Leck
Printed in Germany
ISBN 3 499 23048 8

Mit besonderem Dank an Dan Murphy vom U.S. Park Service, der mich auf die Ruinen am Flußlauf des San Juan aufmerksam gemacht hat, an Charley und Susan DeLorme und all die anderen begeisterten Wildwasserfahrer, an Kenneth Tsosie vom White Horse Lake, an Ernie Bulow und Tom und Jan Vaughn und ihre Familie im Chaco Culture National Historic Park.

Die Personen in diesem Buch sind frei erfunden. Aber es ist wahr, daß Drayton und Noi Vaughn jeden Morgen achtzig Meilen weit mit dem Schulbus fahren müssen. Nur, die beiden sind natürlich in Wirklichkeit viel großartigere Kinder als die, die ich in meinem Buch schildere.

Ich widme dieses Buch Steven Lovato, dem erstgeborenen Sohn von Larry und Mary Lovato. Ich wünsche ihm ein Leben in Harmonie mit allem, was ihn umgibt.

Und noch etwas möchte ich anmerken: Die meisten Schauplätze dieses Romans habe ich wirklichkeitsgetreu geschildert. Der Name *Many Ruins Canyon* ist erfunden, und die Lagebeschreibung ist absichtlich irreführend, um die Felswohnungen vor Plünderung und Verwüstung zu schützen.

Blanding
UTAH
Bluff
Montezuma
Creek
San Juan
Mexican
Hat
Navajo
Mountain
Monument
Valley
Dinnehotso
Carrizo Mtns.
Kayente
Greasewood
Flat
Black Mesa
Chuska
Rough Rock
Many
Farms
Chinle
Canyon
de Chelly
Hopi Villages
ARIZONA
Chuska
Window
Rock
Ganado
Dookóoosłíid
(San Francisco
Peak
Painted Desert

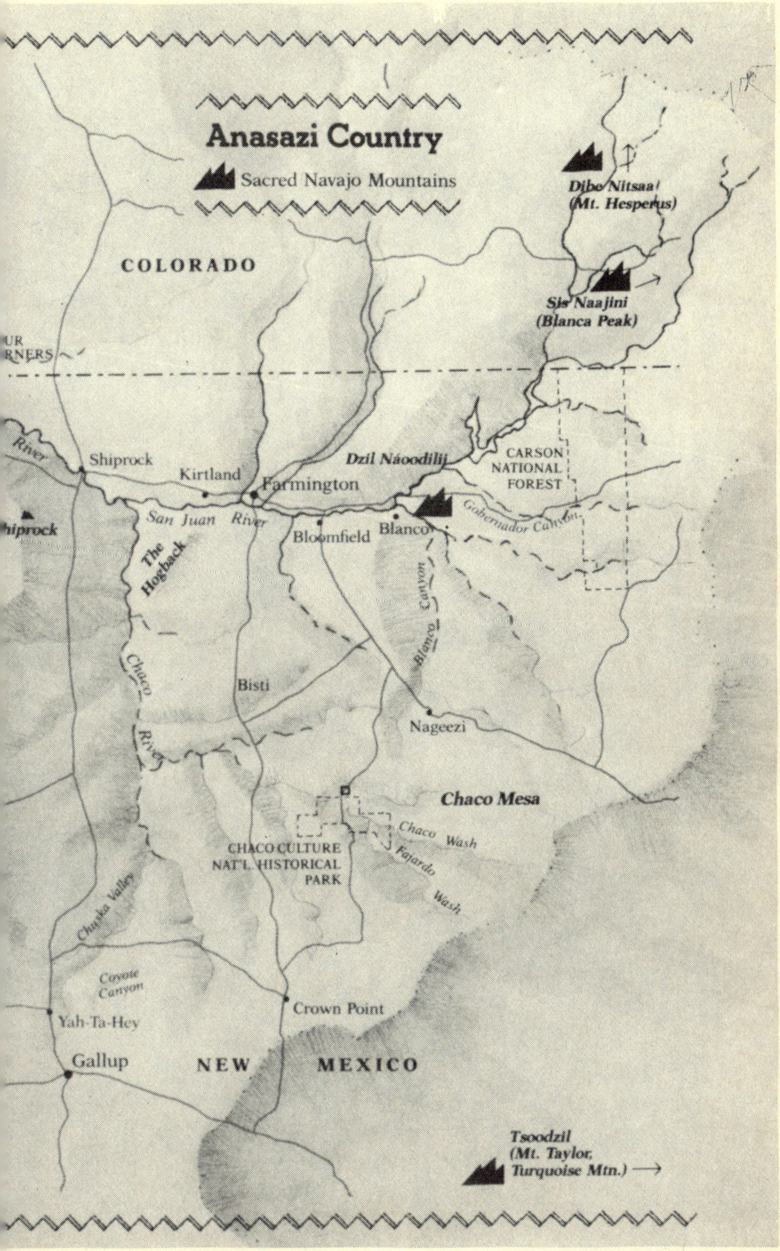

Anasazi Country
Sacred Navajo Mountains
Dibe Nitsaa
(Mt. Hesperus)
COLORADO
Sis Naajini
(Blanca Peak)
Shiprock
Kirtland
Farmington
Dzil Náoodilii
CARSON
NATIONAL
FOREST
San Juan River
Bloomfield
Blanco
Gobernador Canyon
The Hogback
Blanco Canyon
Chaco River
Bisti
Nageezi
Chaco Mesa
Chaco Wash
Fajardo Wash
CHACO CULTURE
NAT'L. HISTORICAL
PARK
Chuska Valley
Coyote Canyon
Crown Point
Yah-Ta-Hey
Gallup
NEW MEXICO
Tsoodzil
(Mt. Taylor,
Turquoise Mtn.)

1

Die Mondscheibe hing dicht über den Klippen hinter ihr. Das fahle Licht fiel auf die Gestalt im trockenen Flußlauf, malte überlebensgroße, bizarre Schatten auf den festen Sandboden. Bald ließ der Schatten den mächtigen Umriß eines Riesen ahnen, bald sah er schmächtig und dünnbeinig aus wie die Strichzeichnungen auf den Felsmalereien der Anasazi. Manchmal, wenn der Ziegenpfad einen Bogen schlug und die Gestalt ihr Profil dem Mondlicht zuwandte, verwandelte sich der Schatten in Kokopelli. Der Rucksack wurde im Schattenspiel zum Buckel des Geistes, der Wanderstock war Kokopellis gekrümmte Flöte. Hätte in solchen Augenblicken ein Navajo von oben, von den Bergen aus, auf den Schatten hinuntergeblickt, wäre er ihm wie der große *yei* persönlich erschienen, der mächtige Geist, den sie in den Clans des Nordens den Wasserspendenden nannten. Und genauso hätte ein Anasazi ihn sehen müssen: als den Buckligen Flötenspieler, den gewalttätigen Raufbold, den dieses spurenlos untergegangene Volk als Gott der Fruchtbarkeit verehrt hatte. Aber ein Anasazi konnte ihn nicht sehen, es sei denn, er wäre nach tausend Jahren Grabesruhe aus den Schutthalden unter den Ruinen der Felsenwohnungen auferstanden.

Das Schattenbild war nur der Umriß von Dr. Eleanor Friedman-Bernal im milden Licht des Oktobermondes. Jetzt legte sie gerade eine Pause ein, nahm den Rucksack ab, massierte sich die Schultern, ließ sich von der kalten Luft der Bergwüste das verschwitzte T-Shirt trocknen und dachte über den langen Tag nach, der hinter ihr lag.

Niemand konnte sie gesehen haben. Sicher, als sie aus Chaco weggefahren war – das hatten die Kinder gesehen, die schon vor Tau und Tag auf den Beinen sein mußten, weil der Schulbus so früh fuhr. Und die Kinder hatten es bestimmt ihren Eltern erzählt. Ein Dutzend Erwachsene und zwei Kinder auf engstem Raum, da sprach sich eben alles herum. Ausgeschlossen, sich dort so etwas wie eine Privatsphäre zu bewahren.

Aber sie hatte alles gründlich vorbereitet. Sie war von Haus zu

Haus gegangen und hatte dafür gesorgt, daß im Ausgrabungsteam jeder Bescheid wußte. Sie wollte nach Farmington fahren, hatte sie gesagt und sich sogar die Post für die Sammelstelle am Handelsposten Blanco mitgeben lassen. Und natürlich mußte sie bei der Gelegenheit eine Einkaufsliste schreiben, all die Kleinigkeiten, die die Leute so brauchten. Für Maxie hatte sie eine ganze Geschichte erfunden. Daß sie das Chacofieber hätte, einfach mal wegmüßte, ins Kino gehen, abends in einem Restaurant essen, die letzte Glut eines Kaminfeuers schnuppern, andere Stimmen hören, zum Telefon greifen in der Gewißheit, daß es auch wirklich funktionierte, und irgendwo anrufen – irgendwo, wo die Zivilisation zu Hause war. Einfach mal eine Nacht woanders schlafen, an einem Ort, an dem nichts an die eintönige Stille von Chaco erinnerte. Maxie hatte das gut verstehen können. Falls sie sich überhaupt etwas dabei dachte, dann nur, daß Dr. Eleanor Friedman-Bernal sich wahrscheinlich mit Lehman treffen werde. Und solche Gedanken sollte Maxie ruhig hegen, Eleanor hatte nichts dagegen.

Der Griff des Klappspatens, den sie am Rucksack befestigt hatte, drückte sich schmerzhaft in ihren Rücken. Sie rückte das Tragegestell zurecht, zurrte die Gurte fest. Der verzerrte Schrei einer Eule, die oben im Cañon Jagd auf Nagetiere machte, zerriß die Stille der Nacht. Eleanor warf einen Blick auf die Armbanduhr. 10:11 las sie ab, bevor die Leuchtanzeige auf 10:12 sprang. Sie hatte noch genug Zeit.

In Bluff hatte sie niemand gesehen, da war sie ganz sicher. Sie hatte von Shiprock aus angerufen, um sich zu vergewissern, daß sich auch wirklich niemand in Bo Arnolds altem Haus draußen am Highway aufhielt. Das Telefon war nicht abgenommen worden. Und als sie ankam, lag das Haus im Dunkeln. Sie hatte kein Licht gemacht, sondern einfach unter dem Blumenkasten nach dem Schlüssel getastet, Bo versteckte ihn immer dort. Dann hatte sie sich geholt, was sie brauchte. Sie war sehr vorsichtig zu Werke gegangen, hatte nichts durcheinandergebracht. Später würde sie es zurückbringen, und Bo würde nie auf die Idee kommen, daß es je weggewesen war.

Nicht, daß das besonders wichtig gewesen wäre. Bo war Biologe. Seinen Lebensunterhalt bestritt er vom Honorar eines freien Mitarbeiters beim Bureau of Land Management. Im wesentlichen verbrachte er die Zeit damit, seine Dissertation zu schreiben – über

Flechten im Wüstengebiet oder so etwas. Schon damals in Madison hatte er nur seine verdammten Flechten im Kopf gehabt, warum sollte es jetzt anders sein?

Sie gähnte, reckte sich, langte nach dem Rucksack. Und dann entschloß sie sich, lieber doch noch eine Weile auszuruhen. Seit neunzehn Stunden war sie jetzt auf den Beinen. Und ungefähr zwei Stunden lagen noch vor ihr, bis sie ihr Ziel erreichte. Dort würde sie erst mal den Schlafsack ausrollen und nicht wieder herauskriechen, solange noch ein Funke Müdigkeit in ihr steckte. Jetzt mußte sie sich nicht mehr beeilen.

Sie dachte an Lehman. Ein Koloß. Häßlich. Schlau. Grauhaarig. Sexy. Lehman kam sie bald besuchen. Sie würde ihm ein gutes Essen und einen ausgezeichneten Tropfen vorsetzen, und dann würde sie ihm alles zeigen. Das mußte Eindruck auf ihn machen, es konnte gar nicht anders sein. Er würde zugeben müssen, daß sie recht gehabt hatte. Sie war nicht unbedingt darauf angewiesen, jedenfalls nicht für die Veröffentlichung. Aber aus gewissen anderen Gründen legte sie doch Wert darauf. Sie brauchte seine Anerkennung. Was eigentlich ein Widerspruch in sich war. Und während sie das feststellte, mußte sie auf einmal an Maxie denken. An Maxie und Elliot.

Sie lächelte in sich hinein, rieb sich das Gesicht. Es war still hier, nur ein paar Insekten summten ihre Nachtmelodie. Kein Windhauch rührte sich. Die kalte Luft sank in den Cañon nieder. Fröstelnd griff Eleanor nach dem Rucksack und schlüpfte in die Trageriemen. Das heisere Bellen eines Kojoten, irgendwo weit entfernt, am Berghang über der Comb Wash. Und dann stimmte ein zweiter ein, auf der anderen Seite des Cañons, noch weiter weg. Kläglich heulte er den Mond an.

Sie schritt rasch aus, hob bei jedem Schritt die Beine, um die Muskeln zu lockern, und zwang sich, während sie auf dem festen Sandboden unterwegs war zu ihrem Ziel, nicht daran zu denken, was sie heute nacht vorhatte. Sie hatte lange genug darüber nachgedacht. Vielleicht zu lange. Statt dessen dachte sie an Maxie und Elliot. Kluge Köpfe, alle beide. Und trotzdem Narren. Aschenputtel und der Prinz. Einer, dem alles gelang, was er anfaßte. Und eine, die nie sagte, worauf er insgeheim wartete. Armer Elliot, beim Spiel mit Maxie hatte er keine guten Karten.

Am Horizont im Osten zuckte ein Blitz über den Nachthimmel. Weit weg, sie konnte nicht einmal den Donner hören. Und in der falschen Richtung, von dort drohte kein Regen. Der Sommer bringt sich noch einmal in Erinnerung, dachte sie. Die Mondscheibe hing jetzt höher, das bleiche Licht malte graue Schatten in den Cañon. Sie fror nicht, die Thermounterwäsche und das schnelle Gehen hielten sie warm. Nur ihre Hände fühlten sich eiskalt an. Und während sie darauf starrte dachte sie: Nicht gerade das, was man die Hände einer Dame nennen könnte, wahrhaftig nicht. Stumpfe abgebrochene Fingernägel. Rauhe Haut, aufgeschrammt, schwielig. Anthropologenhaut hatten sie das als Studenten genannt. So wird die Haut eben, wenn man dauernd draußen in der Sonne ist und mit den Händen im Boden wühlt. Ihre Mutter hatte sich immer darüber aufgeregt. Aber ihre Mutter hatte sich sowieso über alles aufgeregt. Daß Eleanor Anthropologie studierte, statt Ärztin zu werden. Oder wenigstens einen Doktor zu heiraten. Nein, ein Archäologe mußte es sein. Und ausgerechnet ein Puertoricaner. Warum nicht einen Juden? Kein Wunder, daß sie ihn an eine andere Frau verloren hatte.

«Zieh doch um Himmels willen Handschuhe an, Ellie», hatte ihre Mutter gepredigt, «du hast Hände wie eine Bauersfrau.» Und ein Bauerngesicht, das kommt dazu, hatte sie gedacht.

Der Cañon – alles war so, wie sie es vom Sommer vor vier Jahren in Erinnerung hatte. Damals hatte sie beim Vermessen und Kartographieren geholfen. Eine Fundgrube für jeden, der sich an Felszeichnungen begeisterte. Gleich da drüben, hinter dem Baumwollgehölz, an der steilen Sandsteinwand vor dem scharfen Knick, gab es eine Menge davon. Die Wand hieß Baseball Gallery wegen der dominierenden Figur eines Schamanen. Irgend jemand war auf die Idee gekommen, das Bild sähe aus wie die Karikatur eines Baseballschiedsrichters.

Das Mondlicht fiel nur auf einen Teil der Sandsteinwand, und es war so schwach, daß man kaum etwas erkennen konnte. Trotzdem blieb sie stehen und betrachtete die Malereien. Im diffusen Licht wirkte die breitschultrige, nach unten verjüngte Gestalt des mystischen Medizinmanns der Anasazi farblos und düster. Über der Gestalt des Schamanen waren tanzende Figuren angeordnet, wie Strichzeichnungen, abstrahiert. Kokopelli, der nirgendwo fehlen durfte: unter der Last seines Buckels gebeugt, die Flöte nach unten gesenkt, beinahe auf den Boden gestemmt. Eine der mythologischen Heldengestalten flog durch die Luft, eine andere stand auf der Erde. Ein geflecktes Band, das wohl eine Schlange darstellen sollte. Und dann entdeckte sie das Pferd.

Gleich links neben dem großen Schamanenbild war es auf die Felswand gemalt, schwer zu erkennen, weil das Mondlicht diesen Teil nicht ausleuchtete. Offensichtlich eine Zeichnung, die erst später dazugekommen war. Vermutlich von einem Navajo gefertigt, denn die Anasazi waren, als die ersten Spanier auf ihren Pferden auftauchten, schon seit dreihundert Jahren ausgestorben. Es war ein stilisiertes Pferd mit plumpem Rumpf und steifen, geraden Beinen. Keine Zeichnung in der typischen Art der Navajos, die sich stets bemühten, in allen Abbildungen Schönheit und Harmonie widerzuspiegeln. Der Reiter sollte wohl Kokopelli darstellen, er schien jedenfalls auf einer Flöte zu spielen. Der wasserspendende Gott der Navajos. War das Bild schon früher dagewesen? Sie konnte sich nicht daran erinnern. Es kam oft vor, daß die Navajos Wände mit Felszeichnungen der Anasazi durch eigene Darstellungen ergänzten. Aber diese Malerei gab ihr Rätsel auf.

Und dann sah sie die winzigen liegenden Figuren. Drei Figuren, dicht neben drei der steifen Pferdebeine angeordnet. Bei jeder Figur war der Kopf eingekreist, abgespalten vom Rumpf. Und noch etwas war allen drei Figuren gemeinsam: jeder fehlte ein Bein.

Abscheulich. Das war vor vier Jahren noch nicht dagewesen. Daran hätte sie sich mit Sicherheit erinnert.

Zum erstenmal wurde sich Eleanor Friedman-Bernal der Dunkelheit bewußt, der Stille, der Abgeschiedenheit. Sie hatte, während sie vor der Felswand stand, den Rucksack abgenommen. Jetzt hob sie ihn rasch auf, und sie war schon mit einem Arm in den Tragegurt geschlüpft, als ihr etwas einfiel. Sie zog den Reißverschluß der Seitentasche auf und nahm die Pistole heraus, eine handliche 0.25er Automatik. Im Waffengeschäft hatten sie ihr gezeigt, wie man das Ding laden mußte, wie man es sicherte, wie man es hielt. Eine belgische Waffe, hatten sie ihr gesagt, einfach in der Bedienung, zielgenau. Nur, die Munition sei schwer zu bekommen, da müsse sie beizeiten hinterhersein.

In Madison hatte sie die Waffe nie ausprobiert. Sie fand einfach keinen geeigneten Ort für Schießübungen. Aber als sie nach New Mexico kam, hatte sie nur auf den ersten windigen Tag gewartet, denn der Wind, hatte sie gedacht, verwehte den Schall. Dann war sie ins menschenleere Land hinausgefahren, ein Stück weit die Straße

Richtung Crownpoint hinunter, und hatte zu üben begonnen. Sie hatte die Waffe auf Felsbrocken abgefeuert, auf tote Baumstämme und auf Schatten im Sand. So lange und so oft, bis ihr die Pistole geschmeidig und vertraut in der Hand lag und sie die anvisierten Ziele traf – oder jedenfalls beinahe. Als die Schachtel mit den Patronen leer war, hatte sich herausgestellt, daß das Sportgeschäft in Farmington keine passende Munition führte. Nicht mal in Albuquerque konnte sie die Patronen auftreiben. Schließlich hatte sie sie nach Katalog bestellen müssen. Siebzehn waren noch übrig, sechs davon hatte sie dabei, ein gefülltes Magazin. Jetzt lag die Pistole kalt in ihrer Hand. Kalt und hart und irgendwie beruhigend.

Sie steckte die Waffe in die Jackentasche. Als sie auf dem sandigen Boden des trockenen Flußlaufs weiterging, spürte sie den Druck des Metalls an der Hüfte. Die Kojoten waren näher gekommen, zwei von ihnen mußten irgendwo da oben herumstreichen, auf der Hochebene über den Felsklippen. Und auch eine leichte Brise war aufgekommen, von Zeit zu Zeit hörte sie den Wind im Gebüsch neben dem Flußbett wispern. Er raschelte in den Blättern der Olivensträucher und flüsterte im flaumigen Grün der Tamarisken. Dann lag wieder Stille über dem Cañon, wie die meiste Zeit über. In Vertiefungen des Felsbodens standen Pfützen und kleine Tümpel, nach den schweren Regenfällen des Sommers war das Wasser hier zusammengelaufen. Viel davon war schon verdunstet und weggetrocknet. Aber bisweilen hörte sie noch Frösche quaken, Grillen zirpen und Insekten summen. Und dann war da ein klickendes Geräusch in der Dunkelheit. Da hinten, wo eine Windhexe sich in einem Felswinkel verfangen hatte. Und noch ein Geräusch lag in der Luft, einem leisen Pfeifen ähnlich, von irgendwoher. Ein Nachtvogel?

Der Cañon schlug einen Bogen, der trockene Flußlauf führte aus dem Mondlicht hinaus ins Dunkel. Sie schaltete die Taschenlampe ein. Daß jemand den Lichtschein sehen könnte, mußte sie nicht befürchten. Wie weit mochte das nächste menschliche Wesen entfernt sein? ging ihr durch den Kopf. So weit wie ein Vogelflug vielleicht, die fünfzehn bis zwanzig Meilen, die eine Krähe am Tag zurücklegte. Nur, es war nicht so leicht, hierherzukommen. Durch eine Landschaft, in der es fast nichts als Fels und Geröll gibt, baut man keine Straßen, niemand hätte sie gebraucht. Und dabei fiel ihr ein: Warum waren die Anasazi eigentlich hierhergezogen? Es gab keinen vernünftigen Grund, es sei denn, sie hätten vor irgendeiner Bedrohung Zuflucht gesucht. Die Anthropologen wußten keine Antwort darauf, nicht einmal die Naturwissenschaftler, die sonst immer gleich mit einer Theorie zur Hand waren und sich nicht lange um den Beweis der Richtigkeit scherten. Sie waren eben gekommen. Und mit ihnen Eleanors Künstlerin. Die Frau, derentwegen Eleanor den weiten Weg auf sich genommen hatte. Sie waren gekommen und hatten, bevor sie ausstarben, in dieser Gegend noch viele ihrer herrlichen Tongefäße hergestellt.

Dr. Friedman-Bernal brauchte nur hochzuschauen, dann sah sie rechter Hand, auf halber Höhe in der zerklüfteten Steilwand, eine der Ruinen. Und bei Tageslicht, erinnerte sie sich, hätte sie von hier aus noch zwei andere sehen können – drüben, auf der linken Seite, in der Felsbucht, in der die Klippen wie die Stufen eines Amphitheaters übereinandergereiht waren. Jetzt lag die Felsbucht wie ein riesig gähnendes Maul im Dunkel.

Sie hörte ein quiekendes Pfeifen. Fledermäuse. Kurz bevor die Sonne untergegangen war, hatte sie ein paar von ihnen gesehen. Jetzt waren ganze Schwärme unterwegs. Sie flatterten über den Felsvertiefungen, in denen sich das Wasser gesammelt hatte. Denn das stehende Wasser war die Brutstätte für Abermillionen Insekten. Bis zu ihr herüber zogen sie ihre Kreise, strichen dicht vor ihrem Gesicht vorbei, streiften fast ihr Haar. Während sie dem aufgeregten Geflatter zusah, achtete sie nicht auf den Weg.

Ein Stein rollte unter ihren Füßen weg, sie verlor das Gleichgewicht. Sie fiel hart und ungeschickt. Der Rucksack zerrte an ihr, machte jeden Versuch, ihre antrainierte Körperbeherrschung einzusetzen, kläglich zunichte. Sie schlug mit der rechten Hand auf, mit der Hüfte, mit dem Ellbogen. Und auf einmal lag sie im ausgetrockneten Flußbett hilflos auf dem Rücken, verletzt, zitternd und zu Tode erschrocken.

Am Ellbogen waren die Schmerzen am schlimmsten. Er war über scharfe Sandsteinkanten geschrammt, das T-Shirt war aufgerissen, die Haut aufgeschürft. Vorsichtig tastete sie danach, alles voll Blut. An der Hüfte spürte sie nur einen dumpfen Schmerz, aber sie ahnte, daß ihr die Prellung später noch genug Ärger machen würde. Erst als sie sich hochrappelte und auf die Füße kam, sah sie, daß sie sich den Handteller aufgeschnitten hatte. Sie leuchtete mit der Taschenlampe auf die Schnittstellen, seufzte ein bißchen Selbstmitleid vor sich hin und setzte sich, um die Wunde zu behandeln. So gut sie konnte, las sie den körnigen Steingrieß aus der Wunde, spülte sie mit Wasser aus der Trinkflasche aus und verband sie mit dem Taschentuch. Um den Knoten festzuziehen, mußte sie die Zähne zu Hilfe nehmen.

Und dann ging sie weiter, im trockenen Flußlauf aufwärts, genau wie vorher, nur, daß sie jetzt besser auf den Weg achtete. Sie ließ die Fledermäuse hinter sich, folgte dem nächsten Knick des Cañon – zurück in den vollen Schein des Mondlichts, und dem übernächsten, der wieder ins Dunkel der Nachtschatten führte. Hier kletterte sie eine abgeflachte Stelle in der Uferböschung hoch und setzte ihr Gepäck ab. Sie kannte sich gut aus. Eduardo Bernal und sie hatten hier vor ein paar Sommern ihr Zelt aufgeschlagen, stolz über die ersten bestandenen Examen, voller Eifer, bei den Vermessungen eines kartographischen Teams mitarbeiten zu dürfen, vor allem aber jung verliebt und glücklich. Eddie Bernal. Der zähe kleine Eddie. Eine Menge Spaß hatten sie miteinander gehabt, solange es gutging. Aber es ging nicht lange gut. Nicht mal bis Weihnachten. Und als sie den Schlußstrich zog, nahm Ed das kaum zur Kenntnis. Höchstens, daß er erleichtert aufseufzte: das Ende einer kurzen Phase, in der er geglaubt hatte, eine Frau könne ihm genügen.

Sie schon ein paar Steine und dürres Holz beiseite, schmirgelte mit den Schuhsohlen den Boden glatt, grub da, wo ihre Hüfte liegen sollte, eine kleine Kuhle und rollte den Schlafsack aus. Es war die gleiche Stelle, an der sie mit Eddie gelegen hatte. Weshalb? Gott, ein bißchen Trotzhaltung, ein bißchen Gefühlsduselei. Und einfach auch deshalb, weil es der geeignetste Platz war. Morgen wartete harte Arbeit auf sie. Und mit ihrer verletzten rechten Hand würde es doppelt schwer werden, im Boden herumzuwühlen. Und es würde doppelt so weh tun. Aber sie konnte noch nicht einschlafen. Sie war innerlich zu angespannt, zu verkrampft.

Erst jetzt, als sie im Dunkel neben dem Schlafsack stand, fiel ihr auf, wie viele Sterne am Himmel glitzerten. Sie fand den Polarstern, bestimmte nach seinem Stand die Nordrichtung. Dann starrte sie über das trockene Flußbett in die Dunkelheit, dahin, wo – im Grauschwarz der Nacht verborgen – das lag, was Eddie und sie Chicken Condo genannt hatten. In einem schmalen Felskamin hatten Anasazifamilien eine zweistöckige Felsbehausung errichtet, so groß und geräumig, daß wohl an die vierzig Menschen dort untergekommen sein mochten. Und darüber, in einem anderen Felskamin, hatten sie sich eine kleine Fluchtburg gebaut. Sie lag so versteckt, daß weder Eleanor noch irgend jemand anderes sie je entdeckt hätte, wenn nicht Eddie eines Abends ein Schwarm Fledermäuse aufgefallen wäre, der flatternd dort herausgestoben kam. Das Felsennest war nur nach einer waghalsigen Kletterpartie zu erreichen, bei der wenige Schrunden im Gestein ausreichen mußten, den Händen Halt und den Füßen spärliche Stütze zu geben. Unten, bei den über zwei Stockwerke ineinandergeschachtelten Felswohnungen, hatte Eleanor Friedman-Bernal damals die Brennöfen für Keramikgefäße entdeckt. Hoffentlich fand sie die Stelle wieder. Dort wollte sie morgen zu graben beginnen, sobald es hell genug war. Eine glatte Verletzung des Navajorechts und der Bundesgesetze und der Berufsethik. Aber für sie zählte nur, daß sie sich auf ihr Gedächtnis verlassen konnte. Obwohl sie im Grunde nicht mehr darauf angewiesen war, sie besaß ja schon ein Beweisstück.

Sie konnte nicht bis zum Morgengrauen warten. Jetzt nicht mehr. Nicht mehr, nachdem sie endlich da war. Das Licht der Taschenlampe mußte genügen.

Ihr Erinnerungsvermögen erwies sich als ausgezeichnet. Auf Anhieb fand sie den Aufstieg, der, ohne ihr besondere Anstrengungen abzuverlangen, zur Geröllhalde hinauf und weiter auf den schmalen Steinpfad führte, am Rand der oberen Felsklippen entlang. Auch die Felszeichnungen entsprachen genau dem Bild, das sich in ihr Gedächtnis eingegraben hatte. Das in sich gekrümmte, nach oben gewundene Band – wer weiß, vielleicht sollte es *sipapu* darstellen, den Aufstieg der Menschen aus dem Schoß der Mutter Erde? Die zu einer langen Linie gereihten Punkte – markierten sie die Stationen auf der Wanderschaft des Clans? Viele breitschultrige Gestalten – nach der Deutung der Ethnologen Kachinageister. Und auch hier war wieder eine überlebensgroße, halb von einem rotgesprenkelten Schild verdeckte Darstellung ins dunkle Wüstengestein geschnitten: dem Körpermaß nach ein Mensch, dem gewaltigen Kopf und den riesigen Füßen nach eher ein Riese. Den großen Häuptling hatte Eddie dieses Bild genannt, das Eleanor – zusammen mit der Abbildung Kokopellis – für die schönste Felszeichnung an dieser Stelle hielt. Nur, es war eben eine so rätselhafte Darstellung, daß selbst die kühnsten Anthropologen keinen Deutungsversuch wagten.

Kokopelli sah im Grunde stets gleich aus, wo immer man sein

Bild fand. Und man fand es überall, es fehlte an keinem Ort, an dem dieses ausgestorbene Volk seine Geister in die Felsklippen geritzt oder auf Steinwände gemalt hatte. Der mächtige, durch einen Buckel beschwerte Rumpf ruhte auf dünnen Strichbeinen. Ebenso schmächtige Arme hielten die Flöte, die oft nicht mehr als eine gerade Linie zwischen den Armen und dem winzigen runden Kopf war. Es gab nur unwesentliche Variationen, mal war die Flöte nach oben gereckt, mal nach unten auf eine imaginäre Bodenlinie gestemmt, aber sonst erschien die Gestalt bei aller Individualität des künstlerischen Ausdrucks immer gleich. Nur hier nicht. Hier lag Kokopelli auf dem Rücken, die Flöte deutete himmelwärts. Eddie hatte auch dafür eine Erklärung gewußt: «Nun hast du endlich Kokopellis Zuhause gefunden. Hier ist der Ort, an dem er schläft.»

Doch in dieser Nacht warf Eleanor Friedman-Bernal kaum einen Blick auf Kokopelli. Chicken Condo, gleich hinter der nächsten Biegung, zog sie an wie ein Magnet.

Das erste, was sie sah, als das Taschenlampenlicht die Dunkelheit im Felskamin aufriß, war etwas Weißschimmerndes. Aber hier konnte es, hier durfte es nichts Weißes geben. Sie leuchtete die eingefallenen Mauern ab, schwenkte den Lichtstrahl nach unten, auf einen trüben Tümpel, in dem sich das Wasser aus vielen kleinen Rinnsalen gesammelt hatte, und wieder nach oben, auf das Weiß. Keine Sinnestäuschung. Es war genau das, was sie von Anfang an befürchtet hatte.

Knochen. Überall lagen Knochen verstreut.

«Oh, Scheiße!» entfuhr es Eleanor Friedman-Bernal, die sich gewöhnlich vulgäre Flüche verkniff. «Scheiße! Scheiße! Scheiße!»

Hier hatte schon jemand gegraben. Geplündert. Einer, der hinter Tongefäßen her war. Der Vergangenheit stahl. Und der schneller gewesen war als sie.

Sie konzentrierte sich auf einen der weißen Punkte. Der Schulterknochen eines Menschen. Eines Kindes. Auf einem locker aufgeschütteten Erdhaufen, direkt vor einer zusammengestürzten Mauer. Dort hatten die Anasazi ihren Müll vergraben. Und ihre Toten, das war so üblich. Genau der Ort, an dem jeder erfahrene Sammler zuerst grub. Aber hier war nur ein kleines Loch ausgehoben worden. Die Erde sah frisch aus. Eleanor atmete innerlich auf. Vielleicht war der Schaden gar nicht so groß. Vielleicht war das, was sie suchte, immer noch da. Sie leuchtete das Terrain mit der Taschenlampe ab.

Nein, sonst war nirgendwo gegraben worden, nur an dieser einen Stelle. Es gab auch keine Anzeichen, daß jemand darauf aus gewesen wäre, Beute zu machen.

Sie richtete den Lichtstrahl in den Erdaushub. Steine. Hier und da Tongefäße. Und noch mehr Knochen – der Teil eines Fußes, soweit sie das erkennen konnte, und ein Stück Wirbelsäule. Neben der Grube lagen auf einer Sandsteinplatte vier Unterkiefer aufgereiht, einer war der eines sehr jungen Menschen, vielleicht eines Kindes. Stirnrunzelnd blickte sie auf die ordentlich ausgerichteten Knochen. Was mochte das bedeuten? Sie sah sich nachdenklich um. Es hatte nicht geregnet, seitdem hier gegraben worden war. Wobei zu bedenken blieb, daß der enge Felskamin wie ein Dach vor Regen schützte. Wann hatte es eigentlich zum letztenmal geregnet? Das mußte schon lange her sein. In Chaco war jedenfalls seit Wochen kein Schauer mehr niedergegangen. Chaco lag allerdings beinahe zweihundert Meilen südwestlich von hier.

Die Nacht war still. Hinter sich hörte sie das eintönige Quaken der kleinen Frösche, die hier im Cañon offenbar von jedem Tümpel und jeder Lache stehenden Wassers angezogen wurden wie Motten vom Licht. Leopardenfrösche hatte Eddie sie genannt. Und dann hörte sie wieder das Pfeifen. Der Nachtvogel. Diesmal ziemlich nahe. Eine Folge aus fünf, sechs Tönen. Sie stutzte. War das wirklich ein Vogel? Was sonst? Sie hatte unterwegs verschiedene Kanarienvögel gesehen, einen Pfeilschwanz, einen großen bunten Girlitz und einen dritten, den sie nicht bestimmen konnte. Gab es Nachtvögel, die eine regelrechte Melodie pfiffen?

Als sie den Lichtstrahl auf den Tümpel richtete, schienen auf einmal winzige Punkte aufzuglühen. Froschaugen, die das Taschenlampenlicht reflektierten. Sie sah ihnen zu, wie sie – durch die plötzliche Gegenwart eines Menschen mit Panik erfüllt – hastig loshüpften, auf den rettenden Tümpel zu.

Und dann hob sie steil die Augenbrauen. Irgend etwas stimmte hier nicht.

Keine zwei Meter vor ihr plumpste auf einmal ein Frosch hin. Rutschte, während er gerade zum nächsten Hüpfer ansetzte, einfach aus und lag auf dem Bauch. Und dort drüben noch einer. Und da auch. Überall. Eleanor kauerte sich auf die Hacken und sah sich einen der hilflosen Frösche aus der Nähe an. Dann den nächsten. Und noch einen.

Sie waren festgebunden. Fast unsichtbare Fäden, weiß schimmernd wie Kunststoff, waren zwischen den Hinterbeinen der kleinen schwarz-grünen Frösche und einem fest in den feuchten Boden gerammten Stock gespannt.

Eleanor Friedman-Bernal kam hoch, riß die Taschenlampe herum, ließ den Lichtkegel einen Bogen um den Tümpel beschreiben. Überall Frösche, die in panischer Angst zu fliehen versuchten und mitten in ihren plumpen Hüftbewegungen zu Boden gerissen wurden. Ein paar Atemzüge lang weigerte sich ihr Verstand zu glauben, was ihre Augen sahen. Es war verrückt. Widernatürlich. Sinnlos. Wer konnte so etwas...? Natürlich war es das Werk eines Menschen. Aber es gab keinen vernünftigen Grund dafür. Und wann hatte er es getan? Wie lange überlebte ein Frosch, wenn er jedesmal zurückgerissen wurde, bevor er das rettende Wasser erreichte? Ein Wahnsinniger mußte das getan haben.

In diesem Augenblick hörte sie wieder das Pfeifen. Direkt hinter ihr. Doch kein Nachtvogel. Eine Melodie, die jeder kannte, aus dem Repertoire der Beatles. «*Hey, Jude!*» sagte eine Stimme. Aber Eleanor hörte die Worte gar nicht. Sie war vor Schreck wie erstarrt, als sie die bucklige Gestalt sah, die aus dem hellen Mondlicht auf sie zukam.

2

«Eleanor Friedman, Bindestrich Bernal.» Thatcher schien die Worte in Silben aufzulösen und jede mit spitzen Lippen auszuspucken. «Mir wird immer ganz anders, wenn Frauen einen Bindestrich im Namen haben.»

Lieutenant Joe Leaphorn sagte nichts. War er je so einer Bindestrich-Frau begegnet? Nicht, daß er sich erinnern konnte. Aber er fand nichts dabei, wenn jemand seinen Namen so schrieb. Das war längst nicht so seltsam wie Thatchers Getue. Leaphorns Mutter, all seine Tanten und überhaupt alle Frauen im Clan der Red Forehead, aus dem er der mütterlichen Linie nach abstammte, hätten den Gedanken, ihren Namen aufzugeben und damit ihre Familienidentität in der ihres Ehemannes aufgehen zu lassen, weit von sich gewiesen. Er überlegte, ob er das Thatcher sagen sollte. Aber er war nicht in der Stimmung dazu. Schon als Thatcher ihn bei der Dienststelle der Navajo Tribal Police abgeholt hatte, war er hundemüde gewesen. Und inzwischen lagen noch mal fast 120 Meilen Fahrt hinter ihm. Von Window Rock über Yah-Ta-Hey und Crownpoint bis zum Chaco Culture National Historical Park. Die letzten 20 Meilen auf der staubigen Schlaglochpiste waren die reinste Knochenschinderei gewesen. Anfangs hatte er gar nicht mitkommen wollen. Aber Thatcher hatte behauptet, er täte ihm einen Gefallen damit.

«Es ist mein erster Fall im Außendienst», hatte er gesagt, «da kann ich ein bißchen Unterstützung brauchen.» Was natürlich gar nicht stimmte. Thatcher war selbstsicher genug, er hätte keine Hilfe gebraucht. Leaphorn wußte schon, was in Wirklichkeit dahintersteckte. Thatcher wollte ihm helfen, aus alter Freundschaft. Denn wenn er nicht mitgefahren wäre, hätte er doch bloß auf dem Bett gesessen, allein in dem Zimmer, das auf einmal so still war, und in Erinnerungen gewühlt – und in Kästen und Schubladen, in denen das lag, was ihm von Emma geblieben war.

Also hatte Leaphorn nur gesagt: «Ja, gut. Kann ja sein, daß mir die Fahrt guttut.»

Jetzt saßen sie im Besucherpavillon in Chaco auf unbequemen Stühlen und warteten, daß jemand käme, mit dem sie alles besprechen könnten. Von einem Plakat am Informationsbrett starrte sie ein Gesicht durch die dunklen Gläser einer Sonnenbrille an. Und über dem Gesicht stand:

Gestohlene Vergangenheit
Wer Ausgrabungsstätten plündert,
raubt ein Stück von Amerikas Geschichte

«Stimmt genau», sagte Thatcher und nickte dem Plakat zu. «Aber auf dem Poster müßte man Leute sehen. Jede Menge Leute. Cowboys, Beamte aus örtlichen Verwaltungsstellen, Lehrer, Pipelinearbeiter – praktisch jeden, der eine Schaufel halten kann.» Er musterte Leaphorn von der Seite, wartete auf Antwort und versuchte es dann seufzend mit einem anderen Thema. «Die Straße, die wir gekommen sind... Ich fahr da schon seit dreißig Jahren lang, und die wird und wird nicht besser.» Wieder tastete er Leaphorn mit einem langen Blick ab.

«Mhm», machte Leaphorn. Thatcher hatte die Straße ‹das Waschbrett aus Ton› getauft und behauptet: «Das Ding müßte mal richtig eingeweicht werden, damit sich der Boden von selber glattbügelt. Aber so – wenn's regnet, werden die Löcher noch heimtückischer.» Was auch wieder nicht stimmte. Leaphorn erinnerte sich an eine Nacht – mein Gott, das war schon unvorstellbar lange her, er war noch ein junger Bursche gewesen –, da hatte die Schneeschmelze den Boden so aufgeweicht, daß das Waschbrett aus Ton weich wie Pudding geworden war. Mit dem Erfolg, daß Leaphorns Dienstwagen sich prompt festfuhr und bis zum Chassis im Morast steckenblieb. Er hatte Crownpoint über Funk gerufen, aber die konnten ihm auch keine Hilfe schicken. So war er eben zu Fuß losmarschiert, zwei Stunden weit durch den Dreck, bis zur Ranch. Und hatte sich Sorgen gemacht, weil Emma sich bestimmt schon Sorgen um ihn machte. Einer von den Rancharbeitern hatte einen allradgetriebenen Pick-up aus dem Schuppen geholt, Ketten aufgelegt und Leaphorns Wagen rausgezogen. Und heute sah immer noch alles genauso aus wie damals. Nein, schlimmer. Die Straße hatte ein paar Jahrzehnte mehr auf dem Buckel. Und noch etwas war anders. Emma war tot.

Unterwegs hatte Thatcher über irgend etwas geredet und ihn dann gespannt angesehen, statt auf den miserablen Zustand der Fahrbahn zu achten. Und Leaphorn hatte nur zerstreut genickt.

«Du hast überhaupt nicht zugehört», hielt Thatcher ihm vor. «Ich hab gefragt, warum du aufhören willst.»

«Weil ich's einfach satt habe.»

Thatcher schüttelte den Kopf. «Es wird dir fehlen.»

«Nein. Jeder wird älter. Oder vernünftiger. Und irgendwann sieht man ein, daß es im Grunde nicht so wichtig ist.»

«Emma war eine wundervolle Frau», sagte Thatcher. «Aber wie du reagierst... das bringt sie auch nicht zurück.»

«Nein, sicher nicht.»

«Wenn sie noch am Leben wäre, würde sie sagen: Joe, schmeiß nicht alles hin. Du kannst nicht alles aufgeben und einfach so vor dich hin leben, würde sie sagen. Ich weiß, daß sie's sagen würde, ich hab oft genug gehört, wie sie darüber dachte.»

«Vielleicht», gab ihm Leaphorn recht. «Aber ich will eben nicht mehr so weitermachen.»

«Okay.» Thatcher konzentrierte sich eine Weile aufs Fahren. «Laß uns über was anderes reden. Ich glaube, Frauen mit einem

Bindestrich im Namen sind reich. Von Haus aus, verstehst du? Ist nicht so einfach, mit denen zurechtzukommen. Ich kann mir nicht helfen, so seh ich das nun mal. Obwohl's natürlich 'n Klischee ist, das weiß ich.»

Und dann waren sie in ein tiefes Schlagloch gedonnert. Was Leaphorn der Mühe enthob, sich eine Antwort auszudenken.

Jetzt blieb ihm die Antwort wieder erspart, weil endlich die Tür mit dem Schild *Nur für Mitarbeiter* aufgestoßen wurde. Jemand in sauberer, frisch gestärkter Uniform des U.S. Park Service kam auf sie zu. Vor einem der großen Fenster, im milden Gold der Herbstsonne, blieb er stehen und sah sie erwartungsvoll an.

«Bob Luna», stellte er sich vor. «Kommen Sie wegen Ellie?»

Thatcher hielt ihm das Ledermäppchen mit der Dienstmarke des Bureau of Land Management hin. «L. D. Thatcher. Und das ist Lieutenant Leaphorn von der Navajo Tribal Police. Wir haben etwas mit Mrs. Friedman-Bernal zu besprechen.» Er fischte einen Umschlag aus der Jacke. «Hier, der richterliche Durchsuchungsbefehl.»

Luna guckte verblüfft. Auf den ersten Blick war er Leaphorn erstaunlich jung vorgekommen, jedenfalls für jemanden, dem man die Leitung einer solchen Dienststelle anvertraut hatte. Wie ein großer Junge, glatthäutig, mit einem runden, gutmütigen Gesicht. Jetzt enthüllte das Sonnenlicht die Fältchen um die Augen und die an den Mundwinkeln eingegrabenen Linien. Auf dem Colorado Plateau zeichnen Sonne und Trockenheit die Gesichter der Weißen schnell. Aber bis die Spuren so unauslöschlich tief geworden sind, dauert es eine Weile. Luna war älter, als er aussah.

«Sie wollen etwas mit ihr besprechen?» fragte Luna. «Glauben Sie denn, sie wäre da? Einfach wieder zurückgekommen?»

Jetzt war es Thatcher, der verdutzt aussah. «Wieso? Arbeitet sie denn nicht hier?»

«Ja, aber sie ist verschwunden. Ich dachte, deswegen wären Sie gekommen? Wir haben das gemeldet. Vor 'ner Woche. Oder – jetzt sind's schon fast zwei Wochen.»

«Verschwunden?» wiederholte Thatcher. «Ja, seit wann denn, zum Teufel?»

Ein Hauch Rot überzog Lunas Gesicht. Er schien etwas erwidern zu wollen, verschluckte es aber, atmete statt dessen tief durch. So jung er auch sein mochte, als Dienststellenleiter hatte er gelernt, daß einem manchmal viel Geduld abverlangt wird.

«Seit zwölf Tagen. Das heißt, Donnerstag voriger Woche haben wir angerufen und Ellie als vermißt gemeldet. Wir hatten sie montags zurückerwartet, aber sie kam nicht. Hatte auch keine telefonische Nachricht gegeben. Sie war übers Wochenende nach Farmington gefahren. Für Montagabend hatte sie eine Besprechung vereinbart, hier im Parkbereich. Aber zu der ist sie nicht erschienen. Und ihr nächster Termin war am Donnerstag. Da hat sie sich auch nicht blicken lassen. Das paßt gar nicht zu ihr. Da muß irgendwas passiert sein, darum haben wir die Sache gemeldet.»

«Sie ist also gar nicht da?» Thatcher spielte nervös und unschlüssig mit dem Umschlag.

«Wen haben Sie angerufen?» fragte Leaphorn dazwischen. Er verstand selbst nicht, warum er sich einmischte. Die Sache ging ihn eigentlich gar nichts an. Und sie war ihm im Grunde auch gleichgültig. Er war ja nur mitgekommen, weil Thatcher ihn regelrecht dazu überredet hatte. Was noch lange nicht erklärte, warum er sich jetzt einmischte. Wahrscheinlich hatte er es nur satt, daß die beiden dauernd aneinander vorbeiredeten.

«Den Sheriff», antwortete Luna.

«Welchen?» hakte Leaphorn nach, denn ein Teil des Parks gehörte zum McKinley County, der andere Teil zu San Juan.

«Den vom San Juan County. In Farmington. Aber es hat ja sowieso keiner darauf reagiert. Wir haben dann diese Woche noch mal angerufen. Ich dachte, deswegen wären Sie jetzt hier.»

«Na ja, mehr oder weniger», sagte Leaphorn. «Jedenfalls sind wir jetzt da.»

Thatcher wandte sich an Luna. «Es liegt eine Beschwerde gegen Mrs. Friedman-Bernal vor. Oder – eigentlich mehr eine Anzeige. Ziemlich handfest. Mit allen möglichen Details. Sie soll gegen das Gesetz zum Schutz von Kulturgütern verstoßen haben.»

«Dr. Friedman?» fragte Luna zurück. «Behauptet etwa jemand, daß sie Ausgrabungsstätten geplündert hätte?» Er grinste, schien amüsiert, konnte nur mit Mühe ein Kichern unterdrücken. «Ich glaube, es ist besser, wenn wir zu Maxie Davis rausfahren.»

Der Weg führte an der Chaco Wash entlang. Luna saß am Steuer und redete, Thatcher, neben ihm, hörte aufmerksam zu. Leaphorn hatte hinten Platz genommen und starrte nach draußen. Die Spätnachmittagssonne malte Glanz auf die zerklüfteten Felsen der Sandsteinklippen, das fahle Grammagras am Steilhang schien mit Silberglanz besprüht, der Schatten, den der Fajada Butte auf das Tal warf, wurde länger. Was werde ich heute abend machen, wenn ich wieder in Window Rock bin? Und morgen? Und im langen, einsamen Winter? Was werde ich mit mir anfangen, wenn es wieder Frühling geworden ist? Werde ich überhaupt je wieder etwas mit mir anzufangen wissen?

Luna erzählte gerade, daß Maxie und Eleanor Friedman Nachbarn in der Unterkunft für die nicht festangestellten Mitarbeiter seien. Beide hatten einen Zeitvertrag beim archäologischen Team. Ihre Aufgabe war die Erfassung, Grobdatierung und erste Bestandsaufnahme von Fundstellen der Anasazikultur. Es gab Tausende davon, deshalb mußten sie bei ihrer Arbeit mit entscheiden, welche Ausgrabungsstätten vorläufig unerforscht bleiben sollten – in der Hoffnung, daß Wissenschaftler späterer Generationen über neue, bessere Methoden verfügten, um die Spuren der Vergangenheit zu lesen und zu deuten.

«Und sie sind eng befreundet, schon seit langem», sagte Luna. «Sind zusammen in die Schule gegangen, arbeiten jetzt zusammen – wie das so ist. Maxie hat sich auch um den Anruf im Sheriffbüro gekümmert.» Heute arbeitete Maxie Davis bei BC 129. Leider läge BC 129 denkbar ungünstig, fügte Luna hinzu, auf der anderen Seite der Chaco Mesa, bei der Escavada Wash, am Ende eines schlimmen Geröllweges.

«BC 129?» wiederholte Thatcher fragend.

«BC 129», bestätigte Luna, «das ist nur eine interne Kennzeichnung, damit wir wissen, welche Stelle gemeint ist. Es gibt zu viele davon, wir können nicht für jede einen Namen erfinden.»

BC 129 lag bei den Klippen der Hochebene, eine flache Felsbucht, von der aus sich ein weiter Blick ins Tal des Chaco öffnete. Luna parkte seinen Wagen neben einem alten grünen Pickup. Eine Frau, offenbar gerade mit Ausgrabungsarbeiten beschäftigt und bis zu den Hüften in einem Schacht verschwunden, schaute neugierig zu ihnen herüber. Sie hatte eine Schirmmütze über das dunkle Haar gestülpt. Leaphorn fiel sofort auf, daß sie wunderschön war. Es war nicht einfach die Schönheit junger, gesunder Menschen. Irgend etwas machte sie einzigartig, auffallend. Eine Art Schönheit, die er auf dem Campus der Arizona State University auch bei Emma gleich festgestellt hatte; neunzehn war sie damals gewesen. Etwas, was man nur selten fand. Etwas Wertvolles. Hinter dem Ausgrabungsschacht saß ein junger Navajo auf den Resten einer Mauer, der Schatten eines breitkrempigen schwarzen Hutes fiel auf sein Gesicht, auf seinen Knien lag eine Schaufel. Thatcher und Luna stiegen aus.

«Ich warte hier», sagte Leaphorn.

Auch so etwas, was ihm in letzter Zeit zu schaffen machte: es gab nichts mehr, was ihn wirklich interessierte. Seit dem Augenblick, als sein Verstand begonnen hatte, zögernd zu begreifen, was Emmas Arzt ihm mitteilen wollte. «Es fällt mir nicht leicht, Ihnen das zu sagen, Mr. Leaphorn. Sie ist gestorben. Gerade eben. Ein Thrombus. Die Infektion war zu stark. Und die Belastung zu groß. Aber – falls Ihnen das ein Trost ist: es ist alles sehr schnell gegangen.»

Er sah das Gesicht jetzt noch vor sich. Rosig helle Haut. Buschige blonde Augenbrauen. Blaue Augen hinter dem Horngestell der Brille, das kalte Licht im Warteraum vor dem Operationssaal spiegelte sich in den Gläsern. Ein schmaler, unpersönlich strenger Mund. Und er hörte noch die Worte, laut und deutlich, vom Summen der Klimaanlage unterlegt. Der ganze Alptraum wurde wieder lebendig. Nur, was dann gewesen war, wußte Leaphorn nicht mehr. Er erinnerte sich weder, wie er zum Parkplatz gekommen, ins Auto gestiegen, durch Gallup und nach Hause gefahren war, noch an die nächsten Stunden. Um so bewußter waren ihm die Tage vor der Operation. Emmas Tumor sollte entfernt werden. Eine Erleichterung nach der quälend langen Sorge, sie litte an der schrecklichen, unheilbaren Alzheimerschen Krankheit, die langsam und unaufhaltsam ihre Persönlichkeit zerstörte. Nun war es also nur ein Tumor. Wahrscheinlich kein bösartiger. Leicht auszuheilen. Die Gedächtnisstörungen hörten auf. Emma würde bald wieder so sein wie früher. Glücklich, gesund, schön.

«Die Chancen? Sehr gut», hatte der Chirurg gesagt, «neunzig Prozent Wahrscheinlichkeit für eine vollständige Wiederherstellung der Gesundheit. Eine ausgezeichnete Prognose. Falls es keine unerwarteten Zwischenfälle gibt.»

Aber es hatte eben einen unerwarteten Zwischenfall gegeben. Der Tumor war schlimmer, als sie gedacht hatten. Und er lag sehr ungünstig. Darum dauerte die Operation so lange. Und dann kam die Infektion dazu. Das Blutgerinnsel. Der Tod.

Seitdem hatte ihn nichts mehr interessiert. Irgendwann würde er wieder zu einem normalen Leben zurückfinden. Wahrscheinlich. Jetzt war er einfach noch nicht soweit. Er saß hinten im Wagen, streckte die Beine zur Seite aus, lehnte sich gegen die Tür, starrte nach draußen.

Thatcher und Luna sprachen mit der Frau im Ausgrabungsschacht. Maxie – ein ausgefallener Vorname für ein Mädchen. Wahrscheinlich irgendeine Kurzform. Weiß der Teufel, wofür. Maxie redete lebhaft und gestenreich auf Thatcher und Luna ein, kletterte aus dem Graben und ging zum Pickup. Der Navajo hörte aufmerksam zu, sein ovales Gesicht mit dem langgezogenen Unterkiefer schien Skepsis auszudrücken. Er zog sich die Baumwolljacke an, schulterte die Schaufel und marschierte hinter den anderen her. Aus dem tiefen Schatten unter der breiten Hutkrempe leuchteten schneeweiße Zähne. Anscheinend fand er irgend etwas sehr spaßig.

Das Sonnenlicht fiel jetzt schräg aufs Chaco Plateau, die Konturen wurden härter, wie mit einem dunklen Rand markiert. Der trokkene Flußlauf lag fast ganz im Schatten des Fajada Butte, nur auf die Gegend um das Baumwollgehölz schien noch die Herbstsonne, es sah aus, wie mit glitzerndem Flitter geschmückt. Die einzigen Bäume in einer Ebene, in der es sonst nur Gras gab, fahlgrau mit ein paar hellen Flecken, wie eingeflochtene Silbersträhnen.

Wo hatten die Menschen dieses alten, längst erloschenen Stammes eigentlich ihr Feuerholz herbekommen? fragte sich Leaphorn. Glaubte man den Anthropologen, dann hatten sie die Dachbalken am Mount Taylor oder in den Chuskas geholt und auf den Schultern fünfzig Meilen weit bis hierhergeschleppt. Eine großartige Leistung. Aber womit hatten sie den Mais gekocht, das Wildbret gebraten, ihre Tongefäße gebrannt, im Winter geheizt? Leaphorn erinnerte sich, was für eine Plackerei es für seinen Vater und ihn gewesen war, jeden Herbst mit dem Wagen bis zu den Hügeln zu ziehen, wo sie abgestorbene Pinien und Lärchen kleinhackten, um dann die schwere Ladung den weiten Weg bis zum Hogan zurückzukarren. Aber die Anasazi hatten noch keine Pferde besessen, nicht einmal das Rad hatten sie gekannt.

Thatcher und Luna stiegen ein. Thatcher warf die Tür zu, klemmte den Mantel mit ein, murmelte etwas in den Bart, stieß die Wagentür auf und donnerte sie wieder zu. Als Luna startete, ertönte das Warnzeichen. «Der Sicherheitsgurt», erinnerte ihn Thatcher.

Luna legte ihn an. «Ich mag die Dinger nicht», brummelte er.

Der grüne Pickup zog an ihnen vorbei, Staub wirbelte auf.

«Wollen uns mal im Apartment von Mrs. Soundso umsehen», sagte Thatcher. Zu Luna hätte er es nicht so laut sagen müssen, es war wohl eher als Information für Leaphorn gedacht. «Diese Mrs. Davis hält es für ausgeschlossen, daß die Dame mit dem Bindestrich Ausgrabungsstätten geplündert hat. Sie sagt, Tongefäße hätte sie nur beruflich gesammelt, für wissenschaftliche Zwecke. Völlig legal. Und Antiquitätenjäger hätte sie geradezu gehaßt, diese Mrs....» Diesmal schaffte er es wenigstens teilweise: «Mrs. Bernal.»

«Mhm», machte Leaphorn. Durch das Rückfenster des Pickup konnte er den breitkrempigen Hut des jungen Navajos sehen. Nichts Ungewöhnliches, in der Reservation trug jeder zweite so ein Ding. Seltsam war nur, daß ein Navajo bei Ausgrabungsarbeiten mithalf. Weil das bedeutete, die Ruhe der Anasazigeister zu stören. Wahrscheinlich einer, der auf dem Jesuspfad war. Oder zur Peyote Kirche gehörte. Denn jemand, der in den alten Traditionen lebte, hätte nicht riskiert, sich mit dem Übel des Bösen zu infizieren. Oder, was sogar schlimmer war, sich dem Verdacht auszusetzen, ein Hexer zu sein. Denn wer sonst grub nach Gebeinen? Skinwalkers, an deren Existenz traditionsgebundene Navajos nicht zweifelten, pflegten aus den Knochen Verstorbener winzige Pfeile zu schnitzen und auf ihre Opfer abzufeuern. Leaphorn selbst glaubte nicht daran. Aber die vielen, die seine Skepsis nicht teilten, machten ihm die Polizeiarbeit oft genug zur Qual.

«Sie glaubt, Mrs. Bernal müsse etwas zugestoßen sein», fuhr Thatcher fort und kontrollierte im Rückspiegel, ob Leaphorn überhaupt zuhörte. «Du kannst ruhig auch da hinten den Gurt anlegen.»

«Ja», sagte Leaphorn, zerrte sich den Beckengurt über den Bauch und dachte, daß der Frau vermutlich nichts zugestoßen wäre. Auslöser für Thatchers Fahrt nach Chaco war ein anonymer Anruf gewesen. Bestimmt hing eins mit dem anderen zusammen. Dr. Soundso war nicht zufällig verschwunden. Wer weiß, vielleicht hatte sie den Anruf dadurch überhaupt erst provoziert. Oder ein und dasselbe Ereignis hatte zwei Menschen zu unterschiedlichen Reaktionen veranlaßt, die Archäologin zum Untertauchen, den Anonymus zum Telefonieren.

«Was hältst du davon?» hätte er Emma gefragt. «Da fährt eine

Frau nach Farmington, und auf einmal ist sie wie vom Erdboden verschluckt. Zwei Tage später behauptet jemand, sie hätte Ausgrabungsstätten geplündert. Kann sein, daß sie den Burschen irgendwie mächtig geärgert hat und vorsorglich, weil sie seine Rache ahnte, untergetaucht ist. Oder sie ist überhaupt nur deshalb nach Farmington gefahren, weil sie ihm noch mal die Hölle heiß machen wollte, bevor sie verschwand. Was glaubst du?»

Und Emma hätte durch drei, vier Fragen festgestellt, daß er so gut wie gar nichts über diese Frau und die Hintergründe der Geschichte wußte. Und dann hätte sie ihn lächelnd mit einem ihrer nebulösen Aphorismen aus dem Bitter Water Clan abgespeist. «Sogar bei den Kojoten wissen nur die Jungtiere nicht, daß es verschiedene Wege gibt, um einen Hasen zu fangen», hätte sie gesagt. «Nächsten Dienstag oder so wird die Frau ihre Freunde anrufen und ihnen erzählen, daß sie inzwischen geheiratet hat. Dann wißt ihr, daß ihr Verschwinden nicht das geringste mit gestohlenen Tongefäßen zu tun hat.» So etwas Ähnliches hätte sie gesagt. Und entweder recht behalten oder danebengetippt. Was im Grunde keine Rolle spielte. Es war ein seit Jahren vertrautes Spiel zwischen ihnen. Eine Art Wettkampf, Emma setzte ihren gesunden Menschenverstand ein, er ließ sein geschultes Polizistenhirn spielen. Klugheit und Erfahrung gegen ausgefeilte Logik. Ihm half's, sie genoß es, beiden machte es Spaß.

Hatte es Spaß gemacht.

Kalte, abgestandene Luft. Wie überall, wo sich lange niemand mehr aufgehalten hat. Das fiel Leaphorn sofort auf. Er stand daneben, als Thatcher die Tür zu Dr. Friedman-Bernals Apartment öffnete. Der Luftschwall stieg ihm direkt in die Nase. Er konnte den Staub herausschmecken. Und das typische Duftgemenge verlassener Räume.

Im Jargon des Park Service hießen die Apartments ‹A-Pe-Zets›, Apartments für Personal mit Zeitverträgen. In Chaco gab es sechs davon, alle in einem L-förmigen Fertigteilbau auf einem Betonfundament, direkt neben Fahrzeug- und Wartungshallen, Vorratslagern und den acht Bungalows des fest angestellten Personals. Ein ziemlich ausgedehnter Gebäudetrakt, unter die schützenden Felsklippen der Chaco Mesa geschmiegt.

Thatcher betrat das Apartment, Maxie Davis folgte ihm, Leaphorn lehnte sich gegen den Türrahmen. «Mrs. Davis», fuhr Thatcher herum, «ich muß Sie bitten, draußen zu warten. Sehen Sie, bei einer richterlich angeordneten Durchsuchung... Das ist nun mal so, Sie verstehen? Ich meine, möglicherweise muß ich hinterher unter Eid über das Ergebnis der Untersuchung aussagen.» Er versuchte ein Lächeln. «Und was da so alles auf einen zukommt.»

«Gut, ich warte draußen.» Maxie Davis drückte sich mit einem nervösen Lächeln an Leaphorn vorbei und setzte sich auf das Geländer der Veranda.

Das Licht der tiefstehenden Sonne umschmeichelte sie, und Leaphorn dachte, daß sie ein wenig melancholisch aussähe. Vor allem aber unglaublich schön. Jung und schlank. Sie hatte die Schirmmütze abgenommen, sich aber nicht die Mühe gemacht, das dunkle Haar mit einem Kamm zu bändigen. Ihr oval geschnittenes Gesicht war tief gebräunt, fast so dunkel wie Leaphorns Haut. Sie starrte zum Wartungsbereich hinüber, wo jemand an einem Tieflader arbeitete. Ihre Finger trommelten leicht aufs Holz des Geländers – lange, zerschundene Finger einer schmalen, an vielen Stellen aufgeschrammten Hand. Das blaue Hemd lag eng an, ihr straffer Körper zeichnete sich deutlich ab. Der Glanz des Abends lag auf dem Hof hinter ihr. Die Grasbüschel, die Findlinge unter dem Felsgrat – alles schien von innen heraus zu leuchten, sogar das Dach der Wartungshalle. Dagegen wirkte das Apartment von Dr. Friedman-Bernal, obwohl auch dort das Sonnenlicht schräg durchs Fenster fiel, beinahe düster.

Thatcher wanderte durch den Wohnraum, zog an Schubladen, schob Glastüren auf, blieb vor den schlicht gerahmten Drucken an der Wand stehen: ein Bild vom Fajada Butte und ein Blick aufs Tal des Chaco. Der Raum hätte, wäre da nicht der Bücherstapel auf dem Tischchen vor dem braunen Sofa gewesen, unpersönlich, fast unbewohnt gewirkt. Thatcher griff nach dem obersten Buch, blätterte darin, legte es weg und ging in den Schlafraum. Unter der Tür zögerte er einen Augenblick.

«Teufel auch, es wäre alles viel einfacher, wenn ich wüßte, was ich eigentlich suche», sagte er kopfschüttelnd.

Das Mobiliar im Schlafzimmer bestand aus zwei Stühlen, einem Schreibtisch und zwei Doppelbetten. Eins davon wurde offensichtlich als Schlafgelegenheit genutzt, die Laken waren zurückgeschlagen, nicht glattgezogen. Das andere Bett diente als Ablageplatz für Kartons mit Büchern, gestapelte Notizbücher, Computerausdrucke und alle möglichen Papiere. Auf dem Boden standen noch mehr Kartons, einfach an die Wand gerückt, randvoll mit Bruchstücken alter Tongefäße. «Tja», machte Thatcher, «wer in aller Welt kann sagen, woher sie das Zeug hat? Ich wüßte nicht, wie einer das feststellen soll. Das kann ja alles völlig rechtmäßig sein.»

«Ich würde es mit ihren Ausgrabungsnotizen versuchen», schlug Leaphorn vor. «Wenn sie die Keramik im Rahmen der Forschungsprojekte gesammelt hat, müßte ja genau verzeichnet sein, wo sie die einzelnen Stücke aufgelesen oder ausgegraben hat. Dann wäre nichts Ungesetzliches dabei, es sei denn, sie hätte vorgehabt, einzelne Tongefäße zu verkaufen.»

«Natürlich ist es legal, wenn sie's im Rahmen eines Projekts tut», sagte Thatcher. «Das heißt, natürlich nur, wenn sie wirklich den Auftrag dazu hatte. Und falls sie tatsächlich die Absicht hatte, das Zeug zu verkaufen, finden wir selbstverständlich nichts in ihren Notizen. Sie wird ja nicht so dumm sein, sich selbst zu belasten.»

Leaphorn nickte. «Bestimmt nicht.»

An der Apartmenttür tauchte ein Mann auf. «Na, was gefunden?» Er drückte sich an Leaphorn vorbei, ohne auch nur einen Blick für ihn übrig zu haben, und huschte in den Schlafraum. «Schön, daß sich endlich mal einer von euch hier blicken läßt! Ellie ist immerhin schon knapp drei Wochen verschwunden.»

Thatcher legte das Bruchstück eines Tongefäßes behutsam in den Karton zurück und fragte über die Schulter: «Wer sind Sie?»

«Mein Name ist Elliot. Ich arbeite mit Ellie an der Ausgrabung Keet Katl. Das heißt, wir haben zusammengearbeitet. Was höre ich von Luna? Sie verdächtigen Ellie, sie hätte Keramik gestohlen?»

Leaphorn horchte auf. Er war gespannt auf Thatchers Reaktion. Auf solche Situationen wurde man während der Ausbildung nie vorbereitet. Das Thema ‹Einmischung Unbeteiligter in eine laufende Untersuchung› stand nicht im Lehrplan.

«Mr. Elliot, ich ersuche Sie, draußen auf der Veranda zu warten, bis wir hier fertig sind. Anschließend möchte ich mich gern mit Ihnen unterhalten», sagte Thatcher.

Elliot lachte, der spöttische Tonfall ließ keinen Zweifel, daß es alles andere als ein harmlos-freundliches Lachen war. «Ist ja großartig! Da verschwindet eine Frau vor beinahe einem Monat von der Bildfläche, aber keiner bringt seinen Hintern hoch. Und dann ruft so ein Stinker anonym an, und schon...»

«Ich hab gleich für Sie Zeit», unterbrach ihn Thatcher seelenruhig, «sobald ich hier fertig bin.»

«Fertig – womit? Die Tonscherben durchstöbern? Wenn Sie da was durcheinanderbringen, machen Sie ein paar Monate Arbeit kaputt.»

«Raus!» sagte Thatcher nur, es klang erstaunlicherweise immer noch freundlich.

Elliot starrte ihn an.

Mitte Dreißig, dachte Leaphorn. Vielleicht etwas darüber. So um die einsfünfundachtzig. Drahtig, durchtrainiert. Sein Haar mochte normalerweise mittelblond sein, jetzt hatte die Sonne es gebleicht, der Blondton überwog. Abgetragene Jeans, auch die Jacke und die Stiefel hatten schon bessere Tage gesehen. Gute Qualität, saß ausgezeichnet, eben nur in die Jahre gekommen. Und ungefähr dieselbe Beschreibung hätte auch zu ihm gepaßt. «So sehen Leute aus besseren Kreisen aus», hätte Emma nach dem ersten Blick in Elliots Gesicht festgestellt. Obwohl Wind und Wetter dieses Gesicht gegerbt hatten. Große blaue Augen, vielleicht eine Spur zu eng an die Nasenwurzel gesetzt. Regelmäßige Züge. Keine Narben. Ganz unrecht hätte Emma mit ihrem Urteil nicht gehabt. Fernfahrer, Bergleute, Dachdecker und Männer in Straßenbaukolonnen hatten keine solchen Gesichter.

«Natürlich finden Sie hier überall Tonscherben», sagte Elliot gereizt. «Das gehörte ja schließlich zu Ellies Job.»

Thatcher faßte ihn am Ellbogen. «Wir unterhalten uns nachher», sagte er geduldig und schob ihn an Leaphorn vorbei nach draußen. Dann drückte er die Apartmenttür zu und sah Leaphorn seufzend an. «Das Schlimme ist, er hat recht. Tonscherben sammeln ist nun mal ihr Beruf. Also muß sie jede Menge davon haben. Bloß, wonach suchen wir dann eigentlich?»

Leaphorn zuckte die Achseln. «Wir sehen uns mal um, würde ich sagen. Stellen fest, ob es etwas festzustellen gibt. Und hinterher denken wir darüber nach, was es bedeuten könnte.»

Im Wandschrank standen noch mehr Kartons, jeder durch einen Anhänger mit Angaben über den Fundort gekennzeichnet. Außerdem entdeckten sie ein Fotoalbum mit den üblichen Schnappschüssen, meistens Anthropologen an verschiedenen Ausgrabungsstätten. Drei Notizbücher mit Zeichnungen lagen herum. Kohlestiftzeichnungen von abstrakten Mustern, unverkennbar Schmuckreliefs, wie man sie auf Keramik findet. Daneben waren Bemerkungen gekritzelt. In irgendeiner individuellen Kurzschrift, wie die meisten Wissenschaftler sie im Laufe der Jahre entwickeln, um Zeit zu sparen.

«Kennst du dich damit aus?» fragte Thatcher. «Ihr habt doch an der Uni damit zu tun gehabt. Kannst du das entziffern?»

«Ich hab zwar Anthropologie belegt, aber in den Kursen ging es hauptsächlich um Kulturgeschichte. Wir haben uns auch ein paar Ausgrabungsstätten angesehen, unten im Südwesten. Aber das hatte nichts mit der Anasazikultur zu tun. Das hier... das ist eine spezielle Fachrichtung, davon hab ich keine Ahnung.»

Unter Dr. Friedman-Bernals Papieren befanden sich auch zwei Auktionskataloge von Nelson: indianische, afrikanische und ozeanische Kunst. Beide Kataloge lagen aufgeschlagen auf dem Bett, auf den offensichtlich zuletzt benutzten Seiten waren Tongefäße der Mimbres-Kultur, der Hohokam und der Anasazi abgebildet. Leaphorns Blick fiel auf die Preisangaben, sie bewegten sich zwischen 2950 und 41500 Dollar für Grabgefäße der Mimbres. Drei Angebote von Fundstücken aus der Anasazikultur waren rot eingekreist. Hier waren Preise von 4200, 3700 und 14500 Dollar angegeben.

«Nelson – hab ich schon oft gehört», murmelte Thatcher. «Ich dachte immer, die Brüder säßen in London und verkauften Kunstwerke? Ich meine, ausgefallene Sachen, die Mona Lisa oder so.»

«Das hier sind Kunstwerke», erinnerte ihn Leaphorn.

«Also, ich verstehe unter einem Kunstwerk ein Gemälde. Wer ist denn so blöd und legt vierzehn Riesen für 'n alten Tontopf hin?» Ärgerlich schleuderte er den Katalog aufs Bett.

Leaphorn hob ihn auf. Das Umschlagbild zeigte stilisierte Piktogramme, auf Leder aufgetragene Strichzeichnungen von Indianern, die lanzenschwingend auf steifbeinigen Pferden ritten. Darüber war die Firmenwerbung zu lesen:

NELSON
Gegründet 1744
Wertvolle Stücke amerikanischer Indianerkunst
New York
Auktionstermine: 25. und 26. Mai

Die Tongefäße wurden gleich auf den ersten Katalogseiten angeboten. Zu jedem Angebot gehörte ein Foto und eine genaue Beschreibung. Die Katalognummer 242 war rot eingekreist.

> 242. Anasazikeramik (St. Johns), ca. 1000–1250 v. Chr. Mehrfarbige Schale, tiefe Ausrundung, innen rosé mit wellenförmigen hellen ‹Geisterlinien›. Regelmäßiges Muster aus ineinander verflochtenen Spiralen. Doppelwulst und innerer Boden fein gezahnt.
> Durchmesser 7¼ Inches (19 cm). $ 4000/$ 4200. Verkaufsangebot mit Expertise im Kundenauftrag.

Neben das Wort Kundenauftrag war von Hand ein rotes Fragezeichen gemalt, dazu – winzig klein – ein paar Anmerkungen. Die eine bestand aus Zahlen, offenbar eine Telefonnummer. Bei den anderen Notizen ging es anscheinend um Namen. «Q. anrufen» und «Treffen mit Houk». Houk? Mit dem Namen wußte Leaphorn auf Anhieb etwas anzufangen. Falls der Houk gemeint war, den er kannte.

Keinen Zweifel gab es bei der nächsten Notiz: «Nakai, Slick». Über Slick Nakai wußte Leaphorn recht gut Bescheid. Er war ihm schon begegnet, ein- oder zweimal. Nakai war Prediger, Evangelist des christlichen Glaubens, einer von denen, die sich streng an den Wortlaut der Bibel hielten. Er zog mit seinem Gespann – einem alten Cadillac mit Wohnanhänger – durch die Reservation, baute sein Zelt auf und beschwor die Zuhörer, dem Alkohol und der Unzucht zu entsagen, Buße zu tun ob aller Sünden, den Weg des Heidentums zu verlassen und sich Jesus zuzuwenden.

Nach einem raschen Blick auf die anderen Namen, von denen ihm keiner etwas sagte, blätterte er ein paar Seiten weiter. Mehrfarbige Tontokeramik wurden angeboten, 1400 bis 1800 Dollar. Ein Grabgefäß der Mimbres, mit einander jagenden Lizards geschmückt, schwarz auf weißem Grund, 38 600 Dollar. Leaphorn verzog das Gesicht und legte den Katalog weg.

Thatcher kramte in den Kartons. «Ich werd mal grob Inventur machen. Nur mal so 'n Überblick, was wir eigentlich haben. Obwohl wir ja beide wissen, daß es uns keinen Schritt weiterbringt.»

Leaphorn setzte sich in den Schaukelstuhl neben dem Schreibtisch und nahm den Terminkalender zur Hand. Aufgeschlagen war das Blatt mit dem Datum 11. Oktober. «An welchem Tag ist Dr. Bindestrich von hier weggefahren? War das nicht am dreizehnten?»

«Ja», bestätigte Thatcher.

Leaphorn schlug den 13. Oktober auf. «Tu's endlich!» stand unter dem Datum. Er schlug die nächste Seite auf. «Vorbei!» – quer über das Blatt geschrieben. Noch eine Seite weiter zwei Eintragungen. «Alles klar für Lehman?» Und: «Treffen mit H. Houk.»

H. Houk... War Harrison Houk gemeint? Vielleicht. Kein alltäglicher Name. Und kein Mann, wie man ihn jeden Tag trifft. Die Houk Ranch lag, wenn man von Norden in die Reservation kam, über dem San Juan River, etwas außerhalb von Bluff, mitten im Herzen des alten Anasazilandes. Es hieß, daß in der Gegend praktisch nichts ohne Harrison Houk liefe.

Das Blatt vom 16. Oktober war leer. Auch das nächste. Dann – Donnerstag, der 18. Oktober. Quer über die Seite: «Lehman!!! Nachmittags, ungefähr um vier. Sauerbraten und so weiter.»

Leaphorn blätterte noch ein paar Tage weiter. Bis jetzt hatte Dr. Friedman-Bernal zwei Termine verpaßt. Nächste Woche würde sie wieder einen verpassen, es sei denn, sie käme rechtzeitig zurück.

Er legte den Kalender weg, ging in die Küche und inspizierte den Kühlschrank. Dabei fiel ihm ein, wie Emma den Sauerbraten gemacht und wie er genörgelt hatte, das sei viel zuviel Arbeit für ein bißchen Fleisch. Weil er ihr nicht sagen wollte, daß ihm das Zeug nicht schmeckte. «Auch nicht mehr Arbeit als Navajotacos», hatte sie geantwortet, «und weniger Cholesterin.»

Der Kühlschrank roch nach saurer Milch. Und irgendwie schal, undefinierbar. Am schlimmsten ganz oben, wo eine Bratkasserolle ins Fach geschoben war. Darin lag, in Folie verpackt, ein großes Stück Fleisch in rotbraunem Sud. Der Sauerbraten. Leaphorn schnitt eine Grimasse, klappte den Kühlschrank zu und ging ins Schlafzimmer zurück. Was Thatcher ‹grob Inventur machen› genannt hatte, schien sich allmählich dem Ende zu nähern.

Die Sonne stand jetzt tief über dem Horizont, sie leuchtete den Raum voll aus und malte Thatchers Schatten riesengroß auf die Tapete. Leaphorn stellte sich vor, wie Eleanor Friedman-Bernal durch die Küche gehuscht war, gebraten, vorgegart und möglichst viele Handgriffe für das große Sauerbraten-Dinner schon im voraus erledigt hatte, damit später, wenn Lehman kam, nicht mehr viel zu tun blieb... Aber dann war sie verschwunden, die letzten Handgriffe blieben ungetan. Warum? Hatte sie sich mit Harrison Houk getroffen? War es um ein Tongefäß gegangen?

Leaphorn erinnerte sich an seine erste und einzige Begegnung mit

Houk, vor Jahren. Officer war er damals gewesen, durch seine Dienststelle in Kayenta vorübergehend zur Unterstützung des FBI in einer Mordsache abgeordnet. Man sprach allgemein nur von den Houk-Morden. Leaphorn erinnerte sich sogar an die Namen. Della Houk, die Mutter. Elmore Houk, der Bruder. Dessie Houk, die Schwester. Brigham Houk, der Mörder. Und Harrison Houk, der Vater. Der einzige, der mit dem Leben davonkam. Als trauernder Hinterbliebener.

Leaphorn sah ihn noch auf der Veranda vor dem großen, aus Naturstein gefügten Haus stehen und dem Sheriff zuhören. Und er sah ihn, der Erschöpfung nahe, die Böschung vom Fluß hochsteigen, weil es zu dunkel geworden war, um das Ufer noch länger nach Brigham Houk abzusuchen. Das heißt, damals hatten sie schon davon ausgehen müssen, daß sie nur einen Ertrunkenen finden würden. Brigham Houks Leiche.

War dieser H. Houk aus Dr. Friedman-Bernals Terminkalender der Mann, an den er sich erinnerte? Verdarb das Fleisch in Eleanors Kühlschrank seinetwegen? Komisch, dachte Joe Leaphorn, komisch, daß meine alte berufsmäßige Neugier auf einmal wieder da ist. Was hatte Eleanor Friedman-Bernal davon abgehalten, pünktlich vor dem Besuch eines Mannes zu Hause zu sein, dessen Name ihr immerhin drei Ausrufungszeichen wert gewesen war? Warum verpaßte sie ein Dinner, auf das sie sich mit so viel Mühe vorbereitet hatte?

Leaphorn ging in den Ankleideraum und nahm sich noch einmal das Fotoalbum vor. Er blätterte darin, bis er auf Hochzeitsfotos stieß. Braut und Bräutigam und ein anderes junges Pärchen. Eines der Bilder löste er heraus. Die strahlende Braut und der gutaussehende, ein wenig starr in die Kamera blickende Bräutigam, ein Mexicaner. Die Braut hatte ein schön geschnittenes, intelligentes Gesicht. Vielleicht eine Jüdin? Eine Frau, von der Leaphorn sich beeindruckt fühlte. Auch Emma hätte dieses Gesicht gemocht.

Die nächsten zwei Wochen war er noch beurlaubt. Er wollte versuchen, die Frau auf dem Foto zu finden.

3

Für Officer Jim Chee von der Navajo Tribal Police war der Tag nicht gut gelaufen. Es war sogar der schlimmste Tag in der ganzen miesen Woche gewesen.

Am Montag hatte der Schlamassel angefangen. Weil irgendein Blödmann draußen im Technischen Bereich allmählich dahintergekommen war, daß ihm ein Transportanhänger fehlte. Anscheinend schon ziemlich lange. Und am Sonntagabend hatte er ihn dann als gestohlen gemeldet.

«Wie lange schon?» hatte Captain Largo am Montag bei der Nachmittagsbesprechung gefragt. «Das weiß Tommy Zah nicht. Keiner weiß es. Plötzlich will seit ungefähr einem Monat niemand mehr das Ding gesehen haben. Der Hänger wurde zur Instandsetzung hingebracht. Achsschaden. Der Wartungstrupp hat das wieder hingekriegt, und dann ist der Hänger vermutlich auf dem Parkplatz abgestellt worden. Nur, da steht er nicht. Also muß er natürlich gestohlen sein, was sonst? Und zwar einfach deshalb, weil Zah nicht ganz so blöd dasteht, wenn er ihn als gestohlen meldet. Er wird den Teufel tun und zugeben, daß er nicht mehr weiß, wo das Ding abgeblieben ist. Und nun müssen wir den Hänger eben suchen. Auch wenn das Mistding womöglich in Florida rumsteht.»

Nachträglich wußte Chee genau, warum sich ausgerechnet er und nicht irgendein anderer Officer aus der Nachtschicht den Ärger mit dem Transportanhänger eingehandelt hatte. Er hätte ein bißchen betroffener gucken müssen, daran lag's. Statt dessen hatte er aus dem Fenster gesehen, und das hatte der Captain natürlich gemerkt. Ein ganzer Vogelschwarm hatte sich die Kopfweiden draußen auf dem Parkplatz vor dem Dienstgebäude in Shiprock als Rastplatz ausgesucht. Lauter Finken, war Chee durch den Kopf gegangen. Nur flüchtig, denn hauptsächlich hatte er darüber nachgedacht, was er Janet Pete sagen sollte, wenn er sie wiedersah. Und dann war ihm auf einmal klargeworden, daß Largo ihn meinte.

«Gibt's auf dem Parkplatz was Interessantes zu sehen?»

«Sir?»

«Steht der verdammte Hänger vielleicht draußen?»

«Nein, Sir.»

«Hast du wenigstens mitbekommen, welchen Hänger ich meine?»

«Ja, den aus der Werkstatt.» Chee hoffte, daß sie immer noch beim gleichen Thema waren.

Largo sah ihn finster an. «Na, wunderbar. Also, Superintendent Zah hat mir am Telefon gesagt, daß wir heute noch eine schriftliche Meldung kriegen. Da steht mit Sicherheit drin, daß sie vor geraumer Zeit hier angerufen und dem Bereitschaftsdienst eine Meldung über verdächtige Personen in der Nähe des Technischen Bereiches durchgegeben hätten. Einschließlich der Bitte, daß wir uns mal da draußen umsehen sollten. Das war natürlich lange, bevor der Hänger verschwunden ist, versteht sich. Damit ist der Superintendent aus dem Schneider, und wir haben den Schwarzen Peter.»

Largo schnaufte vernehmlich und blickte in die Runde, als wollte er feststellen, ob die Männer der Nachtschicht überhaupt kapierten, worüber ihr Dienststellenleiter redete.

«Und wißt ihr, was in diesem Augenblick passiert?» fuhr er fort. «Ich sag's euch. Sie zählen gerade ihren ganzen Bestand durch. Fahrzeuge, Werkzeug, Kaffeemaschinen – Gott weiß was alles. Ihr könnt Gift drauf nehmen, daß ihnen noch mehr fehlt. Da sie nicht feststellen können, wann und wie das Zeug verschwunden ist, werden sie's einfach als gestohlen melden. Vor fünf Minuten gestohlen. Oder morgen, falls ihnen das besser in den Kram paßt. Ganz egal, auf jeden Fall hatten sie uns ja vorher – ich wiederhole: vorher dringend gebeten, ein Auge auf den Technischen Bereich zu haben. Und dann kann ich die nächsten Wochenenden damit verbringen, mir mit zusammenfassenden Berichten für Window Rock die Finger wundzuschreiben.» Largo schwieg. Sein Blick ruhte auf Chee.

«Also, Chee...»

«Ja, Sir?» Chee mimte Diensteifer. Zu spät.

«Ich möchte, daß du dich darum kümmerst. Halt dich während deiner Schicht da draußen auf. Häng dich sofort dran, wenn du was Auffälliges feststellst. Und sieh zu, daß du was feststellst. Gib regelmäßig über Funk Meldungen durch. Ich will, daß das im Wachbuch festgehalten wird. Wenn die Burschen nach ihrer Inventur wissen, was ihnen noch alles fehlt, dürfen sie keinen Grund haben, uns die Schuld in die Schuhe zu schieben. Verstanden?»

Chee hatte verstanden. Was aber auch nichts besser machte.

Das war am Montagnachmittag gewesen. Montagabend wurde es dann noch schlimmer. Und zwar vor allem deshalb, weil Chee bis Dienstag gar nichts davon merkte.

Er schlug sich also in der Nähe des Technischen Bereichs die Nacht um die Ohren, Befehl ist Befehl. Den Highway 550 ostwärts bis zum Hogback, dessen Höhenzug das Ende der Großen Reservation markierte. Dann am hinteren Zaun der Fahrbereitschaft entlang, zurück Richtung Shiprock. Unterwegs immer wieder anhalten, den Zaun kontrollieren. Große Gewölle aus trockenem Gras hingen im Maschendraht, Windhexen, die im Sommer taumelnd übers Land trieben und sich im Zaun verfingen. Auch an den mit Vorhängeschlössern gesicherten Toren. Ein verläßliches Zeichen, daß sich hier kein Unbefugter zu schaffen gemacht hatte. Wieder die 550 nach Osten und zurück. Die Geschwindigkeitsbegrenzung zwischen Farmington und Shiprock beachten. Mindestens annähernd. Und gegen die Langeweile und den Schlaf angähnen. Von Zeit zu Zeit eine Funkmeldung absetzen, damit im Wachbuch stand, daß der Technische Bereich bewacht wurde, keine besonderen Vorkommnisse.

«Wagen Elf auf Kontrollfahrt bei Fünfzig-Fünfzig», gab Chee durch. «Alles ruhig. Keine Hinweise auf unbefugtes Eindringen.»

«Bist du dort fertig?» fragte der Mann vom Bereitschaftsdienst zurück. «Guck mal nach, was bei Sieben-Elf los ist, da ist eben eine Meldung reingekommen.»

Wenden. Die Langeweile war wie weggeblasen. Statt dessen dieses komische Kribbeln, das sich jedesmal einstellte, wenn er damit rechnen mußte, daß er es mit einem Betrunkenen zu tun bekam. Oder zwei Betrunkenen. Oder wer weiß wie vielen Radaubrüdern, die bei Sieben-Elf die nächtliche Ruhe von Shiprock störten.

Aber auf dem Parkplatz vor dem Supermarkt war alles ruhig. Nur ein alter Dodge und ein Pritschenwagen standen auf der Asphaltfläche. Draußen lungerten keine Betrunkenen herum. Und drinnen auch nicht. Die Frau an der Kasse las in einem der Skandalblättchen, die in solchen Geschäften ganze Regalwände füllen. Die grünen Balkenlettern der Schlagzeile verhießen: *DIE WAHRHEIT ÜBER LIZ TAYLORS DIÄTERFOLG*. Eine andere verriet: *SCHWANGERE SIAMESISCHE ZWILLINGE BEZICHTIGEN PRIESTER DER VATERSCHAFT*. Am Gefrierfach wühlte ein Halbwüchsiger in den Getränkedosen.

«Was liegt an?» fragte Chee die Frau an der Kasse.

Der Junge hatte sich gerade für eine Dose Pepsi entschieden, jetzt guckte er schuldbewußt herüber. Die Kassiererin ließ die Zeitschrift sinken. Eine Navajofrau um die Vierzig. Aus dem Towering House Clan, wie Chee sich erinnerte. Gorman oder Relman oder so ähnlich. Jedenfalls ein angelsächsischer Name mit sechs Buchstaben. Vielleicht Bunker? Oder Walker. Oder Thomas.

«Was?» fragte sie zurück.

«Jemand hat bei uns angerufen. Es soll hier einen Zwischenfall gegeben haben. Also, was war los?»

«Ach so», sagte die Frau aus dem Towering House Clan, «ja, wir hatten Ärger. Blau wie tausend Veilchen. Wo haben Sie denn so lange gesteckt?»

«Was hat er gemacht? Irgendwas beschädigt?»

«War 'ne Sie», sagte die Kassiererin. «Old Lady George. Als sie merkte, daß ich anrufe, hat sie sich verdrückt.»

Gorman hieß die Kassiererin, fiel Chee wieder ein, während er sich in Gedanken schon mit Old Lady George beschäftigte. «Wo ist sie hingegangen?»

Mrs. Gorman machte eine Handbewegung ins Ungewisse. «Einfach weg. Hab nicht drauf geachtet. Hab gerade die Dosen aufgehoben, die sie umgeworfen hatte.»

Also war Chee losgezogen, um Old Lady George zu suchen. Er kannte sie recht gut. Er hatte sie mal als Zeugin gebraucht, damals ging es um einen Autodiebstahl. Endlich mal eine, mit deren Aussage sich was anfangen ließ. Später, als einer ihrer Enkel der vorsätzlichen Körperverletzung beschuldigt wurde, hatte sie den Jungen dazu gebracht, sich selbst zu stellen. Sie stammte übrigens aus dem Streams Come Together Clan, war also wegen der engen Verbindung mit dem Clan seines Vaters eine entfernte Verwandte. Und um Verwandte muß man sich kümmern, das hatte Chee von kleinauf gelernt.

Eine Weile suchte er die 550 nach ihr ab, sogar die Seitenstraßen. Schließlich fand er sie mehr zufällig. Sie saß auf der gemauerten Abdeckung eines Abwasserkanals. Er überredete sie, bei ihm einzusteigen, brachte sie nach Hause und übergab sie der Obhut einer jungen Frau, vermutlich eine ihrer Enkeltöchter. Dann fuhr er wieder zum Technischen Bereich hinaus, um nachzusehen, ob dort alles in Ordnung wäre. Vom Highway aus sah es so aus. Aber vom Highway aus konnte man eben nicht feststellen, daß inzwischen jemand das Vorhängeschloß an einem der Tore geknackt hatte. Das erfuhr Chee erst, als er sich am Dienstag zum Dienst meldete.

Captain Largos gewöhnlich volltönende Stimme klang verdächtig leise. «In der Zwischenzeit wurde ein Grabenbagger gestohlen», sagte er. «Niedliches kleines Ding. So um die drei Tonnen. Knallgelb. Ich habe Mr. Zah gesagt, daß mein bester Mann zur Bewachung abgestellt war, ein gewisser Officer Jim Chee. Es könne sich nur um einen Irrtum handeln, jemand müsse das Gerät ausgeliehen haben, ohne sich im Ausgabebuch einzutragen. Und weißt du, was er mir geantwortet hat?»

«Nein, Sir. Aber eins steht fest: während meiner Schicht ist das Ding nicht gestohlen worden. Ich bin die ganze Zeit da draußen rumgefahren.»

«Ach, wirklich? Ist ja reizend.» Largo fischte ein Blatt Papier aus der Sammelmappe. Ohne einen Blick darauf zu werfen, fuhr er fort: «Das höre ich mit Vergnügen, weil... Weißt du, was Zah mir gesagt hat? Er hat gesagt...» Largos Stimme schraubte sich eine Tonlage höher. «Doch, das Ding wurde bestimmt letzte Nacht gestohlen, hat er gesagt. Da liegt nämlich auf der anderen Straßenseite eine Tankstelle. Und der Tankwart hat gesehen, wie sie's rausgeholt haben und damit losgefahren sind.»

«Oh», machte Chee. Es mußte also passiert sein, als er bei Sieben-Elf war.

«Dieser Zah ist ein Spaßvogel. Er meint, einem Polizisten so einen riesigen gelben Grabenbagger unter den Augen wegzustehlen, wäre schwieriger, als einem Kojoten die Mondscheibe vor der Nase wegzuschnappen.»

Chee wurde rot. Zu sagen gab's dazu eigentlich nichts. Den Vergleich hatte er früher schon mal gehört, ein bißchen abgewandelt. Dem Gockel die aufgehende Sonne stehlen. Gemeint war dasselbe. Der Gockel kräht nicht, wenn einer die aufgehende Sonne klaut, und der Kojote kann keinen Mond anbellen, den jemand gerade vom Himmel geholt hat. Wobei das eine so unvorstellbar war wie das andere. Ganz abgesehen von der besonderen Bosheit mit dem Kojoten. Einem Navajo darf man alle möglichen Schimpfwörter an den Kopf werfen, aber nie einen Kojoten nennen. Das ist fast so schlimm wie der Vorwurf, er ließe die eigenen Kinder verhungern.

Largo drückte Chee die Meldung in die Hand. Da stand genau das, was Zah dem Captain gesagt hatte.

Aussage eines gewissen Delbert Tsosie gegenüber Officer Shorty: Besagter Tsosie will etwa um 22.00 Uhr, während er an der Tankstelle einen Kunden bediente, einen Mann beobachtet haben, der am Tor des gegenüberliegenden Technischen Bereichs (Highway 550) die durch ein Vorhängeschloß gesicherte Kette entfernte. Unbekannte fuhren einen Kleinlaster mit angekoppeltem Transportanhänger durch das Tor in den Hof. Laut Tsosie sollen sie etwa fünfzehn Minuten später das Gelände verlassen haben. Der Anhänger war mit einer Maschine beladen, bei der es sich nach Einschätzung des Zeugen um einen Grabenbagger oder ein ähnliches motorgetriebenes Gerät zum Erdaushub gehandelt haben muß. Tsosie sagt aus, zur Meldung des Vorfalls habe er keine Veranlassung gesehen wegen der Annahme, das Gerät sei für dringend erforderliche Arbeiten von Angestellten des Technischen Bereichs abgeholt worden.

«Das kann nur gewesen sein, als ich nach Old Lady George gesucht habe.» Mit Rücksicht auf Largos grimmige Miene faßte er sich, als er die Sache mit dem Supermarkt erklärte, so kurz wie möglich.

«Gut, kümmere dich wieder um deine Arbeit», entschied Largo. «Vergiß das mit dem Grabenbagger, das wird Sergeant Benally übernehmen, misch dich da nicht ein, ja?»

Das war Dienstagmorgen gewesen. Nach menschlichem Ermessen der absolute Tiefpunkt der Woche. Von wegen.

Das dicke Ende wäre ihm vielleicht erspart geblieben, wenn Chee nicht zur Tankstelle an der 550 gefahren wäre, wo Delbert Tsosie gerade damit beschäftigt war, Reifen aufzustapeln. Gut, Benally hatte den Fall übernommen. Aber Chee kam manchmal zum Tanken her. Was war schon dabei, wenn er kurz anhielt und ein paar Worte mit Tsosie wechselte?

«Nee, so deutlich, daß ich ihn wiedererkenn'n tät, hab ich von denen nich einen geseh'n. So 'n langen, dürren Navajo hab ich geseh'n, mit 'm Cowboyhut auf 'm Kopp. Von der Sorte sind 'n paar da drüben. Komm'n manchmal zu mir rüber, zieh'n sich 'n Kaffee und kauf'n 'ne Tüte Bonbons. Den von heut nacht hab ich aber noch nie hier geseh'n. Ich denk noch, is aber komisch, wie früh die anfangen. Die werden wohl was vergessen haben und holen sich's jetzt, denk ich. Und wie ich seh, daß es so 'n Bagger is, denk ich, da wird irgendwo 'n Rohr gebrochen sein. Wird 'n Noteinsatz sein oder so, denk ich.»

«Aber erkannt hast du keinen von denen?»

«War zu dunkel.»

«Und der, der den Kleinlaster gefahren hat – wieso hast du den überhaupt sehen können?»

«Die Karre hat doch der dürre Navajo gefahr'n», sagte Tsosie. «Der andere, der kam hinterher. In 'm zweitürigen Plymouth. So von 70, 71, tät ich mal sag'n. Dunkelblau. Hatte auch 'n Overall an, wie der Navajo. Und ein Kotflügel war anders gespritzt, vorn rechts. Weiß oder grau. Überall Grundierung draufgemalt, richtig gefleckt. Als ob sie die Karre frisch lackier'n wollt'n.»

«Also, der Fahrer im Plymouth war kein Navajo?»

«Der im Pritschenwagen, der war 'n Navajo. Den Plymouth hat 'n *belagana* gefahr'n. Und der Weiße... na ja, wie die so ausseh'n. Hab ja nur kurz hingeguckt. Nur, daß er 'n Sonnenbrand hatte, hab ich geseh'n. Und Sommersprossen.»

«Groß oder klein?»

Tsosie dachte nach. «Mittel. Eher so 'n kleiner Rundlicher.»

«Und die Haarfarbe?»

«Hatte 'ne Mütze auf. 'ne Baseballkappe mit 'm langen Schirm.»

Im Grunde hatten die Informationen für Chee keine Bedeutung, denn der Fall wurde ja von Benally bearbeitet. Und dem hatte Tsosie bestimmt längst dasselbe erzählt, vielleicht noch mehr.

Aber am Samstagvormittag sah Chee plötzlich den zweitürigen Plymouth. Dunkelblau. Modell Anfang der siebziger Jahre. Der Wagen kam ihm auf der 550 entgegen. Richtung Shiprock. Der Kotflügel vorn rechts war andersfarbig gespritzt, hell. Und auch das mit der Rostschutzfarbe stimmte. Der Weiße am Steuer trug eine Baseballkappe.

Er war heute nicht mit seinem Wagen unterwegs, sondern mit Janets. Das heißt, genaugenommen gehörte er Janet Pete noch nicht. Sie hatte sich in Farmington einen gebrauchten Buick Riviera ausgesucht, eine Anzahlung geleistet und Chee gebeten, den Wagen übers Wochenende, während sie in Phoenix war, gründlich zu testen, bevor sie am Montag den Vertrag unterschrieb.

«Ich glaub, ich bin schon so gut wie sicher», hatte Janet ihm gesagt. «Der Buick hat alles, was ich brauche. Nur 14000 Meilen drauf. Und der Preis stimmt. Für meinen alten Datsun will er mir 1000 Dollar geben. Ich find, das ist nicht schlecht.»

1000 Dollar fand Chee fast verdächtig viel. Janets Datsun war eine Schrottbeule. Aber Janet wollte eigentlich gar keine Argumente hören, die gegen den Kauf sprachen. Sie fand den Buick ‹irrsinnig schön›. Das wache Mißtrauen, das eine gelernte Juristin überall mit sich herumtragen sollte, mußte sie wohl irgendwo in einer Ecke abgestellt haben. Es stand ihr gut, wenn sie so begeistert schwärmte und ‹irrsinnig schön› sagte. Sie sah dabei selbst irrsinnig schön aus.

«Die Polster – ein phantastisches Blau, sag ich dir, tolle Farbe. Außen dunkelblau mit einem Zierstreifen, sieht richtig fein aus. Nicht zuviel Chrom, aber auch nicht zuwenig.» Dabei huschte ein Hauch schlechtes Gewissen über ihr Gesicht. «Ich meine, normalerweise bin ich ja nicht für Chrom. Aber in dem Fall...» Ihr Achselzucken sollte wohl andeuten, daß man Grundsätze haben, aber nicht auf ihnen herumreiten sollte. «Also, ich bin richtig verliebt in das Auto.»

Sie musterte Chee, hörte zu schwärmen auf und wurde wieder Juristin. «Ich hab gedacht, du könntest den Wagen vielleicht für mich ausprobieren? Du kennst dich doch mit technischen Dingen aus, du bist ja dauernd im Auto unterwegs. Wenn irgendwas nicht in Ordnung ist oder wenn du meinst, ich sollt lieber die Finger davonlassen... Ich meine, dann könnte ich natürlich...»

Den Rest brachte sie dann doch nicht über die Lippen. Und Chee nahm die Schlüssel und sagte: aber ja, das täte er sehr gern. Was nicht ganz der Wahrheit entsprach. Falls sich wirklich herausstellte, daß der Motor nicht in gutem Zustand war, und er das Janet sagte, würde er sich damit nicht gerade lieb Kind bei ihr machen. Und genau darauf legte er Wert.

Seine Gedanken waren dann lange um Janet Pete gekreist. Um die Frau in ihr. Um die Rechtsanwältin in ihr. Und um die Frage, ob Janet Pete oder irgendeine andere Frau je die Lücke in seinem Leben füllen könnte, die Mary Landon hinterlassen hatte. Am Freitagabend war das gewesen. Und am Samstagmorgen war er dann zu Bernie Tsos Werkstatt gefahren und hatte ihm den Buick auf die Hebebühne gestellt.

Bernie war sehr skeptisch gewesen. «Meine Fresse, 14 000 soll der erst draufhaben? Na, dann guck dir mal die Reifen an. Und das hier – wie erklärst du das?» Er rüttelte an der Karosserie. «In Arizona ist es nicht verboten, den Tacho zurückzudrehen, aber in New Mexico, und da hat sie die Karre doch her, oder? Ich würd sagen, die haben 'n bißchen an der ersten Ziffer rumgespielt. Da steht jetzt 'ne Eins statt 'ner Vier. Wer weiß, vielleicht gehört sogar 'ne Sieben hin.»

Als er mit dem Fahrgestell fertig war, ließ er die Hebebühne ein Stück herunter. «Die Lenkung hat auch zuviel Spiel. Was ist, soll ich mir den Motor noch ansehen?»

«Vielleicht später», sagte Chee. «Ich werd den Wagen erst mal eine Weile fahren, mal sehen, was sich dabei herausstellt. Letzten Endes muß sie natürlich selber entscheiden, wofür sie ihr Geld ausgeben will.»

Und so war er mit Janet Petes blauem Buick auf den Highway 550 gefahren, Richtung Farmington, und inzwischen schon den ersten Mängeln auf die Spur gekommen. Aufs Gaspedal reagierte der Motor nur sehr träge. Da mußte vielleicht nur was nachgestellt werden. Auch das Stottern bei der Beschleunigung ließ sich beheben. Beim Abbremsen zog der Wagen nach rechts. Für Chees Geschmack waren die Bremsen viel zu weich eingestellt. Vielleicht mochte Janet das so, aber die ungleichmäßige Bremswirkung ließ auf abgenutzte Beläge schließen. Und die Lenkung schlackerte, genau wie Bernie gesagt hatte.

Das Lenkungsspiel beschäftigte ihn, als er den Burschen entdeckte, der ihm den Ärger mit dem verdammten Bagger eingebrockt hatte. Hätte er nicht gerade den blauen Buick ein bißchen schwingen lassen, wäre ihm der entgegenkommende Wagen womöglich gar nicht aufgefallen. Aber so mußte er auf den Gegenverkehr achten.

Zuerst fiel ihm der andersfarbige Kotflügel auf. Dann registrierte er: blauer Plymouth, Baujahr Anfang der 70er. Und im Vorbeifahren sah er die hellgrauen Flecke. Grundierfarbe. Den Fahrer nahm er nur mit einem Seitenblick wahr: junger Bursche, langes Haar unter der dunklen Mütze.

Chee zögerte keine Sekunde. Er riß den Wagen herum, jagte ihn über die erhöhte Mittelbegrenzung und fuhr hinter dem Plymouth her.

Er trug Freizeitkleidung, er war ja nicht im Dienst. Verwaschene Jeans und ein T-Shirt. Das mit dem Loch unter der Achsel. Die Pistole lag in seinem Wohnwagen in Shiprock, im Schreibtisch neben der Bettstelle, schön ordentlich weggeschlossen. Funk gab es natürlich im Buick auch nicht. Mal ganz davon abgesehen, daß die Karre nicht gerade der richtige Wagen für eine Verfolgungsjagd war. Er konnte sich nur dranhängen, feststellen, wohin der Plymouth fuhr, und hoffen, daß sich vielleicht eine Chance bot.

Der Bursche im Plymouth schien es nicht eilig zu haben. Er bog von der 550 auf eine Nebenstraße nach Kirtland ab. Hinter der Brücke über den San Juan bog er noch mal ab, diesmal auf eine Staubpiste, die zur Mesa hochführte, auf die alten Navajostollen und das Kraftwerk Four Corners zu. Chee ließ sich eine Viertelmeile zurückfallen, er wollte nicht, daß der Kerl da vorn Verdacht schöpfte. Und noch weniger lag ihm daran, die Staubfahne zu schlucken, die der Plymouth hinter sich herzog.

Aber als sie die Steilwand erreichten, hatte der mit der Baseballkappe wohl doch gemerkt, daß er verfolgt wurde. Er bog noch mal ab. Die Fahrspur durchs Salbeigras war kaum zu erkennen. Und der Bursche drückte jetzt aufs Gas. Aus der Staubfahne wurde eine Wolke. Chee jagte den Buick erbarmungslos durch Schlaglöcher und über Steine. Er mußte das Lenkrad fest umklammert halten. Zu spät sah er durch den aufgewirbelten Staub, daß der Plymouth schon wieder einen Haken geschlagen hatte, scharf nach rechts. Chee bremste, schleuderte, fing den Wagen auf, riß ihn herum. Er mußte sich ranhalten, wenn er den Plymouth nicht verlieren wollte.

Und da passierte es. Das rechte Vorderrad bockte über einen Felsen. Chee stieß ziemlich schmerzhaft mit dem Kopf gegen den Dachholm, die blaue Plüschpolsterung half da auch nicht viel. Und schon folgte der nächste Stoß. Die Findlinge sah er durch den Staub viel zu spät. Um Himmels willen, ausweichen! Er kurbelte wild an der Lenkung. Dann prallte er irgendwo auf. Merkte, wie irgend etwas die Motorhaube eindrückte. Konnte gar nichts mehr tun. Nur zusehen, wie der Wagen einfach ein Stück weiterrutschte. Und als er wieder mit dem Kopf gegen das Dach geschleudert wurde und der Aufprall ihm den Hut über die Augen schob, war es sogar damit vorbei.

Janet Petes irrsinnig schöner blauer Buick rutschte seitwärts weiter, zog eine breite Spur durchs Salbeigras und blieb endlich in einer Staubwolke liegen. Chee kletterte heraus.

Der Wagen sah schlimm aus. Immerhin, er hätte noch schlimmer aussehen können. Das linke Vorderrad stand, aus der Spurstange gerissen, fast waagerecht. Zum Glück war die Achse nicht gebrochen. Sonst gab es, soweit Chee das ausmachen konnte, nur äußerliche Schäden. Kratzer und Beulen im Blech, die eingedrückte Frontpartie. Die Chromleiste, von der Janet so geschwärmt hatte, fand Chee knapp fünfzehn Meter weiter hinten, sie war an einer Wurzel hängengeblieben. Er legte sie liebevoll auf den Rücksitz. Weit vorn sah er gerade noch die Staubwolke, in der der Plymouth über den Höhenrücken verschwand.

Chee hatte jetzt andere Sorgen. Wo bekam er einen Abschleppwagen her? Fünf, sechs Meilen waren es bestimmt bis zum nächsten Telefon. Dann dachte er an die sieben- bis achthundert Dollar, die ihn die Reparatur des Buick kosten würde. Dabei war ihm die Kostenfrage längst nicht das schlimmste. Schlimmer war, daß er Janet Pete die Sache irgendwie beibringen mußte. Irrsinnig schön, hatte sie gesagt. Und daß sie ganz verliebt sei in das Auto. Weil sie so etwas schon immer gesucht hätte. Aber darüber konnte er sich später den Kopf zerbrechen.

Er starrte der Staubwolke nach und prägte sich ein, wie der Bursche im Plymouth ausgesehen hatte. Das Profil, die pockennarbige Kieferpartie, die Frisur, die Mütze. Ehrensache, den fand er wieder. Früher oder später erwischte er ihn.

Nachmittags, als der Buick in Bernie Tsos Werkstatt stand, sah es ganz danach aus, als würde es schon bald klappen. Denn Bernie kannte den Plymouth, er hatte ihn mal auf der Hebebühne gehabt. Und wußte auch das eine oder andere über den Besitzer.

Chee war sehr zufrieden. «Alles bewegt sich im Kreis, irgendwann stößt man immer wieder drauf. So kommt alles von selber ins Lot.»

«Das würde ich nicht sagen», murmelte Tso. «Der Buick zum Beispiel – weißt du, was das kostet, den wieder ins Lot zu bringen?»

«Ich rede davon, daß ich den Mistkerl erwische. Und die ersten Anhaltspunkte habe ich ja schon. Mein Captain wird sich freuen.»

Tso betrachtete stirnrunzelnd den blauen Buick. «Wie wär's, wenn deine Freundin ihn einfach zurückgibt und dem Händler sagt, daß ihr die Aufhängung des linken Vorderrades nicht gefällt?»

«Sie ist nicht meine Freundin», stellte Chee klar. «Sie arbeitet als Rechtsanwältin fürs DNA. Du weißt schon: Rechtsbeistand für Navajos. Ich hab sie letzten Sommer zufällig kennengelernt.» Er erzählte Bernie Tso, wie er damals einen Navajo eingelocht und wie sich Janet Pete dann um den Festgenommenen gekümmert und Chees Bemühungen, ihn bis zum Abschluß der Vernehmung im Gefängnis festzuhalten, rigoros durchkreuzt hatte. «Hart wie Eisen. Nicht der Typ, auf den ich fliege. Es sei denn, ich hätte einen umgebracht und brauchte einen tüchtigen Rechtsanwalt.»

«Um noch mal auf den Plymouthfahrer zurückzukommen», sagte Tso, «ich kann mir nicht vorstellen, wie du den ausfindig machen willst. Ich hab dir ja kaum was über ihn erzählen können, nicht mal den Namen. Ich weiß nur, daß er auf dem Blaco Ölfeld hinter Farmington arbeitet. Behauptet er jedenfalls.»

«Und daß du seinen Wagen abgeschleppt hast, als das Getriebe im Eimer war. Und daß er zwei Hunderter hingeblättert und gesagt hat, du solltest ihm den Plymouth zu Slick Nakais Zelt bringen.»

«Ja, so war's», bestätigte Tso.

«Und daß du das restliche Geld mit Slick abrechnen solltest, bei dem käme er immer wieder mal vorbei.»

An diesem Samstagabend war Slick Nakais frommes Gespann längst nicht mehr da, wo Tso seinerzeit den Wagen abgeliefert hatte, irgendwo in der Gegend um Hogback. Aber Chee mußte sich nur ein bißchen umhören. Der Prediger hatte das Zelt, die elektronische Orgel und die Verstärkeranlage im Wohnanhänger verstaut, war nach Südosten weitergezogen und hatte seine Spur deutlich markiert: An den Telefonzellen klebten die Werbezettel, und in den Schaufenstern hingen die Plakate. Und auf allen stand, daß jeder, den es nach dem Wort des Herrn dürstete, Slick Nakai zwischen Nageezi und der Dzilith-Na-O-Dith-Hie-Schule finden könne.

4

In diesem trockenen Herbst wurde es erst spät dunkel. Die Sonne war schon hinter den westlichen Horizont getaucht. Aber in den höheren Luftschichten hingen Zirruswolken, dort brach sich das Licht. Auf den ausgedehnten Beifußflächen nördlich des Handelspostens Nageezi lag es wie glutroter Feuerschein, sogar über den tristen braunen Segeltuchbahnen, aus denen Slick Nakais Missionszelt errichtet war, schimmerte es pinkfarben, und auch Lieutenant Joe Leaphorn bekam etwas vom Glanz dieses Samstagabends ab: sein gewöhnlich dunkelbrauner Teint sah krebsrot aus.

Daß er seinen Pickup abseits der anderen Fahrzeuge parkte, mit dem Kühler nach vorn zum Weg, ausfahrbereit, war reine Gewohnheit. Routine, im Polizeialltag eingeübt. Dabei war Leaphorn gar nicht im Dienst. Die vorletzte Woche seines vierwöchigen Sonderurlaubs hatte begonnen. Und danach wollte er den Dienst nicht wieder aufnehmen. Seinem Antrag auf Entlassung aus der Navajo Tribal Police wurde bestimmt stattgegeben. Praktisch war er schon pensioniert. Er fühlte sich jedenfalls so. Er empfand alles wie eine unwirklich gewordene Vergangenheit. Wie ein anderes Leben in einer anderen Welt. Es hatte nichts mit diesem Sonnenuntergang an einem Oktoberabend zu tun. Und nichts mit ihm. Und nichts mit dem gedämpften Gesang, der aus dem Zelt herüberwehte. Ein Zeichen, daß Slick Nakai seine Predigt über das wahre Evangelium unterbrochen hatte.

Leaphorn war hergekommen, weil er hier mit seinen Recherchen beginnen wollte. Wo war die Frau mit dem Bindestrich-Namen? Warum war sie zu einem mit soviel Mühe vorbereiteten Essen nicht nach Hause gekommen? Weshalb hatte sie sich an einem offensichtlich lange herbeigesehnten Abend nicht blicken lassen?

An sich konnte es ihm gleichgültig sein. Aber irgendwie – er hätte nicht erklären können, wieso – war es ihm doch wichtig. Emma zuliebe. Sie hätte das auch getan: für einen Gast, der ihr etwas bedeutete, mit viel Mühe und Aufwand ein Essen vorzubereiten, oft genug hatte er das erlebt. Ohne daß er es wollte, hatte sich in seinem Kopf der Vergleich zwischen Emma und dieser fremden Frau festgehakt. Dabei wußte er so gut wie nichts über sie, vielleicht war sie ganz anders, als er es sich vorstellte. Jedenfalls hatte er angefangen, nach ihr zu suchen. Die letzten Tage seines letzten Urlaubs während der aktiven Dienstzeit wollte er dafür opfern. Darum war er hergekommen. Und aus Langeweile. Und weil man sich in einem Polizistenleben angewöhnt, den Dingen auf den Grund zu gehen. Und weil er einen Vorwand brauchte, nicht in Window Rock zu sein, allein mit seinen Erinnerungen.

Was immer ihn hergetrieben hatte, jetzt war er da. Am äußersten Ostrand der Reservation, mehr als hundert Meilen von zu Hause. Wenn möglich, wollte er mit Slick Nakai reden, obwohl ihm der Mann nicht sympathisch war. Er wollte ihm Fragen stellen, auch wenn er den Antworten, falls Nakai ihm überhaupt welche gab, keine große Bedeutung beimaß. Die Alternative wäre gewesen, zu Hause im Wohnzimmer zu sitzen, als Geräuschkulisse den Fernseher laufen zu lassen, nach einem Buch zu greifen. Was er auch tat, es lenkte ihn nicht von der Tatsache ab, daß Emma nicht mehr da war.

Er brauchte nur hochzublicken, da hing über dem Kamin der Druck von R. C. Gorman. Das Bild, über das sie nie einig gewesen waren. Sie mochte es, er nicht. Jetzt noch hörte er die Diskussionen, Wort für Wort, wie auswendig gelernten Text. Und er hörte Emma lachen. Aber ob er nun auf das Bild schaute oder woandershin, das änderte nichts. Am besten, er verkaufte das Haus. Oder brannte es nieder, so wie es im Dineh Tradition war. Verlasse das Haus, das vom Tode verseucht ist, damit nicht das Übel des Bösen dich befällt und dir selbst den Tod bringt. Lag nicht tiefe Weisheit in dem, was das Heilige Volk sie gelehrt hatte und was den älteren Navajos noch Richtschnur ihres Lebens war? Er zog statt dessen herum und suchte eine Frau, die er gar nicht kannte. Und die, wenn sie noch lebte, nicht gefunden werden wollte. Und von Leaphorns Bemühungen nichts hatte, falls sie nicht mehr lebte.

Aber dann bekam die ganze Sache auf einmal doch noch einen interessanten Akzent. Leaphorn starrte, auf die Wagentür gestützt, zum Zelt hinüber, lauschte dem Gesang und nahm beiläufig, weil das eben auch so eine alte Gewohnheit war, die Umgebung in Augenschein. Dabei fiel ihm ein Pickup auf, der, wie seiner, etwas abseits geparkt war. Ein Wagen, der auch einem Navajopolizisten gehörte, Jim Chee. Officer Chees Privatwagen. Was bedeutete, daß Chee nicht dienstlich hier war. Wollte er etwa zum Christentum übertreten? Sehr unwahrscheinlich. Chee und Slick Nakai waren geradezu die Verkörperung des Gegensätzlichen. Chee war ein *hatathali*. Ein Sänger. Zumindest wollte er das sein, es mußte sich nur noch herumsprechen, daß er die heiligen Gesänge gelernt hatte. Dann würde man ihn rufen, damit er die heilbringenden Rituale vollzog, wo immer die Menschen danach verlangten. Leaphorn beobachtete den Pickup. Merkwürdig, was hatte Chee hier zu suchen? Ob er im Wagen saß, konnte Leaphorn im Zwielicht nicht ausmachen.

Im Zelt klang Musik auf. Erstaunlich laut, wie von einer ganzen Kapelle. Und dann, über Lautsprecher, ein Mann, der einen Hymnus anstimmte. Der richtige Augenblick, um hineinzugehen.

Keine Kapelle, zwei Mann machten den Lärm. Einer, ein schmächtiges Bürschchen mit einem blau gemusterten Hemd und einem grauen Filzhut, schlug die Gitarre. Den Rest der Band verkörperte Slick Nakai persönlich. Er bearbeitete die schwarze Tastatur der elektronischen Orgel und war gleichzeitig, die Lippen fest auf ein Standmikrofon gepreßt, als Vorsänger tätig. Die Gemeinde sang eifrig mit, wiegte sich dazu im Takt und begleitete den Hymnus durch rhythmisches Händeklatschen.

«Jesus liebt uns», sang Nakai, «das ist uns gewiß. Jesus liebt uns, wo immer wir auch sind.»

Leaphorn fühlte Nakais Blick auf sich ruhen. Ein Blick, der ihn ausforschte. Einzuordnen versuchte. Auch der Gitarrist sah zu ihm her. Der Hut kam ihm bekannt vor. Nicht nur der Hut, auch das Gesicht. Leaphorn vergaß selten etwas, Gesichter schon gar nicht.

«Wir sind seiner Liebe nicht würdig», sang Nakai. «Aber danach sieht er uns nicht an. Seine Liebe begleitet uns, wo immer wir auch sind.»

Nakai untermalte den Text mit einem Tremolo auf der Orgel. Dann schweifte sein Blick ab, nach unten, dahin, wo die Kabel lagen, die Nakais Soundsystem aus einem neben dem Zelt aufgebauten Generator speisten. Und ausgerechnet da unten geriet eine ältere Frau in Ekstase, tanzte, die Augen hinter den dicken Brillengläsern geschlossen, wie in Trance und merkte gar nicht, daß sie dem Kabelgewirr immer näher kam. Aber Nakai merkte es. Mit wachsender Sorge. Und dann wurde auch der Mann am Rednerpult aufmerksam, ein hoch aufgeschossener Indianer mit einem dünnen Bärtchen über den Lippen. Er eilte nach unten und drängte die Frau mit sanfter Gewalt von den Kabeln weg. Der dritte in Nakais Team, stellte Leaphorn im stillen fest.

Als der Gesang zu Ende war, stellte Nakai ihn als ‹Reverend Tafoya› vor. «Er ist Apache, ich sag's euch geradeheraus. Aber das ist schon in Ordnung. Gott hat die Apachen erschaffen, genau wie die *belagana*, die Schwarzen, die Hopis, uns vom Dineh und alle anderen auf der Welt. So ist sein Geist auch über diesen Apachen gekommen, der euch nun erzählen wird, was er von Jesus weiß.»

Nakai überließ das Mikrofon Tafoya, füllte aus einer Thermosflasche Wasser in einen Kunststoffbecher und kam damit nach hinten, wo Leaphorn stand. Er war klein, von kräftiger Statur, mit einem rundlichen, intelligenten Gesicht. Irgendwie sah alles an ihm frisch geputzt aus, sogar seine Cowboystiefel. Er bewegte sich geschmeidig. Der typische Gang von Leuten, die viel unterwegs sind.

«Ich hab dich noch nie bei mir gesehen», sagte er. «Wenn du hier bist, um von Jesus zu hören, sollst du willkommen sein. Aber auch, wenn du nicht deswegen gekommen bist.» Lachend entblößte er ein Gebiß, das nicht zu seiner adretten Erscheinung paßte. Zwei Zähne fehlten ganz, einer war angebrochen, einer schwarz und schief. Arme-Leute-Zähne, dachte Leaphorn. Navajozähne. «Denn ob du willst oder nicht, bei mir hörst du immer von Jesus.»

«Ich bin hier, weil ich hoffe, daß Sie mir in einer bestimmten Sache weiterhelfen können», sagte Leaphorn. Der Handschlag, mit dem sie sich begrüßten, fiel ein wenig zögernd aus, die Hände berührten sich kaum. Der Kompromiß, den das Dineh mit den modernen Umgangsformen geschlossen hatte, ohne das alteingewurzelte Mißtrauen gegenüber einem Fremden aufzugeben. Wer konnte wissen, ob der, dem man zum erstenmal begegnete, nicht am Ende ein Hexer war? «Aber ich warte gern, bis Sie mit Ihrer Andacht fertig sind. Wir können uns hinterher unterhalten.»

Am Podium sprach Reverend Tafoya gerade über die Berggeister der Apachen. «Ähnlich euerm *yei* und dem Heiligen Volke. Und doch wieder anders. Mein Vater hat sie sein Leben lang verehrt. Auch meine Mutter. Und meine Großeltern. Und auch ich. Bis ich krebskrank wurde. Ich muß euch ja nicht sagen, was das bedeutet...»

«Um die Andacht kümmert sich eine Weile mein Reverend», sagte Nakai. «Worum geht's denn, was wollen Sie mich fragen?»

«Eine Frau wird vermißt.» Leaphorn zeigte Nakai seinen Dienstausweis und erzählte kurz, daß es um Dr. Eleanor Friedman-Bernal ginge. «Kennen Sie sie?»

«Natürlich. Seit drei Jahren – oder vier.» Lachend zeigte Nakai wieder sein Gebiß. «Leider nicht besonders gut. Zum Christentum habe ich sie nie bekehren können. Wir hatten nur geschäftlich miteinander zu tun.» Und dann verdorrte das Lächeln. «Vermißt? Doch nicht so, daß man ein Verbrechen befürchten muß?»

«Sie ist vor einiger Zeit übers Wochenende nach Farmington gefahren. Und seither hat niemand etwas von ihr gehört», antwortete Leaphorn. «Was für Geschäfte haben Sie mit ihr gemacht?»

«Sie betreibt Studien an Tongefäßen. Und von Zeit zu Zeit hat sie mir eins abgekauft.» Nakais rundes Gesicht sah besorgt aus. «Glauben Sie, daß ihr etwas zugestoßen ist?»

«Das kann man im voraus nie sagen. Meistens tauchen vermißte Personen nach einiger Zeit wieder auf. Manchmal aber auch nicht. Darum gehen wir der Sache nach. Sie handeln also mit Tongefäßen?»

Leaphorn hatte die Frage nicht so knapp stellen wollen. Aber für eine Korrektur war es zu spät. Nakai antwortete schon.

«Ich bin kein Händler, ich bin Prediger. Aber ich weiß natürlich, daß für Keramik gutes Geld gezahlt wird. Einer, den ich in der Gegend von Chinle getauft habe, hat mir mal so ein Gefäß gegeben. Statt Geld. Er sagte, ich könnte das Ding in Gallup für dreißig Dollar losschlagen. Gab mir auch eine Adresse in der Railroad Avenue.» Er lachte. «Und tatsächlich, die haben mir dort sechsundvierzig Dollar dafür gegeben.» Grinsend hielt er die hohle Hand auf. «Den Seinen gibt's der Herr. Meistens nur spärlich, aber er gibt.»

«Und seitdem graben Sie die Dinger aus?»

Nakais Grinsen hielt sich standhaft. «Das ist verboten. Ich wette, Sie wissen das, Sie sind ja Polizist. Was mich betrifft, mir bringt hin und wieder mal jemand ein Gefäß. Ich hab das mal bei einer Bekehrungswoche erwähnt: daß man die Dinger zu Geld machen und eine Menge Benzin dafür kaufen kann. Und das muß sich wohl unter den Wiedererweckten herumgesprochen haben. Seitdem bringt man mir gelegentlich Keramik, sozusagen als Benzingeld. Geld haben die Leute ja kaum, und wenn sie für die gute Sache etwas opfern wollen, spenden sie eben Tongefäße.»

«Und Dr. Friedman-Bernal hat Ihnen die abgekauft?»

«Meistens nicht. Nur ein- oder zweimal hat sie etwas gekauft. Aber sie wollte sich alle Gefäße ansehen. Vor allem die aus dem Gebiet um Chinle oder Many Farms, alles, was von der Chinle Wash kam. Oder hier aus dem Checkerboard. Oder wenn ich in Utah war. Bluff, Montezuma Creek, Mexican Hat, daran war sie interessiert.»

«Sie haben also die Gefäße für sie aufgehoben?»

«Sozusagen gesammelt. Dafür hat sie mir einen festen Betrag gezahlt, nicht viel. Wie gesagt, gekauft hat sie kaum was. Sie wollte sich die Dinger nur ansehen. Ein paar Stunden lang studieren. Mit der Lupe und so. Und sich Notizen machen. Unsere Geschäftsbeziehung bestand mehr darin, daß ich ihr genau sagen konnte, woher die Keramik stammte.»

«Und wieso konnten Sie das?»

Nakai zeigte wieder sein verbindliches Lächeln. «Ich hab den Leuten gesagt: wenn ihr ein Tongefäß als Spende für den Herrn bringt, müßt ihr mir sagen, wo ihr es gefunden habt. Auf die Weise war ich auch sicher, daß nichts Ungesetzliches dabei ist. Ich meine, daß keiner Ausgrabungsstätten geplündert hat.»

Leaphorn ging nicht darauf ein. «Wann haben Sie sie das letzte Mal gesehen?» Ende September, mußte die Antwort lauten. Leaphorn kannte das Datum aus Eleanor Friedmans Terminkalender. Aber vielleicht erinnerte sich Nakai nicht so genau.

Der Prediger zog ein Notizbuch aus dem Hemd und blätterte die Seiten durch. «Das war im September. Am dreiundzwanzigsten.»

«Also vor mehr als einem Monat», stellte Leaphorn fest. «Was wollte sie damals von Ihnen?»

Nakais Miene drückte angestrengtes Nachdenken aus. Oben auf dem Podest hob Reverend Tafoya dramatisch die Stimme, als er von seiner Begegnung mit einem alten Prediger in Dulce erzählte, der ihn im Zelt nach vorn gerufen hatte. «Er legte mir die Hände aufs Gesicht. Genau dahin, wo das Krebsgeschwür an mir fraß. Und ich fühlte, wie die heilende Kraft in mich hineinströmte...»

«Nun», begann Nakai zögernd zu antworten, «sie brachte mir ein Gefäß zurück, das ich ihr im Frühjahr gegeben hatte. Um genau zu sein, ein Fragment, es fehlten ein paar Stücke. Ich sollte ihr alles darüber erzählen, was ich wüßte. Einiges hatte ich ihr ja schon erzählt, und sie hatte sich's in ihr Notizbuch geschrieben. Woher ich das Gefäß hätte. Was der Mann, der's mir gebracht hat, alles gesagt hätte – das wollte sie alles haargenau wissen.»

«Wo haben Sie sich getroffen? Und wie sah ihr Notizbuch aus?»

«In Ganado», sagte Nakai, «ich wohne dort. Ich kam von einer Missionsreise aus Cameron zurück und fand eine Notiz von ihr vor. Ich sollte sie anrufen, es wäre wichtig. Also rief ich in Chaco Canyon an, aber sie war nicht da. Ich hinterließ eine Nachricht, wann sie mich in Ganado treffen könnte, und als ich zur vereinbarten Zeit dort ankam, wartete sie schon auf mich.» Er überlegte kurz. «Das Notizbuch? In Leder gebunden. So ein kleines, das man in die Hemdtasche stecken kann. Und da hat sie's auch getragen.»

«Und sie wollte mit Ihnen nur über das Gefäß sprechen?»

«Hauptsächlich über den Fundort.»

«Woher stammte denn die Keramik?»

«Von einer Ranch zwischen Bluff und Mexican Hat.»

«Privatland.» Leaphorns Stimme verriet nicht, was er dachte.

«Also legal», sagte Nakai.

«Dann war das wohl nur ein kurzer Besuch», vermutete Leaphorn. «Sie hat sich lediglich wiederholen lassen, was Sie ihr schon gesagt hatten.»

«Nicht direkt. Sie hat eine Menge Fragen gestellt. Ob ich den Mann, der mir das Gefäß gebracht hat, gut kenne. Und ob es nicht vielleicht doch aus dem Gebiet südlich vom San Juan stammen könnte. Und dann hat sie mich auf die Musterung aufmerksam gemacht und gefragt, ob ich so etwas schon mal gesehen hätte.»

Zu seiner Überraschung stellte Leaphorn fest, daß Nakai ihm allmählich sympathisch wurde. «Da haben Sie ihr sicher gesagt, daß es ganz bestimmt nicht südlich vom San Juan gefunden wurde, weil ja dort die Navajo Reservation liegt und Ausgrabungen verboten sind?» fragte er lächelnd.

Nakai lächelte zurück. «Das mußte ich ihr nicht sagen, das wußte sie.»

«Was war denn an diesem Tongefäß so besonders?»

«Es war, glaube ich, Anasazikeramik. Ihr Spezialgebiet, soweit ich verstanden habe. Für mich sehen die Dinger eins wie das andere aus. Aber dieses hatte ein Muster, Sie wissen schon, aufgemalte abstrakte Figuren. Deswegen schien sie auch besonders interessiert zu sein. Und weil es auch verschiedene Farben waren. Nach solchen Gefäßen sollte ich für sie Ausschau halten. Mit solchen Mustern. Es war ein Band aus winzigen Figuren. Immer wieder die gleiche Figur. Eine Darstellung von Kokopelli.»

Nakai sah Leaphorn fragend an. Der Lieutenant nickte. Doch, er wußte, wer Kokopelli war. Der buckelige Flötenspieler. Der Wasserspendende. Das Fruchtbarkeitssymbol. Er trug viele Namen. Und er war auf dem Colorado Plateau allgegenwärtig, jedenfalls in den Felsmalereien der Anasazi.

«Sooft mir jemand so was brächte, hat sie gesagt, mit so einem Muster... Auch wenn's nur ein Bruchstück wäre, müßte ich's unbedingt für sie aufheben. Fünfzig Dollar würde sie Minimum zahlen.»

«Wer hatte das Tongefäß gefunden?»

Nakai zögerte. Sein Blick verriet, warum.

«Ich bin nicht hinter Keramikdieben her», versicherte Leaphorn. «Ich will die Frau finden, sonst nichts.»

«Ein Mann aus dem Paiute Clan. Sie nennen ihn Amos Whistler. Er lebt in der Nähe von Bluff, etwas südlich davon. Zwischen Bluff und Mexican Water.»

Auf dem Podium rief Reverend Tafoya mit heiserer Stimme laut «Halleluja», und die Menge stimmte mit ein, während der Schmächtige, der mit dem Hut, hektisch seine Gitarre bearbeitete.

«Sonst noch was?» fragte Nakai hastig. «Am besten, wir reden nachher weiter, ich muß jetzt nach vorn.»

«Und das war Ihr letzter Kontakt mit Dr. Friedman-Bernal?»

«Ja», bestätigte Nakai, schon halb auf dem Weg zum Podest, kam aber noch mal zurück. «Das heißt, indirekt gab's später doch noch einen Kontakt. Jemand, der mit ihr zusammenarbeitet, kam zu mir, als ich in Hogback gepredigt habe, drüben bei Shiprock. Ein Mann namens...» Er konnte sich nicht erinnern. «Jedenfalls war's ein *belagana*. Ein Anglo. Er behauptete, er solle ein Tongefäß für sie abholen. Aber ich hatte gar keins. Er tat sehr verwundert. Ihm sei gesagt worden, ich hätte eins. Oder vielleicht ein Fragment? Aus der Gegend am San Juan. Aus dem Gebiet bei Bluff oder so. Nein, hab ich gesagt, ich hab nichts.» Nakai war schon wieder unterwegs.

«Ein großgewachsener Mann?» fragte Leaphorn hinter ihm her. «Blond. Noch ziemlich jung. Hieß er Elliot?»

«Ja, genau. Das ist er», rief Nakai zurück.

Leaphorn blieb. Er holte sich einen Klappstuhl, beobachtete, wie Nakai die Zuhörer in seinen Bann zog, und ließ sich dabei durch den Kopf gehen, was er in Erfahrung gebracht hatte. Viel war es nicht.

Nakais Gemeinde hier am äußersten Rand der Checkerboard Reservation bestand aus etwa sechzig Leuten, offenbar lauter Navajos, vielleicht war der eine oder andere aus der benachbarten Mescalero Reservation darunter. Mehr als die Hälfte waren Frauen, ab vierzig aufwärts. Das überraschte Leaphorn ein wenig. Er hatte sich nie ernsthaft Gedanken darüber gemacht, es war kein Thema, das ihn sonderlich interessierte. Aber seinem Gefühl nach hätte er vermutet, daß ein Prediger des radikalen Christentums seine Anhängerschaft eher unter den jungen Navajos rekrutierte – unter denen, die außerhalb der Reservation mit der Religion der Weißen in Berührung kamen. Hier war es anders.

Am Mikrofon wies Nakai gerade mit einer weit ausholenden Geste nach Norden. «Ein Stück den Highway hinauf – wäre es nicht dunkel, könntet ihr sie von hier aus sehen –, liegt die Huerfano Mesa. Wir Navajos wurden von klein auf gelehrt, daß das der Ort ist, an dem First Woman und First Man gelebt haben – und andere aus dem Heiligen Volke. Als ich ein Junge war, bin ich mit meinem Onkel dort hinaufgewandert. Wir haben ein Bündel *aghaal* mit hinaufgenommen und die Gebetshölzer dort oben in einen Schrein gesteckt und unsere Gebete gesungen. Und manchmal sind wir auch dorthin gewandert...» Seine ausgestreckte Hand wies nach Osten. «...zum Gobernador Knob, jenseits vom Blanco Canyon, wo First Woman und First Man das *Asdza'a' Nadleehe* fanden, und auch dort haben wir Gebetshölzer aufgestellt. Und mein Onkel hat mir erklärt, warum das ein heiliger Ort ist. Aber laßt uns über die Huerfano Mesa sprechen, ich will euch etwas in Erinnerung rufen. Schließt die Augen und versucht euch zu erinnern, wie dieser Ort aussah, als ihr ihn das letzte Mal gesehen habt. Eine breite Straße führt hinauf, eine Straße für Lastwagen. Sendemasten hat man auf den Gipfel gesetzt. Die Ölgesellschaft hat das getan. Da oben, an euerm heiligen Ort, steht jetzt ein neuer Wald. Ein Wald aus Antennen.»

Nakai sprach mit erhobener Stimme, schlug bei jedem Satz mit der Faust aufs Pult. «Ich kann meine Gebete nicht mehr zu diesem Berg hinaufschicken», rief er. «Nicht, nachdem der weiße Mann dort oben alles zugebaut hat. Erinnert ihr euch noch, was man uns erzählt hat? Daß Changing Woman uns verlassen hat. Daß sie fortgegangen ist...»

Nachdenklich musterte Leaphorn den schmächtigen Gitarrenspieler. Er kannte ihn, wußte aber im Augenblick nicht, wo er ihn hinstecken sollte. Sein Blick wanderte die Reihen der Zuhörer entlang, auch dort kamen ihm ein paar Gesichter bekannt vor. Was leicht zu erklären war, obwohl er nicht oft so weit im Osten der Großen Reservation, hier an der Checkerboardseite, zu tun hatte. Das Gebiet der Reservation war zwar größer als ganz New England, hatte aber nur rund 150000 Einwohner, und so mußte Leaphorn während der langen Jahre im Polizeidienst zwangsläufig dem einen oder anderen begegnet sein.

Die fünfzig oder sechzig Leute, die hier unter Nakais brüchigen Zeltbahnen versammelt waren, konnte man nicht gut als repräsentativen Querschnitt durch die Navajo-Bevölkerung bezeichnen. Kaum Kinder, weniger als bei den traditionellen Zeremonien der Navajoreligion. Natürlich keine Teenager, die verbrachten den Samstagabend in den Randgebieten der Reservation, in den Discos und an den Spielautomaten. Auch keine Betrunkenen. Und bestimmt niemand, der auch nur annähernd nach Wohlstand ausgesehen hätte.

Wovon bestritt Nakai eigentlich seine Ausgaben? Sicher, die Leute spendeten, aber viel kam da nicht zusammen. Vielleicht zahlte die Kirche, für die er durchs Land zog, einen Zuschuß aus ihrem Missionsfonds. Leaphorn mußte an die Tongefäße denken. Und an Nelsons Auktionskatalog, in dem er ganz andere Preise als die rund fünfzig Dollar gefunden hatte, von denen Nakai so beeindruckt gewesen war. Gut, Nakais Keramik war vermutlich nicht so wertvoll. Und Leaphorn konnte sich nicht vorstellen, daß der Prediger überhaupt oft an ein Tongefäß herankam. Denn die Gefäße stammten aus Begräbnisstätten. Und die Menschen, mit denen Nakai zu tun hatte, waren Navajos. Bekehrte, aber Navajos. Ein Navajo lernt schon als Kind, daß der Tod etwas Furchteinflößendes ist. Die Scheu vor der Berührung mit Toten ist tief in ihm verwurzelt.

Darüber redete auch Nakai gerade. Das heißt, er schrie es seiner Gemeinde zu. Mit beiden Händen hielt er das Mikrofon gepackt, seine Stimme schwoll an wie grollender Donner.

«Ihr kennt die alten Bräuche. Ich weiß noch, wie es bei mir war, als meine Mutter starb, draußen in Rough Rock. Meine Onkel kamen und schafften den Leichnam fort. Irgendwohin, wo er sicher war vor Kojoten und Raben.» Er machte eine bedeutungsvolle Pause, ließ den Blick auf seinen Zuhörern ruhen, dämpfte die Stimme. «Erinnert ihr euch? Jedem von euch ist irgendwann der Tod begegnet.» Dann fuhr er mit weit ausholenden Gesten in der alten Lautstärke fort: «Wenn das geschehen ist, folgen die vier Tage, die nur der Erinnerung gehören. Aber jeder hütet sich, den Namen des Verstorbenen auszusprechen. Denn von einem Toten bleibt nichts zurück als sein *chindi,* der Geist, der nur verkörpert, was böse war im Leben eines Menschen. Nichts von dem, was er Gutes getan hat. Auch ich habe den Namen meiner Mutter nie wieder ausgesprochen, denn es hätte ja sein können, daß der *chindi* mich rufen hört und zurückkommt und krank macht. Aber zählt denn gar nicht, was meine Mutter Gutes getan hatte? Hat denn das, was eure Verstorbenen Gutes getan haben, gar keine Bedeutung? Wie ist das? Unser Heiliges Volk hat uns dazu nichts überliefert. In meinem Clan habe ich darüber nie etwas gehört. Es gibt andere Clans im Dineh, in denen von einem jungen Mann erzählt wird, der dem Tod gefolgt ist und einen Blick in die Unterwelt geworfen hat. Da hat er die Toten dort unten sitzen sehen. Aber in meinem Clan kennt man die Geschichte nicht. Ich glaube, sie hat ursprünglich auch nicht zu unserem Glauben gehört, sie ist wohl eher aus der Hopireligion entlehnt worden.»

Anfangs hatte Leaphorn gespannt verfolgt, welche Strategie Nakai einschlug. Der Versuch, andere Menschen zu überzeugen, faszinierte ihn immer. Aber Nakai schien keine besondere Methode der Überredungskunst zu beherrschen, Leaphorns Interesse flaute ab. Eine Weile hatte er über andere Dinge nachgedacht. Darüber, daß der Abend im Zelt des Predigers eigentlich kaum neue Erkenntnisse gebracht hatte. Darüber, wie er jetzt weiter vorgehen sollte. Falls er sich nicht ganz aus der Sache heraushielt. Am Schluß hatte er nur noch auf die Reaktion der Zuhörer geachtet. Aber jetzt erwachte sein Interesse neu. Die Geschichte vom jungen Mann, der dem Tod gefolgt war, war auch bei den Red Foreheads, seinem Clan, unbekannt. Als man ihn gelehrt hatte, wie ein Navajo leben soll, war sie ihm nie zu Ohren gekommen. Erst später hatte er davon gehört, während des Studiums, beim Anthropologiekurs. Und auch die Navajos in der Gegend von Window Rock erzählten sie sich. Wahrscheinlich hatte Nakai recht, es war eine der vielen Geschichten, die die Navajos aus benachbarten Kulturen entlehnt, aber dann doch nicht als Glaubensgut, sondern nur als rein philosophische Ausschmückung übernommen hatten. Im Zentrum des Navajoglaubens stand die Harmonie des Lebens. Dem Tod gebührte nichts als Vergessen, er war dunkel und schrecklich.

«Und wir kennen die Geschichte, wie der Tod in seiner Höhle gefangen war und nicht mehr entkommen konnte. Aber Monster Slayer hat ihn nicht überwunden, denn ohne den Tod wäre auf der Erde nicht genug Platz für neues Leben gewesen. Ich aber kann euch eine neue, eine schönere Wahrheit verkünden.»

Und wieder schwoll Nakais Stimme an. «Jesus hat den Tod überwunden. Halleluja! Preiset den Herrn!» Nakai begann auf dem Podium zu tanzen, brach immer wieder in Hallelujarufe aus, lockte seine Zuhörer durch Gesten, mit ihm in den Jubel einzustimmen. «Wenn wir durch das Tal des Todes schreiten, wird er bei uns sein. Das ist es, was Jesus uns verheißt. Wir versinken nicht einfach in dunkle Nacht, von uns bleibt nicht nur ein Geist, in dem sich das Böse verkörpert. Wir werden aus dem Tode auferstehen und eingehen in eine glückliche Welt. Wo wir sein werden, gibt es keinen Hunger. Keinen Kummer. Keine Betrunkenen. Keine Schlägereien. Nicht das grausige Bild von Verwandten, die auf dem Highway überfahren wurden. Wir gehen ein in eine Welt, in der die Letzten die Ersten sein werden, die Armen die Reichen und die Kranken die Gesunden. Den Blinden wird das Augenlicht zurückgeschenkt...»

Leaphorn hörte die letzten Worte schon nicht mehr, er rannte hinaus in die Nacht. Eine Weile stand er da, gewöhnte seine Augen an die Dunkelheit, atmete tief die kalte, klare Luft des Hochlands ein, schmeckte den Staub auf den Lippen, roch den wilden Beifuß und zitterte von innen heraus, als er an den Tag dachte, an dem sie ihm Emma aus dem Krankenhaus nach Hause gebracht hatten.

Er hatte noch nicht fassen können, was in Gallup geschehen war und was der Arzt gesagt hatte. Er war noch wie betäubt. Emmas Bruder war gekommen, um mit ihm über das Begräbnis zu sprechen. Er hatte nur gesagt, daß Emma sich eine Beerdigung nach der alten Tradition gewünscht hätte. Und so hatten sie den Leichnam ans äußerste Ende der Reservation gebracht, dahin, wo Emmas Mutter lebte, nicht weit vom Gemeindehaus Blue Gap. Emmas Tante hatte die Tote gewaschen und gekämmt, draußen unter dem Laubengang, ihr das Kleid aus blauer Seide und den Schmuck angelegt und sie in ein weißes Laken gehüllt. Er hatte im Hogan gesessen und auf die Szene gestarrt, ohne zu begreifen, was dort geschah. Emmas Brüder hatten den Leichnam auf die Ladepritsche ihres Lastwagens gelegt und waren mit ihr weggefahren, hoch zu den Felsklippen. Nach ungefähr einer Stunde waren sie zurückgekommen und hatten sich durch ein Schwitzbad gereinigt.

Er wußte nicht – würde nie erfahren, wohin sie die Tote gebracht hatten. Wahrscheinlich in eine Felsspalte. An eine schwer zugängliche Stelle. Mit dürrem Holz zugedeckt, um sie vor den Aasfressern zu schützen. Er war zwei Tage geblieben. Nur zwei von den stillen Tagen der Trauer. Vier sollten es der Tradition nach sein, damit die Tote Zeit hatte, ihren Weg ins Vergessen des Todes zu Ende zu gehen. Aber er hielt nur zwei Tage durch, dann fuhr er weg, verließ die Verwandten. Und Emma. Aber genug davon.

Chees Pickup stand noch am alten Platz, Leaphorn ging darauf zu.

«*Ya te' eh*», sagte Chee, als er ihn erkannte.

«*Ya te.*» Leaphorn lehnte sich an die Wagentür. «Was führt Sie denn zu Reverend Slick Nakais Missionszelt?»

Chee berichtete über den Grabenbagger, über die unverhoffte Begegnung mit dem dunkelblauen Plymouth, über die vergebliche Verfolgungsjagd und über Tsos Tip, wo er den Mann mit der Baseballkappe möglicherweise finden könne. «Aber ich fürchte, heute nacht wird er nicht mehr hier auftauchen», sagte er, «es ist schon zu spät geworden.»

«Wollen Sie reingehen und Nakai nach dem Typen fragen?»

«Ja, das habe ich vor. Sobald er mit der Andacht fertig ist und ich mir die Leute, die aus dem Zelt kommen, genau angesehen habe.»

«Rechnen Sie ein, daß Nakai behaupten könnte, den Burschen gar nicht zu kennen? Und daß er ihm dann heimlich einen Tip gibt?»

Langes Schweigen, dann sagte Chee: «Könnte sein. Aber ich gehe das Risiko ein.»

Leaphorn sagte nichts dazu. Er hätte genauso gehandelt. Es wäre sinnlos gewesen, blindlings ins Zelt zu stürmen. Alles hatte seine Zeit, eine alte Navajoweisheit.

Er mußte nirgendwohin, niemand erwartete ihn. Er konnte noch bleiben, ins Zelt zurückgehen, warten, bis Nakai seine Predigt beendete, und sich ein Bild machen, wieviel Geld bei der Kollekte zusammenkam. Und ob jemand ein Tongefäß als Spende mitgebracht hatte. Vielleicht erfuhr er auf diese Weise doch noch mehr. Und dann war ihm da auch noch etwas eingefallen.

Der schmächtige Navajo, der mit der Gitarre – das war der, den er im Chaco Canyon gesehen hatte, zusammen mit Maxie Davis, bei der Ausgrabungsstätte BC 129. Immerhin so etwas wie eine Antwort auf eine Frage, die Leaphorn sich insgeheim gestellt hatte. Ein Navajo, der Christ war, fühlte sich sicher nicht beunruhigt bei dem Gedanken, die seit Jahrhunderten währende Grabesruhe eines Anasazi zu stören und den *chindi* aufzuscheuchen. Eine interessante Verbindung: zwischen einem Mann, der im Rahmen eines wissenschaftlichen Programms Keramik ausgrub, und einem anderen, der gelegentlich Tongefäße verkaufte. Solche, die angeblich legaler Herkunft waren. Und vielleicht zwischen dem, der die Tongefäße verkaufte, und einem Dritten, der einen Grabenbagger gestohlen hatte. Denn das sind Geräte, die sich ausgezeichnet dazu eignen, in den Ruinen der Anasazi zu graben und ihre Gräber aufzuwühlen.

Es war ungefähr zehn geworden, als er ins Zelt zurückging. Und als er das tat, wurde ihm klar, daß sich sein Verhalten grundlegend verändert hatte. Plötzlich handelte er wie unter innerem Zwang. Daß da eine gewisse Dr. Eleanor Friedman-Bernal verschwunden war, hatte er bisher nur für merkwürdig gehalten, allenfalls für etwas rätselhaft. Er hatte nie ernsthaft damit gerechnet, daß er die Frau aufspüren könnte. Jetzt fragte er sich, ob er nicht, wenn es ihm je gelänge, womöglich zu spät käme.

5

«Junge, wenn es dir schwerfällt, bergauf zu gehen», hatte Chees Onkel Frank Sam Nakai einmal gesagt, «denk daran, wie leicht du es haben wirst, sobald der Weg wieder bergab führt.» Das war Onkel Nakais Art, ihm klarzumachen, daß sich im Leben alles ausgleicht. Navajoart. Und Chee bekam Gelegenheit, einmal mehr festzustellen, wieviel Wahrheit in diesen Sinnsprüchen steckte: nach der Pechsträhne lächelte ihm nun wieder das Glück.

Der Zufall wollte es, daß am Montagmorgen ein Deputy vom San Juan County beim Durchblättern eingegangener Meldungen auf die über den Diebstahl des Transportanhängers und des Grabenbaggers stieß. Der Zufall wollte auch, daß derselbe Deputy wenig später, als er unterwegs war, um einen Haftbefehl zuzustellen, versehentlich irgendwo eine falsche Abzweigung nahm, die ihn zu einem Ölfeld der Southern Union führte. Und dort fand er den vermißten Transportanhänger. Alle Spuren deuteten darauf hin, daß der Bagger hier abgeladen und fünf, sechs Meter weiter über eine Rampe auf einen zwillingsbereiften Lastwagen gelenkt worden war. Auch das Reifenprofil verriet einiges: fast neue Bereifung der Marke Dayton Tire & Rubber. Für solche Reifen gab es in Shiprock keine, in Farmington nur eine Vertretung. Dort hatte man im letzten Monat einen einzigen Satz dieses Reifentyps verkauft und konnte daher den Kunden auf Anhieb nennen: Farmington-Transport-und-Abschlepp-Service. Drei zwillingsbereifte Lastwagen der Firma waren zur Zeit unterwegs, zwei davon mit Daytonreifen bestückt. Der eine fuhr im Auftrag eines Möbelhauses. Den anderen, der mit einer Seilwinde ausgerüstet war, hatte ein gewisser Joe B. Nails aus Aztec gemietet. Er hatte mit MasterCard bezahlt und als Adresse «Postfach 770» angegeben.

Bei der Polizei in Farmington war Nails kein Unbekannter, eine Streife hatte ihn beim Fahren unter Drogeneinfluß erwischt. So war es nicht schwierig, über die Polizeiakten herauszufinden, wo Nails beschäftigt war. Bei der Wellserve Inc., einem Wartungsunternehmen für Ölförderungsanlagen. Nur, dort war er nicht mehr tätig, er hatte im August gekündigt.

Chee erfuhr das alles aus zweiter Hand. Der Montag begann damit, daß er einen Zeugen zum FBI-Büro nach Farmington bringen sollte. Der Mann ließ stundenlang auf sich warten, und während

Chee in Red Rock herumhing, vertrieb er sich die Zeit mit fruchtlosen Grübeleien über einen Weg, Janet Pete bei ihrer Rückkehr aus Phoenix die bittere Wahrheit über den blauen Buick möglichst hübsch verpackt beizubringen. Schließlich hatte er – mit zwei Stunden Verspätung – den Zeugen beim FBI abgeliefert und sich in Shiprock zum Dienst gemeldet, wo schon der erste Teil der Neuigkeiten aus dem Sheriffbüro des San Juan County auf ihn wartete. Nachmittags war er in der Gegend um Teec Nos Pos unterwegs, um nach einem Kerl zu suchen, der seinem Schwager das Bein gebrochen hatte. Er hatte kein Glück. Und als er dann zur Dienststelle zurückkam und sich auf den Feierabend freute, lief er Benally in die Finger, der gerade Schluß machte.

«Ich glaub, wir haben den Typen mit dem Grabenbagger», sagte Benally und informierte ihn über die weiteren Meldungen, die inzwischen vom San Juan County eingegangen waren. «Der Transport-und-Abschlepp-Service will uns verständigen, sobald der Lastwagen zurückgegeben wird.»

Chee starrte ihn verblüfft an. «Glaubst du vielleicht, der Typ gibt den Mietwagen mitsamt dem geklauten Bagger zurück? Und sonst kannst du ihm ja nichts nachweisen. Was willst du ihm denn zur Last legen?»

Benally hatte sich schon Gedanken darüber gemacht. Und Captain Largo auch.

«Erst mal schnappen wir ihn uns und behaupten, wir hätten einen Zeugen. Der hätte gesehen, wie er das Ding geklaut hat. Und wir könnten auch beweisen, daß er es auf dem gemieteten Lastwagen durch die Gegend gekarrt hat. Und wenn er uns nicht schön brav sagt, wo er das Ding hingebracht hat und wer noch in die Sache verwickelt ist, machen wir ihm Feuer unterm Hintern.» Benally zögerte, er glaubte wohl selbst nicht daran, daß etwas dabei herauskam. «Immerhin besser als gar nichts», meinte er achselzuckend. «Übrigens suchen schon sämtliche Streifen nach Lastwagen, vielleicht erwischen wir ihn irgendwo, bevor der Bagger abgeladen wird.»

«Daran glaube ich nicht», sagte Chee.

Benally nickte grinsend. «Am besten wär's gewesen, wenn du ihn gleich damals nachts auf frischer Tat erwischt hättest.»

Von der Dienststelle aus rief Chee in Petes Büro an. Er wollte ihr die Wahrheit scheibchenweise beibringen. Zuerst würde er ihr erzählen, was alles nicht in Ordnung war bei diesem Buick. Daß er die Karre zu Schrott gefahren hatte, konnte er ihr später eingestehen. Aber Miss Pete war gar nicht da. Sie habe angerufen und mitgeteilt, daß sie nun doch ein paar Tage länger in Phoenix zu tun habe, wurde ihm gesagt.

Wunderbar. Chee fiel ein Stein vom Herzen. Den Buick konnte er also eine Weile vergessen. Und sich statt dessen ganz auf den Kerl konzentrieren, der gerade den Grabenbagger durch die Gegend kutschierte und wer weiß wohin brachte. Er dachte darüber nach, was ihm der Prediger am Samstagabend erzählt hatte.

Es ging um den Plymouth mit den Flecken aus Rostschutzfarbe. Slick Nakai hatte behauptet, den Namen des Besitzers kenne er leider nicht. Ihm wäre so, als hätte jemand ihn Jody oder Joey oder so genannt. Und irgendwas vom Blanco Ölfeld hätte er gehört. Ja, schon möglich, daß dieser Jody oder Joey oder so ähnlich bei der Southern Union Gas arbeitete, aber sicher wäre er nicht. Der Mann habe ihm hin und wieder Tongefäße zum Kauf angeboten. Und ein paar habe er ihm auch abgekauft. Das letzte Mal habe der Mann ihn gefragt, ob er interessiert wäre, gegebenenfalls ein ganzes Sortiment Keramik aufzukaufen.

«Na ja, hab ich gesagt, mal sehen. Hängt davon ab, ob ich Geld habe, wenn du mit den Dingern überkommst», hatte Nakai erzählt.

«Also ist gar nicht sicher, ob er noch mal wiederkommt?»

«Oh, ich glaube, er wird schon wiederkommen. Ich hab ihm gesagt, wenn ich das Geschäft nicht machen könnte, wüßte ich jemanden, der interessiert ist.»

Und dann hatte er Chee von der Anthropologin erzählt. Was für Chee den Kreis schloß zu jener Spur, die Lieutenant Leaphorn verfolgte. Ein geschwätziger Mann, dieser Prediger.

Während ihm all das durch den Kopf ging, saß Chee in seinem Pickup auf dem Parkplatz vor dem Dienstgebäude, im Schatten der Weidenbäume. Gut, daß er den Druck wegen Janet Pete fürs erste los war. Andererseits belastete ihn die Sache jetzt um so länger. Wenn es soweit war, wollte er Janet wenigstens sagen können, daß er den Kerl, der an allem schuld war, hinter Schloß und Riegel gebracht hatte. Was allerdings ziemlich schwierig werden dürfte. Largos Plan, den Burschen weichzukochen, hörte sich zwar ganz vernünftig an. Aber Chee bezweifelte, ob das Resultat für eine Anklage reichte. Im Grunde lag nur ein relativ geringfügiges Vergehen vor –

mal nicht mitgerechnet, was er Chee angetan hatte. Diebstahl von gebrauchten Geräten, die allenfalls um die 10 000 Dollar wert waren. Da rotierte nicht gleich der ganze Polizeiapparat, nur um dem Kerl was anzuhängen. Also kam der Typ wahrscheinlich ungeschoren davon. Es sei denn, man erwischte ihn mit dem verdammten Bagger auf der Ladefläche eines Lastwagens. Aber wie und wo?

Chee streckte die Beine seitwärts aus, stemmte das linke Knie gegen das Armaturenbrett und dachte nach. Nails war einer, der alte Kultstätten ausplünderte. Vermutlich brauchte er deswegen den Grabenbagger. Ein Gerät, das sich ausgezeichnet dazu eignete, nach Keramik zu wühlen. Ohne größere Bruchschäden, wenn man den Gabelaufsatz abnahm und nur mit der Schaufel grub. Profis machten das so. Und Nails schien ein Profi zu sein. Gemessen an dem Angebot, das er dem Prediger gemacht hatte, mußte er auf eine ergiebige Fundstelle gestoßen sein. Kein Zweifel, das war der Grund für den Diebstahl des Baggers.

Soweit lag alles klar. Die Gretchenfrage war: wo?

Die Weidenzweige, die sich neben Chees Pickup im Wind wiegten, färbten sich schon gelb. Es tat gut, ein paar Sekunden lang nur auf ihr Spiel zu achten und an nichts anderes zu denken.

Er brauchte mehr Anhaltspunkte, das stand fest. Zum Beispiel die Sache mit dem Transportanhänger... Der Bursche hatte ihn gestohlen, dann zum Transport des Baggers benutzt und später, als er den Lastwagen zur Verfügung hatte, einfach stehenlassen. In der Nacht, als der Anhänger gestohlen wurde, war der Grabenbagger nicht einsatzbereit gewesen. Stand mit abgenommener Motorabdeckung in der Werkstatt. Also hatte der Typ nur den Anhänger mitgenommen und sich den Bagger in der nächsten Nacht geholt. Was auf den ersten Blick ziemlich planlos zu sein schien, aber gute Gründe hatte. Denn einen Tag später wäre der Anhänger gar nicht mehr dagewesen, er war für eine Transportfahrt nach Burnt Water vorgesehen. Der Typ mußte sich also verdammt gut im Technischen Bereich auskennen. Ein interessanter Aspekt. Nur, das brachte Chee auch nicht weiter.

Ganz im Gegensatz zur nächsten Überlegung. Ausgangspunkt war die Frage, warum er den Transportanhänger überhaupt gebraucht hatte. Es wäre doch einfacher gewesen, gleich den Lastwagen zu mieten und den Grabenbagger damit zu holen? Oder den Bagger auch zu mieten, statt einen zu stehlen? Eine Menge Fragen.

Und die Antworten fügten sich zu einem logischen Bild. Mit einem gemieteten Fahrzeug geht man das Risiko ein, Spuren zu legen, die sich leicht zurückverfolgen lassen. Darum hatte der Typ bei seinem nächtlichen Einbruch keinen gemieteten Lastwagen benutzt. Mit einem gemieteten Bagger wäre er im Grunde dasselbe Risiko eingegangen. Oder doch nicht? Kein Mensch hätte irgendwelche Fragen gestellt, wenn er das Ding zum vereinbarten Zeitpunkt ordnungsgemäß wieder abgeliefert hätte. Also, wo war der Haken?

Chee ging noch mal alles methodisch durch. Der Bursche hatte einen Lastwagen gebraucht, weil er den Grabenbagger irgendwo einsetzen wollte, wo er mit dem Anhänger nicht hinkam. Oder wo es unmöglich gewesen wäre, den Grabenbagger ohne Spezialausrüstung dahin zu bringen, wo sie gebraucht wurde. Natürlich. Deshalb hatte Nails einen Lastwagen mit einer Seilwinde gemietet. In eine steile Schlucht kann man einen Grabenbagger zum Beispiel nicht fahren. Aber man kann ihn mit einer Winde hinunterlassen.

Chee stieg aus, ging ins Büro zurück und rief bei Wellserve in Farmington an. Ja, eine Streckenkarte ihrer Wartungsteams konnten sie der Polizei zur Verfügung stellen. Doch, natürlich, der Einsatzleiter war bereit, für Chee die Strecke zu markieren, die Nails früher für die Wellserve Inc. abgefahren war.

Als Chee, die gefaltete Karte auf dem Beifahrersitz, vom Bürogebäude der Wellserve losfuhr, blieben noch drei Stunden bis Sonnenuntergang. Dann begann die Nacht. Eine Halbmondnacht. Genau die richtige Nacht für einen, der hinter Tongefäßen her war. Und für einen, der hinter denen her war, die Ausgrabungsstätten plünderten. Am Sheriffbüro machte Chee kurz halt, um festzustellen, welche Streifen heute nacht unterwegs waren. Falls Nails das Gebiet der Reservation verlassen hatte, würde Chee einen Deputy für die Festnahme brauchen. Dann fuhr er das San Juan Tal flußaufwärts, durch die kleine Ölstadt Bloomfield und weiter Richtung Blanco Plateau.

Er hatte einmal gelesen, daß es nach Schätzung der Fachleute auf dem Colorado Plateau mehr als hunderttausend Anasazisiedlungen gegeben hatte. Nur ein paar tausend davon waren bis jetzt kartographisch erfaßt, nur ganz wenige schon ausgegraben. Trotzdem, es gab eine Chance. Er vermutete, daß Nails während seiner Kontrollfahrten entlang der Fördertürme Siedlungen entdeckt hatte und jetzt eine davon ausplündern wollte. Chee kannte hier in der Gegend auch ein paar Anasazisiedlungen. Und er wußte, wo die Anasazi ihre Felsenwohnungen gebaut hatten. An Felsklippen, die im Sommer Schatten, in der kalten Jahreszeit den vollen Schein der Wintersonne versprachen. Wo es genug angeschwemmte Erde gab, um das Notwendigste anzubauen. Und eine Quelle mußte in der Nähe sein. Die Zahl der Plätze, an denen das alles zusammenkam, war nicht unbegrenzt.

Zuerst suchte er den Largo Canyon, den Blanco Canyon und den Jasis Canyon ab. Er entdeckte zwei Felsensiedlungen, an denen vor nicht allzu langer Zeit gegraben worden war. Aber es gab keine frischen Spuren. Und vor allem nicht die Reifenspuren, nach denen er Ausschau hielt. Er fuhr nach Norden und versuchte sein Glück im Gobernador Canyon, im La Jara und entlang der Vaqueros Wash, Richtung Osten, auf den Carson National Forest zu. Nichts. Also bog er nach Westen ab. Mit der Geschwindigkeitsbegrenzung auf dem New Mexico Highway 44 nahm er es nicht so genau. Die Dämmerung begann, der Himmel war wolkenlos, im Westen glühte der Horizont kupferrot, ein stumpfes, träges Rot ohne Glanz. Bei Ojo Encino suchte er wieder ein paar Cañons ab, wobei er sich an den Stichstraßen orientierte, die zu den Fördertürmen führten und auf denen sich Nails von seinen früheren Kontrollfahrten auskannte.

Es war Mitternacht, er hatte gerade die Förderanlage Star Lake kontrolliert und fuhr nun langsam weiter, wobei er den Boden an jeder Abzweigung mit der Taschenlampe nach Reifenspuren absuchte. Der Weg führte ihn im großen Bogen zurück zu dem Handelsposten, der in der Karte unter dem Namen White Horse Lake eingetragen war. Kein Lichtschimmer, Schlafenszeit. Jenseits der Wasserscheide durchzogen Tausende kleiner Wasserläufe die Chaco Mesa, auch hier suchte er vergeblich nach Spuren. Er fuhr zurück auf die andere Seite der Chaco Wash und nahm die Schotterstraße nach Nordwesten, zum Handelsposten Nageezi.

Hinter der Betonnie Tsosie Wash hielt er mitten auf der Straße an, stieg aus, reckte und dehnte sich und richtete, mehr aus Gewohnheit, die Taschenlampe auf die Einmündung eines Seitenweges. Gähnend stand er im blassen Lichtschein des halben Mondes, der Strahl der Taschenlampe huschte über den staubigen Boden. Und auf einmal hatte Chee gefunden, was er suchte. Da waren sie, die Reifenspuren. Zwillingsbereifung Marke Dayton, deutlich und frisch. Zwei Uhr und vier Minuten, las er auf der Armbanduhr ab.

Um zwei Uhr sechsundfünfzig fand er die Stelle, an der ein paar Anasazifamilien vor tausend Jahren ihre Felsenwohnungen gebaut hatten, übereinandergetürmt und ineinander verschachtelt, das bißchen Platz, das sie zum Leben brauchten und in dem sie dann gestorben waren. Der Pickup stand an einem Förderturm am Ende des Zubringers, wenn man die Fahrspur durch Salbeikräuter und an Wacholderbüschen vorbei so nennen wollte. Das letzte Stück des Wegs hatte Chee zu Fuß zurückgelegt, mehr als eine Meile. Er mußte nur den doppelten Reifenspuren folgen. Hier, wo vorher kein anderes Fahrzeug gefahren war, erkannte er sie nicht nur mühelos im Gras und an abgebrochenen Zweigen, er konnte ihnen auch mit der Nase folgen, immer dem herben Geruch der gerade plattgewalzten Salbeikräuter nach.

Die Spuren führten den Hang hoch. Nicht mehr weit, vermutete Chee. Er bewegte sich jetzt vorsichtig und leise. Das Taschenlampenlicht brauchte er nicht, der Mond leuchtete ihm den Weg aus. Das gemächliche Keuchen der Förderpumpe, bei der er den Pickup abgestellt hatte, wurde leiser. Chee blieb stehen und lauschte, ob irgendwo schon der Baggermotor zu hören wäre. Aber er hörte nur einen Kojoten bellen. Und dann einen zweiten, der antwortete. Einer strich irgendwo hinter ihm herum, der andere mußte oben am Steilhang sein, links vorn. Die Stunde der nächtlichen Jäger. All die kleinen Nagetiere, die der Hunger aus ihren Verstecken trieb, wurden jetzt zur leichten Beute.

Den Lastwagen sah Chee erst, als er unmittelbar davorstand. Nails hatte ihn im Wacholdergebüsch abgestellt, direkt über dem Abhang. Die Türen des Laderaums standen offen, ein schwarz gähnendes Loch. Die Rampe war noch ausgefahren. Chee lauschte in die Nacht. Prickelndes Jagdfieber, den Triumph des Siegers, zitternde Ungewißheit – er fühlte alles zugleich. Seine Hand umklammerte die Pistole in der Jackentasche. Er hatte keine innere Beziehung zu Faustfeuerwaffen. Mit der Pistole, die er trug, seit er den Diensteid geleistet hatte, war es nicht anders. Aber jetzt empfand er die Berührung mit dem harten, schweren Metall doch als beruhigend.

Langsam, bei jedem Schritt auf der Hut, ging er auf den Lastwagen zu. Das Fahrerhaus war unverschlossen. Leer. Das Drahtseil der Motorwinde war abgerollt. Locker, unbelastet hing es den Steilhang hinunter. Da unten mußte der Grabenbagger also sein. Mit der Seilwinde hinuntergelassen. Aber Chee hörte kein Motorengeräusch. Die Nacht war fast unwirklich still. Nur die Ölpumpe hörte er noch ganz schwach, wie fernes Keuchen. Sogar die Kojoten schienen den Atem anzuhalten. Kalte Luft stieg aus der Schlucht auf, streifte Chees Gesicht wie ein eisiger Hauch.

Er faßte das Drahtseil mit der linken Hand und hangelte sich den Steilhang hinunter. Die Spuren, die der schwere Bagger in den Boden gekerbt hatte, waren sein Wegweiser. Er mußte aufpassen, daß er nicht ins Rutschen kam. Jedes Geräusch konnte ihn verraten.

Der Hang wurde immer steiler. Auf halbem Weg rutschten Chee die Füße weg. Im letzten Augenblick konnte er sich fangen. Aber Sekunden später war es anders, nicht seine Füße verloren den Halt, der Boden unter ihnen rutschte weg, Chee kippte nach hinten. Rücklings lag er da, vor Schreck wie erstarrt, atmete den Staub ein und fluchte leise in sich hinein. Er lauschte. Alles blieb still, sogar die Förderpumpe war hier unten nicht mehr zu hören. Nur der Kojote stieß wieder sein heiseres Bellen aus. Der andere, irgendwo weit hinten, heulte seine Antwort.

Und plötzlich sah er den Grabenbagger. Halb von Gebüsch verdeckt. Der Motor arbeitete nicht. Mondlicht fiel auf die Kabine, auf das Führungsgestänge mit der Schaufel. Keine Spur von Nails. Wahrscheinlich hatte er längst das Weite gesucht. Auch egal. Chee hatte den Bagger gefunden. Und den Lastwagen, mit dem er hergebracht worden war. Daß Nails den Wagen gemietet hatte, ließ sich leicht nachweisen.

Chee hielt das Drahtseil fest mit der Linken umklammert, mit der Rechten balancierte er sein Gewicht aus. Und auf einmal stieß die linke Hand auf etwas Weiches. Kleidungsstücke. Er tastete mit den Fingern. Ein Knopf. Knochen. Kalte Haut. Ein Handgelenk. Entsetzen packte ihn, hastig wich er seitwärts aus.

Die Gestalt lag mit dem Kopf hangaufwärts, auf dem Bauch, das Gesicht in den Staub gegraben, eine Hand nach dem Drahtseil ausgestreckt. Ein Mann. Chee ging in die Hocke, wartete, bis der Schock abklang. Dann beugte er sich über die Gestalt, tastete nach dem Handgelenk, nach dem Puls.

Der Mann war tot. Er wurde schon steif. Chee schaltete die Taschenlampe ein. Nein, der Tote war nicht Nails. Ein Navajo. Jung, mit kurz geschnittenem Haar. Auf dem Rücken hatte sein blaukariertes Hemd zwei große dunkle Flecke. Mit der Fingerspitze fühlte Chee: trockenes Blut. Offensichtlich war der Mann an zwei Schüssen gestorben. Einer hatte ihn über den Hüften, der andere mitten in den Rücken getroffen.

Chee knipste die Taschenlampe aus. Der Navajogeist fiel ihm ein, irgendwo im Dunkel, ganz in der Nähe des Toten, mußte er lauern. Der *chindi,* der das Böse verkörperte. Aber in einer dunklen Nacht versucht man, den Gedanken an den *chindi* schnell wieder zu verscheuchen. Wo war Nails? Wahrscheinlich schon meilenweit weg. Nur, warum war er nicht mit dem Lastwagen losgefahren? Der tote Navajo mußte der sein, der beim Einbruch in die Fahrbereitschaft zusammen mit Nails gesehen worden war. Vielleicht hatte er den Lastwagen gefahren, und Nails war mit seinem eigenen Wagen hergekommen. Nicht sehr wahrscheinlich, aber auch nicht ausgeschlossen.

Vorsichtig hangelte sich Chee die letzten Meter hinunter. Auf dem Grund der Schlucht war es stockdunkel. Sogar das Mondlicht reichte nur noch, um zu sehen, wohin der nächste Schritt führte. Ein Streit unter Diebsgesindel, dachte Chee. Ein Kampf. Nails hatte die Waffe gezogen. Der Navajo wollte weglaufen. Und Nails hatte ihn niedergeschossen. Chee glaubte zwar nicht, daß sich Nails noch irgendwo in der Nähe herumtrieb. Dennoch konnte es nichts schaden, auf der Hut zu sein.

Aber trotz aller Vorsicht wäre er beinahe über den Sack gestolpert. Ein schwarzer Plastiksack, wie man ihn für Papierkörbe verwendet. Chee löste den Draht, mit dem er zugebunden war, und faßte hinein. Tonscherben, genau wie er erwartet hatte. Ein Stück weiter hinten entdeckte er, als er auf den Bagger zuging, noch einen zweiten Sack.

Das Gerät stand in einem flach ausgehobenen Graben, der Motor war abgestellt, das Führungsgestänge nach oben gereckt, die Schaufel schien ins Leere zu schnappen. Die Ausgrabungsstelle lag in einer Mulde, gesäumt von verstreuten Steinen. Einst war hier wahrscheinlich der Schutzwall für die Siedlung der Anasazi gewesen. Im huschenden Licht der Taschenlampe sah Chee, daß nicht nur Steine herumlagen. Auch Knochen. Überall. Ein Schulterblatt, ein Oberschenkelknochen, ein halber Schädel, Rippen, ein Stück Wirbelsäule, ein Fuß ohne Zehen, ein Unterkiefer…

Chee hielt sich selbst für einen fortschrittlich denkenden, modernen Menschen. Aber er war in der Tradition der Navajos aufgewachsen und in ihr verwurzelt. Hier sah er sich einfach mit zuviel Tod auf einmal konfrontiert. Zu viele Geister waren hier aufgescheucht worden. Wie auf der Flucht taumelte er rückwärts. Nur der Lichtstrahl der Taschenlampe verband ihn noch mit der grausigen Szene. Er konnte es nicht länger ertragen. Er sehnte sich nach dem Tag. Nach der Sonne. Nach dem Dampf eines Schwitzbades, in dem er sich reinwaschen konnte. Nach der heilenden Wirkung, die ein Gesang zur Beschwörung des Bösen gehabt hätte. Von Panik getrieben, umklammerte er das Drahtseil, zog sich den Steilhang hinauf. Nur weg hier.

Das Entsetzen verblaßte, die nüchterne Vernunft gewann wieder Oberhand. Er durfte nicht gehen, ohne sich vorher die Baggerkabine genau anzusehen. Wieder hangelte er sich hinunter auf den Grund der Schlucht, ließ den Lichtstrahl der Taschenlampe das Dunkel aufreißen, ging langsam auf das Gerät zu. Er fand die kleine Metallplatte mit der Seriennummer. Auf der Kabinentür war die Materialnummer des Technischen Dienstes aufgemalt. Und dann leuchtete er ins Innere der Kabine.

Ein Mensch. Zusammengesunken, halb nach rechts gekippt. Die starren offenen Augen spiegelten den Lichtstrahl wider. Die linke Gesichtshälfte war schwarz. Getrocknetes Blut. Aber Chee sah noch genug: die Augen, das dünne Bärtchen über der Oberlippe... Genug, um zu wissen, daß er Joe Nails gefunden hatte.

6

Es war lange nach Mitternacht, als Leaphorn zu Hause in Window Rock ankam. Er machte kein Licht mehr, trank im Badezimmer ein paar Schlucke Wasser aus der hohlen Hand, legte seine Kleider über den Stuhl neben dem Bett (wo Emma so gern gesessen hatte, wenn sie lesen oder stricken oder irgendeins der tausend Dinge im Alltag einer Hausfrau tun wollte) und ging schlafen. Er hatte, um nicht jeden Morgen beim Aufwachen zu erschrecken, das Bett um neunzig Grad gedreht – eine Veränderung, die er als einschneidend empfand, nachdem er so viele Jahre daran gewöhnt war, Emma zu sehen, sobald er die Augen aufschlug. Und es war nicht sein Bett, das er gedreht hatte; er benutzte neuerdings ihres, weil er nicht ins Leere tasten wollte, wenn er aus alter Gewohnheit zur ersten zärtlichen Geste des Tages die Hand ausstreckte.

Nun lag er flach auf dem Rücken, spürte, wie die verkrampften Muskeln sich entspannten, dachte an das vorbereitete Essen in Dr. Eleanor Friedman-Bernals Kühlschrank, an ihre Vereinbarung mit Slick Nakai über die Tongefäße und schließlich an das Notizbuch, das der Prediger erwähnt hatte. Ein ledergebundenes, taschengroßes Buch hatte er im Apartment nicht gesehen. Was nicht heißen mußte, daß es nicht doch irgendwo herumlag, so gründlich hatte Thatcher ja nicht gesucht. Während der langen Heimfahrt von der Huerfano Mesa durchs Checkerboard war ihm immer wieder eine Frage durch den Kopf gegangen: Warum hatte Elliot nichts davon gesagt, daß Dr. Friedman ihn wegen eines Tongefäßes zu Nakai geschickt hatte? Irgendwie mußte ihm der Auftrag doch seltsam vorgekommen sein, zumal er mit leeren Händen zurückgekommen war. Warum hatte er die Sache mit keinem Wort erwähnt? Ehe Leaphorn eine Antwort fand, fielen ihm die Augen zu.

Er schlief bis zum frühen Morgen. Dann duschte er, musterte sein Spiegelbild und beschloß, die Rasur noch ein paar Tage aufzuschieben. Gebratene Würstchen und Spiegeleier zum Frühstück – sein schlechtes Gewissen rebellierte, er kannte das schon von früher, wenn Emma ein paar Tage zu ihrer Familie gefahren war und er solange alle Diätregeln vergessen hatte. Er las die Post vom Samstag und den *Gallup Independent*. Dann schaltete er den Fernseher ein. Wieder aus. Stand am Fenster. Starrte in den Herbstmorgen hinaus. Kein Wind. Keine Wolken. Kein Laut, bis auf das Brummen eines Lastwagenmotors auf der Navajo Route 3. Sonntag, die kleine Stadt Window Rock hatte freigenommen. Er sah, daß die Scheiben schmutzig waren. Emma hätte es nie soweit kommen lassen. Er nahm ein Taschentuch aus der Schublade, wischte übers Fenster. Und plötzlich ließ er alles stehen und liegen, ging zum Telefon und rief Chaco Canyon an.

Bis vor kurzem war die Navajo Communications Company für den Telefonkontakt zwischen Chaco und dem Rest der Welt zuständig gewesen. Die Zentrale saß in Crownpoint, von dort aus spannte sich die Telefonleitung über das weite Grasland nach Nordosten. Telefonmasten waren nur dort errichtet, wo weit und breit kein Zaunpfosten die gleiche Funktion erfüllen konnte. So war die Leitung allen möglichen Gefahren ausgesetzt, wenn Windhexen sich an den Mastspitzen verfingen, im Winter Blizzards über das Land fegten, alles im Eis erstarrte, oder auch wenn eine Viehherde ein Stück Zaun niedertrampelte, blieb die Leitung eben ein paar Tage lang tot. Selbst wenn alles funktionierte, hing es oft nur von der Windrichtung ab, ob an einem stürmischen Tag die Stimme des Anrufers am anderen Ende wie erstickt ankam oder zu einem Brüllen anschwoll. Aber vor einiger Zeit hatte man ein modernes System installiert. Jeder Anruf lief nun im zweihundert Meilen ostwärts gelegenen Santa Fe auf, wurde von dort per Richtstrahl an einen Fernmeldesatelliten gefunkt und über die Parabolantenne in Chaco empfangen. Dieses Weltraumsystem war – wie leider alles, was mit Raumfahrt zu tun hat – ziemlich störanfällig. Und in einem Punkt hatte sich nichts geändert: es hing offenbar immer noch von Windrichtungen und ionosphärischen Stürmen ab, ob man den Gesprächspartner klar, schwach oder überhaupt nicht verstand. Auch heute.

Eine Frauenstimme meldete sich, zuerst laut, dann schien sie sich ins Weltall zu verflüchtigen. Nein, Bob Luna sei nicht da. Es sei auch zwecklos, seine Privatnummer anzurufen, sie habe ihn wegfahren sehen.

Und Maxie Davis?

Augenblick, sie sei vielleicht noch nicht wach. «Es ist ja schließlich Sonntagmorgen.»

Maxie Davis war schon auf den Beinen. «Wer ist da?» schrie sie ins Telefon. «Tut mir leid, ich kann Sie kaum verstehen.»

Leaphorn verstand Maxie Davis ausgezeichnet, als stünde sie neben ihm. «Leaphorn», schrie er zurück, «der Navajopolizist, der vor ein paar Tagen bei Ihnen draußen war.»

«Oh, haben Sie sie gefunden?»

«Leider nicht. Wissen Sie etwas über ein kleines ledergebundenes Notizbuch, das ihr gehört? Es soll in ihrer Hemdtasche gesteckt haben.»

«Ein Notizbuch? Ja, daran erinnere ich mich. Sie hatte es während der Arbeit immer bei sich.»

«Und wissen Sie auch, wo sie es aufbewahrt hat, wenn sie's nicht bei sich trug?»

«Keine Ahnung. Vielleicht in irgendeiner Schublade.»

«Kannten Sie Dr. Friedman eigentlich schon lange?»

«Schon ewig. Seit unserer Studienzeit.»

«Und Dr. Elliot?»

Maxie Davis lachte. «Wir sind ein festes Gespann, wie Sie das vermutlich ausdrücken würden.» Und dann befürchtete sie wohl, Leaphorn könne das mißverstehen. «Beruflich, meine ich. Wir beide werden *das* grundlegende Werk über die Anasazi schreiben.» Ihr Lachen schwoll an, wurde leiser, verlor sich. «Wenn Randall Elliot und ich mit unserer Arbeit fertig sind, gibt's für künftige Anasaziforscher nichts mehr zu tun.»

«Und Friedman-Bernal? Gehörte sie nicht mit zum Team?»

«Auf einem anderen Gebiet. Ihr ging's um Keramik. Uns geht's um das Volk der Anasazi.»

Das Telefon hing an der Wand in der Küche, gleich neben dem Kühlschrank, Emma und er hatten das gemeinsam so entschieden. Leaphorns Blick schweifte, während er Maxie Davis zuhörte, durch den Raum. Alles sah sauber und ordentlich aus. Keine Geschirrberge, kein Staub, die Spüle war sauber, der Fußboden frisch gewischt. Nur über der Stuhllehne hing noch die Serviette vom Frühstück. Er hangelte sich, so weit die Telefonschnur reichte, bis an den Stuhl heran, klemmte sich den Hörer zwischen Ohr und Schulter und faltete die Serviette ordentlich zusammen.

«Ich werde zu Ihnen rauskommen», sagte er. «Ich würde mich gern mit Ihnen unterhalten. Und mit Elliot, falls er da ist.»

«Das glaube ich nicht», antwortete Maxie Davis. «Sonntags treibt er sich meistens irgendwo im Gelände rum.»

Elliot war doch da. Er lehnte, als Leaphorn den Pickup auf dem Parkplatz vor den Apartments abstellte, an einem Stützpfeiler der Veranda, als hätte er den Besucher schon erwartet. *«Ya tay»,* begrüßte er Leaphorn nach Navajoart. Für einen Weißen war die Aussprache gar nicht so schlecht. «Ich wußte gar nicht, daß man bei der Polizei auch sonntags arbeiten muß.»

«Das kommt hin und wieder vor», sagte Leaphorn, «auch wenn sie's einem bei der Einstellung verschweigen.»

Maxie Davis erschien an der Tür. Ihr locker fallendes T-Shirt war mit einer Darstellung aus den Felsmalereien bedruckt. Das dunkle Haar umrahmte schmeichelnd ihr Gesicht. Sie sah sehr weiblich aus, sehr klug und sehr schön.

«Ich wette, Sie wissen, wo das Notizbuch liegt», sagte sie. «Haben Sie noch den Apartmentschlüssel?»

Leaphorn schüttelte den Kopf. «Ich werd ihn mir vorn bei der

Verwaltung besorgen.» Falls das nicht klappte, kam er auch so rein. Er hatte genau hingesehen, als Thatcher aufschloß. So ein Schloß war leicht zu öffnen.

«Luna ist nicht da», sagte Elliot, «nehmen wir die Terrassentür.» Er erledigte das mit seinem Taschenmesser, indem er einfach die Klinge unter den Schnapphebel schob und ihn hochdrückte. «So was lernt man an der Uni», behauptete er, «erstes Semester.»

Oder in der Jugendhaftanstalt, dachte Leaphorn. Ob Elliot seine Erfahrungen dort gesammelt hatte? Kaum. Der Knast ist nicht der Nährboden, auf dem Akademiker wachsen.

Alles schien unverändert, seit er mit Thatcher hiergewesen war. Dieselbe schale Luft, derselbe Staub, die Kartons mit Keramik, das Durcheinander, alles genau wie damals. Thatcher hatte das alles aus einem bestimmten Blickwinkel gesehen, voreingenommen, weil er Dr. Eleanor Friedman-Bernal für eine Gesetzesbrecherin hielt. Leaphorn sah es mit anderen Augen. Die Spuren, nach denen er suchte, sollten ihn zu einer vermißten Frau führen.

«Ellie hat ihre persönlichen Wertsachen hier in der Kommode aufbewahrt.» Maxie Davis zog eine Schublade auf. «Inzwischen ist mir auch wieder eingefallen, daß ich mal gesehen habe, wie sie ihr Notizbuch hierhingelegt hat, als sie von einer Ausgrabung zurückkam.» Sie nahm eine Handtasche aus der Schublade und hielt sie Leaphorn hin.

Die Tasche sah neu aus. Und teuer. Leaphorn öffnete den Schnappverschluß. Lippenstift, kleine Fläschchen, ein Päckchen Kaugummi ohne Zucker, eine kleine Schere, Krimskrams. Aber kein ledergebundenes Notizbuch. Emma hatte drei Handtaschen gehabt. Eine besonders kleine, eine besonders gute und eine für jeden Tag.

«Sie muß doch noch eine andere Tasche gehabt haben», sagte er. Man hätte es auch für eine Frage halten können.

Maxie Davis nickte. «Ja, die hier war für besondere Anlässe.» Sie kramte in der Schublade. «Aber die andere ist nicht da.»

Leaphorn war ein bißchen enttäuscht. Aber vor allem verwundert. Weil die falsche Tasche fehlte. Friedman-Bernal hatte auf ihren Wochenendausflug die Alltagstasche mitgenommen, nicht die für besondere Anlässe.

«Ich möchte, daß wir uns mal gemeinsam umsehen», sagte Leaphorn. «Ich brauche Ihre Hilfe. Vielleicht können wir uns ungefähr einen Überblick verschaffen, was sie mitgenommen hat.»

Maxie Davis und Elliot beteuerten, sie hätten keine Ahnung, wüßten so gut wie nichts über Ellies Garderobe. Damit hatte Leaphorn gerechnet. Aber nach etwa einer Stunde waren eine Menge Einzelheiten auf der Rückseite eines Briefumschlags notiert. Sie war ohne Koffer verreist, hatte statt dessen eine Segeltuchtasche mitgenommen. Offenbar keine Kosmetik, kein Make up. Keinen Rock. Kein Kleid. Nur Jeans und ein langärmliges Baumwollhemd, das war alles.

Maxie Davis saß auf dem Bett und betrachtete nachdenklich die Liste auf dem Briefumschlag. «Wie's mit Socken, Unterwäsche und so aussieht, weiß man nicht. Aber einen Pyjama hat sie nicht mitgenommen, da bin ich ziemlich sicher.» Sie ging zur Kommode. «Sie hat einen alten blauen, einen gestreiften, mit dem ist auch nicht mehr viel los, und einen fast neuen aus Seide.» Der skeptische Blick auf Leaphorn enthielt die stumme Frage, ob Männer überhaupt verstünden, was das bedeutete. «Für Nächte, die man zu zweit verbringt», erklärte sie. «Ich glaube nicht, daß sie vier Pyjamas hat, ich hab jedenfalls sonst keinen bei ihr gesehen.»

Leaphorn nickte. «Okay. Und einen Schlafsack?»

«Ja, natürlich.» Davis stöberte in Friedman-Bernals Sachen. Ein wenig ratlos stellte sie fest: «Der ist weg.»

«Demnach hatte sie vor, draußen zu übernachten», sagte Leaphorn. «Vielleicht im Zusammenhang mit einer Ausgrabung. Und vielleicht nicht allein. Mit wem hat sie denn zusammengearbeitet?»

«Eigentlich mit niemandem», antwortete Elliot. «Sie war ganz auf sich gestellt. Ein Einzelprojekt.»

«Setzen wir uns», schlug Leaphorn vor, «ich würde gern mehr darüber hören.»

Sie gingen ins Wohnzimmer. Leaphorn ließ sich auf dem Sofa nieder. Ausklappbar, vermutete er, tagsüber Sofa, nachts Doppelcouch. Davis und Elliot setzten sich auf die Couch gegenüber. Ein typisches Behördenmöbel, billig und trotzdem zu teuer eingekauft, en gros als Einheitsausstattung für alle Apartments. Er kannte das, an der Arizona State University war es ähnlich gewesen.

Anfangs hatte er überlegt, ob er den beiden etwas über sein Anthropologiestudium sagen sollte. Sie hätten dann nicht so weit ausholen müssen. Aber es kam ihm nicht darauf an, Zeit zu sparen. Und manchmal erwies es sich als ganz vorteilhaft, wenn man sich unwissend stellte. Jetzt mußte er den Preis dafür zahlen und geduldig dem – hauptsächlich von Maxie Davis bestrittenen – Exkurs unter dem Motto ‹Anasazi für Anfänger› zuhören. Die Anasazikultur auf dem Colorado Plateau war als Entwicklungsstufe in der kleinen, weit verstreut lebenden Gruppe von Familien eines Jäger- und Sammlervolkes entstanden. Menschen, die in ärmlichen Steinhäusern hausten, vom Ackerbau lebten und mit einfachen Korbwaren Handel betrieben, entwickelten ihre Fertigkeiten weiter. Beim Hausbau, durch erste Bewässerungssysteme, in denen sie Regenwasser sammelten und zu ihren Anbauflächen leiteten, und durch eine Methode, ihre Körbe mit gebackenem Lehm wasserdicht zu machen. Danach war es nur noch ein kleiner Schritt bis zur Herstellung von Keramik.

«Der entscheidende kulturelle Durchbruch», behauptete Elliot. «Die Voraussetzung für die Entwicklung einer Vorratswirtschaft. Und für künstlerische Entfaltung.» Lachend fügte er hinzu: «Im übrigen für die Anthropologen mit dem unschätzbaren Vorteil verbunden, bei ihren Ausgrabungen, Studien und Zeitbestimmungen über dauerhaftere Objekte zu verfügen, als es die Weidenkörbe gewesen wären. Aber ich habe den Eindruck, Sie wissen das alles schon, wie?»

Leaphorn paßte es, wenn er den Ahnungslosen mimte, durchaus nicht ins Konzept, sich plötzlich ertappt und entlarvt zu sehen. «Wie kommen Sie denn darauf?»

«Weil Sie keine Fragen stellen», sagte Elliot. «Es ist manchmal nicht leicht, Maxies Erläuterungen auf Anhieb zu verstehen. Also hat Sie entweder das Ganze nicht interessiert, oder Sie wußten es schon.»

«Nun, das eine oder andere war mir bekannt», gab Leaphorn zu. «Aber – Sie erwähnten, Dr. Friedmans Spezialgebiet sei Keramik. Anscheinend ging die Spezialisierung noch weiter. Irre ich mich, oder galt ihr Interesse vornehmlich ganz bestimmten Tongefäßen? Solchen mit einer Art wellenförmiger Riefung und anderen spezifischen Details, nehme ich an?»

«Ja», bestätigte Elliot, «Ellie glaubte, sie hätte einen bestimmten Künstler entdeckt. Jemanden, der alle Tongefäße auf seine individuelle Art ausgestaltet hat, ganz eindeutig.»

Leaphorn hörte schweigend zu. Er verstand nicht, was daran – selbst für Anthropologen, die vom Entstehen und vom rätselhaften Verschwinden der Anasazikultur fasziniert waren – so besonders sein sollte.

Elliot las die unausgesprochenen Fragen in Leaphorns Miene.

«Ein bestimmter Töpfer, der vor rund 750 Jahren gelebt hat!» sagte er eindringlich. «Sie fragen sich, was daran so aufregend ist? Nun, aufregend wird die Sache dadurch, daß Ellie herausgefunden hat, wo er lebte. Bei der Ausgrabung BC 57, hinter dem trockenen Flußlauf des Pueblo Bonito. Denn genau dort hat sie eine Menge Keramik gefunden, die noch nicht fertig bearbeitet war. Dort muß der Mann also seine Töpferwerkstatt gehabt haben.»

«Die Frau», unterbrach ihn Maxie Davis. «Es war eindeutig eine Künstlerin.»

Elliot reagierte nur mit einem kurzen Kopfschütteln. «Na gut, eine Frau.» Der Einwurf schien ihn nicht weiter zu irritieren. Er legte die Füße auf den Tisch, lehnte sich zurück.

Offenbar ein Dauerthema zwischen den beiden, dachte Leaphorn. Halb Streitgespräch, halb Spaß. Und während er das dachte, sah er sich Elliots Stiefel an. Flach und bequem. Verstaubt, ein paar Schrammen hatte das Leder auch schon abbekommen. Weiches braunes Leder. Perfekter Sitz. Maßarbeit? Jedenfalls sehr teuer.

Maxie Davis beugte sich vor und redete eifrig auf Leaphorn ein. «Das hat es noch nie gegeben, verstehen Sie? Nie zuvor ist es gelungen, bestimmte Tongefäße einer bestimmten Künstlerin zuzuordnen. Bis Ellie die spezielle Technik entdeckt hat, die sich bei allen Funden von BC 57 wiederholt. Sie kannte dieselben Details schon von anderen Fundstellen, aber nun hatte sie herausgefunden, wo diese Keramik herkam. Mehr noch, Ellies Töpferin war zum Glück nicht nur überaus produktiv, sondern auch überdurchschnittlich gut. Ihre Gefäße waren überall begehrt. Eins hat Ellie jenseits von San Juan entdeckt, in den Salmon Ruins, und möglicherweise auch eins im Canyon de Chelly, in der Nähe der White House Ruin.»

Falls Elliot Maxie Davis' Begeisterung nicht teilte, hatte er es bis jetzt verstanden, seine Skepsis geschickt zu verbergen. Aber nun wurde er doch ungeduldig. «Wann kommst du endlich auf den entscheidenden Punkt?»

Maxie sah ihn zögernd an. «Na ja... Aber sie war sich da selber noch nicht ganz sicher.»

«Sicher ist man da nie», sagte Elliot. «Trotzdem steht fest: BC 57 ist die Fundstätte einer sehr späten Siedlung. Die Gründung muß kurz vor dem geheimnisvollen Verschwinden der Anasazi erfolgt sein. Ellie hat einen der Dachbalken auf 1292 datiert. Und Holzkohlenreste in einem Brennofen auf 1298. Also müssen die Keramikarbeiten entstanden sein, kurz bevor die Leute das Licht ausgemacht haben und weggezogen sind. Und daraus ergibt sich natürlich eine Chance, endlich herauszufinden, wohin sie gegangen sind. Jedenfalls hat Ellie gehofft, daß das möglich wäre.»

«Und das ist das Sensationelle an dieser Fundstätte.» Maxie Davis' Gesten schienen ins Ungewisse zu weisen. «Wohin sind die Anasazi gezogen? Das große Geheimnis, über das schon soviel gerätselt wurde.»

«Allerdings nicht das einzige Rätsel, das sie uns aufgegeben haben», warf Elliot ein. «Warum haben sie Straßen gebaut, obwohl sie weder das Rad kannten noch Packtiere hielten? Und weshalb haben sie sich ausgerechnet einen Lebensraum gewählt, in dem es so verdammt wenig Wald gab, kaum Wasser, kein gutes Ackerland? Oder warum...» Er brach achselzuckend ab. «Je mehr wir über sie herausfinden, desto mehr neue Rätsel tauchen auf.»

«Da ist noch etwas», fiel Leaphorn plötzlich ein. «Dieser Mann, der sie besuchen wollte... Genau in der Woche, in der sie verschwand. Wissen Sie etwas über ihn?»

Maxie Davis nickte. «Lehman. Er ist ja dann auch tatsächlich gekommen.» Sie lächelte bitter. «War ganz schön sauer. Damals, in der Nacht zum Donnerstag, hatte es geregnet, Sie wissen ja, wie unsere Straße dann aussieht.»

«Und hat er...» holte Leaphorn zur nächsten Frage aus.

Aber da kam ihm Elliot zuvor. «Er gilt als die Kapazität auf Ellies Spezialgebiet. Ich glaube, er war Vorsitzender der Bewertungskonferenz in Madison, als Ellie dort ihre Doktorarbeit schrieb. Jetzt lehrt er an der University of New Mexico. Hat ein paar Bücher über die Entwicklung der Keramik bei den Mimbres, den Hohokam und den Anasazi geschrieben. Sozusagen der Oberguru für alles, was mit Tongefäßen zusammenhängt.»

«Auf Ellies Gebiet der Mann, der gleich nach dem lieben Gott kommt. So wie bei uns Dr. Delbert Devanti», warf Maxie Davis ein. «Es war schon wichtig für sie, Lehman von der Ernsthaftigkeit ihrer These zu überzeugen. So wie Elliot und ich eben, wenn's um Stammeswanderungen geht, unseren Oberpriester um den Segen bitten müssen.»

Elliot grinste. «Besagten Doc Delbert Devanti. Arkansas Antwort auf Einstein.» Es hörte sich sarkastisch an.

«Er hat ein paar wichtige Thesen aufgestellt», erklärte Davis in sachlichem Ton. «Eine Koryphäe, auch wenn man ihn nicht zur Phillips Exeter Academy oder nach Princeton berufen hat.»

Einen Augenblick lang herrschte Schweigen. Elliots schmales, gut geschnittenes Gesicht wirkte verkniffen. Maxie warf ihm einen merkwürdigen Blick zu. Einen ärgerlichen Blick? fragte sich Leaphorn. Oder lag hämische Bosheit darin? Sie wandte sich an den Lieutenant. «Ich hoffe, die Verachtung des amerikanischen Uradels für Abkömmlinge der Unterschicht ist Ihnen nicht entgangen. Wenn man Devanti heißt, ist man per definitionem Plebejer. Leute mit solchen Namen stellen Maisbrot her.»

«Und haben durchaus nicht immer recht», ergänzte Elliot.

Davis lachte. «Da hören Sie's!»

«Aber für dich hat ja jeder, der noch halbwegs frisch aus dem Urwald importiert ist, ein angeborenes Recht auf Irrtum.» Elliots Stimme klang beherrscht. Aber Leaphorn sah, wie er mit den Kieferknochen mahlte.

«Kein angeborenes Recht, aber mindestens eine Entschuldigung», korrigierte Davis ihn geduldig. «Vielleicht sind ihm seine Fehler unterlaufen, weil er nächtelang durcharbeiten mußte, um seine Familie zu ernähren. Er hat eben keine Tutoren, die für ihn die Bibliothek auf den Kopf stellen.»

Randall Elliot verkniff sich jeden Kommentar dazu. Leaphorn wartete gespannt. Trieben sie den Disput auf die Spitze? Nein, er war offensichtlich schon beendet. Auch Maxie schwieg.

«Sie beide arbeiten als Team, nicht wahr?» fragte Leaphorn.

«Mehr oder weniger», antwortete Davis. «Unsere Interessen bei der Anasaziforschung decken sich weitgehend.»

«Inwiefern?»

«Das ist nicht so einfach zu erklären. Bei uns geht es hauptsächlich um Fragen wie Nahrungsmittelanbau, Ernährungsgewohnheiten, Anwachsen und Schwund der Bevölkerung – und so weiter. Da verbringt man die meiste Zeit nicht draußen mit Ausgrabungen, sondern mit statistischen Berechnungen am Computer. Stumpfsinnige Arbeit, es sei denn, man ist verrückt genug, so was zu mögen.» Sie lächelte Leaphorn zu. Mit soviel betörendem Charme, daß er ahnte, wie leicht man diesem Lächeln erliegen konnte.

«Aber unser Randall», fuhr sie fort und stupste Elliot scherzhaft mit dem Ellbogen an, «beschäftigt sich mit weitaus dramatischeren

Fragen. Er ist auf dem besten Wege, die anthropologische Forschung zu revolutionieren, indem er eine Methode entwickelt, mit der ein für allemal die Rätsel aller untergegangenen Kulturen gelöst werden.»

«Entwicklungsgeschichte und Stammeswanderungen sind nun mal wichtige Teilaspekte bei bevölkerungspolitischen Studien», sagte Elliot leise.

Maxie Davis lächelte immer noch. «Wenn sein Projekt Erfolg hat, müssen alle Bücher neu geschrieben werden. Ein Elliot verplempert seine Zeit nicht mit Nebensächlichkeiten. In der Navy gehört er zur Admiralität, an der Universität sitzt er in einem Rektorensessel, und in der Politik bringt er's mindestens zum Senator. Wenn man schon ganz oben anfängt, muß man sich hohe Ziele stecken oder in Kauf nehmen, daß man für einen Versager gehalten wird.»

Leaphorn fühlte sich unbehaglich. «Tja, das ist ein Problem», murmelte er.

«Nicht meins. Ich gehöre zur weißen Unterschicht.»

Elliot lächelte verkniffen. «Sie kann mich gar nicht oft genug daran erinnern, daß ich mit einem goldenen Löffel im Mund geboren wurde. Mit unserem eigentlichen Thema hat das allerdings herzlich wenig zu tun. Ich denke, wir wollen Ellie finden?»

«Nun», sagte Leaphorn, «immerhin ist mir eins bei der Gelegenheit eindeutig klargeworden: Dr. Friedman hätte eine Verabredung mit Lehman nicht ohne wichtigen Grund verpaßt.»

«Bestimmt nicht», gab ihm Maxie recht. «Das habe ich ja diesem Trottel im Sheriffbüro auch gesagt.»

«Kennen Sie den genauen Grund für Lehmans Besuch?»

«Ellie wollte ihm ihre neuesten Ergebnisse vortragen», sagte Elliot.

Und Maxie meinte: «Wenn Sie mich fragen: sie wollte ihm den ganz großen Knüller servieren. Ich glaube, sie war soweit.»

Sie sagte es mit ehrlicher Begeisterung. Elliots Gesicht drückte Zweifel aus. Oder sogar Widerspruch?

«Was hat sie Ihnen denn darüber erzählt?» fragte Leaphorn.

«Richtig erzählt hat sie so gut wie gar nichts. Aber ich hab gespürt, daß sie kurz vor dem Durchbruch stand. Sie gehört nicht zu denen, die groß über so was reden.»

«Das ist unter Wissenschaftlern nicht üblich», warf Elliot ein.

Da schwang schon wieder ein anderer Ton mit, stellte Leaphorn fest, diesmal Spott. Auch Maxie Davis hatte es bemerkt, Elliot aber nur mit einem kurzen Blick gestreift, ehe sie zu Leaphorn sagte: «Bevor jemand die große Glocke läutet, muß er was zum Dranhängen haben.» Es hörte sich wie eine harmlose Bemerkung an, scheinbar auf niemanden gemünzt, aber Elliot lief rot an.

«Sie glauben, sie hätte eine wichtige Entdeckung gemacht?» fragte Leaphorn. «Direkt hat sie das zwar nicht gesagt, aber Sie hatten so ein Gefühl. Können Sie das näher erklären?»

Maxie Davis lehnte sich zurück, schob die Unterlippe zwischen die Zähne und dachte nach. Gedankenverloren legte sie die Hand auf Elliots Oberschenkel. Eine Geste, die sehr selbstverständlich wirkte. «Sie war so aufgewühlt», sagte sie schließlich, «irgendwie glücklich. Ungefähr eine Woche, bevor sie losfuhr, ist mir das zum erstenmal aufgefallen.»

Sie stand auf, schob sich an Leaphorn vorbei, ging ins Schlafzimmer. Seltsam, wieso muß ich jetzt an natürliche Anmut denken? fragte er sich.

«Sie war oben in Utah gewesen.» Maxie Davis war inzwischen im Schlafzimmer angekommen, ihre Stimme klang gedämpft. «Daran erinnere ich mich noch genau. In Bluff und bei Mexican Hat und...» Sie zögerte.

«Und bei Montezuma Creek?» half Leaphorn.

«Ja, richtig, überall im südlichen Grenzgebiet.» Davis kam mit einem Karton aus dem Schlafzimmer zurück. «Und als sie wieder da war, hatte sie diese Keramikteile bei sich.» Sie stellte den Karton auf den Couchtisch. «Ich glaube, es waren diese hier. Jedenfalls war's dieser Karton.»

Ungefähr fünfzig Fragmente von Tongefäßen lagen darin, ein paar größere Stücke und einige, deren Durchmesser nicht mehr als zwei, drei Zentimeter maß. Leaphorn sah sie sich flüchtig an. Er suchte nichts Bestimmtes, aber ihm fiel auf, daß alle im selben rotbraunen Ton eingefärbt waren und mit demselben wellenförmigen Muster verziert waren.

«Alle von Dr. Friedmans spezieller Töpferin?» vermutete er. «Hat sie erwähnt, woher sie sie hatte?»

Elliot sagte: «Einer von den Kerlen, die in unserer Geschichte herumräubern und Fundstellen plündern, hat sie ihr gegeben.»

«Das hat sie nicht gesagt», widersprach Maxie Davis.

«Aber sie ist nach Bluff gefahren, um sich mit solchen Leuten zu treffen. Sie wollte feststellen, was die da oben in Utah ausgraben. Das hat sie doch gesagt, oder?»

«Hat sie einen Namen erwähnt?» wollte Leaphorn wissen. Vielleicht lag hier der Schlüssel zu Dr. Friedmans Verschwinden? Wenn sie direkt zu einem der illegalen Händler Verbindung aufgenommen hatte, konnte es gut sein, daß der Mann mißtrauisch geworden war. Möglicherweise war ihm der Verdacht gekommen, sie habe lediglich Beweisstücke aufkaufen wollen, um ihn ins Gefängnis zu bringen. Und als sie dann wieder bei ihm auftauchte, hatte er sie vielleicht umgebracht.

Maxie Davis schüttelte den Kopf. «Nein, Namen hat sie nicht genannt.»

«Das war auch nicht nötig», sagte Elliot. «Wer in der Gegend von Bluff nach Keramikdieben sucht, stößt unweigerlich auf den großen alten Houk. Oder auf seine Freunde oder Helfershelfer.»

Bluff, dachte Leaphorn. Vielleicht lohnte es sich, hinzufahren und ein paar Worte mit Houk zu reden. Es mußte der Houk sein, den er kannte. Der, dessen Sohn zum Mörder geworden und ertrunken war. Leaphorns alte Erinnerungen wurden wieder lebendig. Eine Familientragödie wie diese vergißt man nicht.

«Da ist noch etwas, was Sie wissen sollten», fiel Maxie Davis ein. «Ellie hat eine Pistole.»

Leaphorn wartete.

«Die liegt normalerweise in der Schublade, aus der ich die Tasche genommen habe.»

«Da hat sie aber heute nicht gelegen», sagte Leaphorn.

Davis nickte. «Nein. Sie wird sie wohl mitgenommen haben.»

Ja, dachte Leaphorn. Und er war jetzt ganz sicher, daß er nach Bluff fahren und mit Houk reden würde.

7

Chee saß auf der Bettkante, rieb sich die Augen, räusperte sich, bis er das rauhe Gefühl im Hals nicht mehr spürte, und dachte darüber nach, warum er so unruhig geschlafen hatte. Zuviel Tod. Zu viele Knochen in der aufgebrochenen Erde. Er schob die Gedanken beiseite.

Der Tank auf dem Wohnwagendach war nicht sehr groß. Ob das Wasser noch für ein Duschbad reichte? Die Antwort war: mal sehen. Das war eben das Problem mit diesen kleinen Tanks, man wußte im voraus nie, wann es soweit war, daß plötzlich nur noch ein Gurgeln aus dem Wasserhahn kam. Vorsorglich füllte er erst mal die Kaffeemaschine auf, stellte ein Glas Wasser zum Zähneputzen und ein saubergewaschenes Senfglas mit Wasser für das Schwitzbad bereit. Ein Schwitzbad war das erste, was er jetzt brauchte. Mit dem Glas Wasser, einem Pappbecher und einer Segeltuchbahne über dem Arm ging er zum Flußufer hinunter.

Unter Weidenbäumen neben dem San Juan hatte er sein Bad gebaut. Er mußte nur noch trockenes Holz sammeln, um die Steine zu erhitzen. Nachdem er das Feuer entzündet hatte, füllte er sauberen, trockenen Sand in den Pappbecher, dann saß er da, wartete und nutzte die Zeit zum Nachdenken. An sein Problem mit Janet Pete wollte er keinen Gedanken mehr verschwenden. Das brachte nichts, durch Grübeln wurde nichts leichter. Nicht einmal billiger. Wie er auch rechnete, die Sache kostete ihn rund 900 Dollar. Und Janets Wertschätzung. Statt dessen dachte er an gestern nacht, an die beiden Leichen, die Polizeifotografen von San Juan County und an den Wagen, der die Toten abgeholt hatte. Und er dachte an die Tonfragmente in den schwarzen Müllsäcken, jedes einzelne sorgfältig in Zeitungspapier eingewickelt.

Als die trockenen Äste verkohlt und die Steine heiß genug waren, hängte er das Segeltuch über das Schwitzbad und schlüpfte in den Verschlag. Er ging in die Hocke und begann, die Lieder zu singen, die schon die Clans der Frühzeit vom Heiligen Volk gelernt hatten. Er sang sie laut und mit kräftiger Stimme, denn sie sollten ihn reinigen von allem Übel der Begegnung mit dem Tod und bewahren vor aller Krankheit, mit der er sich angesteckt haben mochte. Er genoß die trockene Hitze, das Wohlgefühl, als seine Muskeln sich entspannten und der Schweiß an ihm herunterlief, hinter den Ohren entlang, über den Rücken, bis zu den Lenden. Er sprühte etwas Wasser über die Steine, ließ sich vom zischenden Dampf einhüllen. Tief atmete er die heiße, feuchte Luft ein. Sein ganzer Körper fühlte sich glitschig an. Ein angenehmes, befreiendes Schwindelgefühl überkam ihn. Ausgegrabene Knochen und verbeulte Buicks waren unendlich fern. Dafür war er sich selbst näher, er spürte, wie die Lungen sich blähten, die Poren aufbrachen, die Muskeln sich strafften, wie ihn gesunde Kraft durchströmte. Hier war er in *hozro* – in Harmonie mit allem, was ihn umgab.

Als er die Segeltuchbahne wegstieß und – innerlich immer noch dampfend, schweißüberströmt – im Freien stand, war sein Kopf frei, jede Bewegung fiel leichter, er fühlte sich wie neugeboren. Er rieb sich von Kopf bis Fuß mit dem Sand ab, ging in den Wohnwagen zurück und verschwand unter der Dusche. In der Wüste geboren und aufgewachsen, hatte Chee von klein auf gelernt, daß man kein Wasser verschwendet, auch das Leben im Wohnwagen zwang ihn dazu, sparsam mit dem kostbaren Naß umzugehen. So seifte er immer nur eine Hautpartie ein und spülte sie, bevor er wieder zur Seife griff, mit einem dünnen Wasserstrahl ab. Der Kaffee war schon durchgelaufen, das Aroma zog durch den Wohnwagen und verlockte ihn erst recht zur Eile. Bis zur nächsten Rasur hätte er an sich gut und gern eine Woche Zeit gehabt, bei einem Navajo sprießt das Barthaar nicht so schnell. Aber er rasierte sich trotzdem. Einfach, weil er so einen Vorwand hatte, noch ein bißchen aufzuschieben, was letztlich leider unvermeidlich war.

Auch der Umstand, daß es im Wohnwagen kein Telefon gab, half ihm dabei. Aber schließlich war es soweit, er konnte sich nicht länger drücken. Er benützte das Münztelefon beim Supermarkt am Highway. Nein, Janet Pete sei nicht im Büro, sagte man ihm, vielleicht könne er sie im Justizgebäude erreichen. Aber vielleicht sei sie auch zur Polizei gefahren. Da wäre irgend etwas mit ihrem neuen Wagen, sie sei ziemlich aufgeregt gewesen.

Chee rief bei seiner Dienststelle an. Drei Telefonvermerke mit der Bitte um Rückruf lagen für ihn vor, zwei von Janet Pete von der Rechtsberatungsorganisation für Navajos, einer von Lieutenant Leaphorn. Leaphorn, so erfuhr Chee, habe sich lange telefonisch mit Captain Largo unterhalten. Anschließend habe der Captain den Vermerk an die Vermittlung gegeben, daß Chee den Lieutenant abends ab sechs zu Hause anrufen solle. Ob denn Miss Pete irgendeine Nachricht für ihn hinterlassen habe? Ja, sagte man ihm, bei ihrem zweiten Anruf habe sie gebeten, ihm auszurichten, sie wolle ihren Wagen wiederhaben.

Chee rief bei Janet Pete zu Hause an. Seine Finger trommelten nervös gegen die Scheibe des Münzfernsprechers, während der Ruf hinausging. Dann endlich das Klicken. Und ihre Stimme. Aber nur auf dem Band des Anrufbeantworters. «Dieser Anschluß ist zur Zeit leider nicht besetzt. Wenn Sie eine Nachricht hinterlassen wollen, sprechen Sie bitte nach dem Pfeifton. Ich werde gern zurückrufen.»

Chee wartete auf den Pfeifton und lauschte in die anschließende Stille hinein. Weil ihm beim besten Willen nichts Vernünftiges einfiel, hängte er auf. Dann fuhr er zu Tsos Werkstatt. Der Schaden war bestimmt nicht so groß, wie die Erinnerung ihm das vorgaukelte.

Aber Chees Erinnerung erwies sich als verläßlich. Staubbedeckt und dreckbespritzt hing der Wagen auf der Hebebühne. Das linke Vorderrad grotesk verbogen. Der Kotflügel darüber böse verkratzt, der hübsche blaue Lack gesplittert. Die Stahlklammern, an denen einst Janets innig geliebte Chromstoßstange gehangen hatte, reckten sich traurig ins Leere. Eine Delle in der Fahrertür, zum Glück nicht sehr groß. Und rechts hinten noch eine, erheblich tiefer und länger. Ein Bild des Jammers.

«Halb so schlimm», behauptete Tso. «Neuneinhalb bis elf Hunderter, und er steht wieder da wie neu. Aber sie sollte gleich alles andere mit reparieren lassen, was dir bei der ersten Probefahrt aufgefallen ist.» Die Art, wie Tso sich Öl und Fett von den Händen wischte, erinnerte Chee unwillkürlich an die schmierigen Gesten eines geldgierigen Geschäftemachers. «Du weißt schon, das Lenkungsspiel, die schwammigen Bremsen und so.»

«Ich fürchte, ich werde einen Kredit brauchen», sagte Chee.

Tso zögerte. Erinnerungen an gestundete Rechnungen und zerbrochene Freundschaften schienen ihm durch den Kopf zu huschen. Und je länger diese Phase dauerte, desto mehr kühlten sich Chees bis dahin recht herzliche Empfindungen für Tso ab. Während sie noch so dastanden, fuhr draußen ein Wagen vor. Daß es der war, den Janet Pete vorübergehend von der Fahrbereitschaft des DNA bekommen hatte, begriff Chee erst, als er sie aussteigen und in die Werkstatt kommen sah. Sie lächelte Chee zerstreut zu, ließ den Blick zwischen dem aufgebockten Buick und zwei anderen Wagen pendeln und sah Tso fragend an.

«Wo ist mein Wagen?» Dann wandte sie sich an Chee. «Wie ist er denn gelaufen? Hast du...» Der Rest blieb unausgesprochen. Janet Pete schielte nach oben, zur Hebebühne. «Mein Gott! Ist jemand bei dem Unfall ums Leben gekommen?»

«Nun», begann Chee, mußte sich aber erst mal ausgiebig räuspern, bevor er ausholen konnte: «Weißt du, es war so… Ich fuhr gerade den Highway runter…»

«Miserable Stoßdämpfer», fiel ihm Tso ins Wort. «Und die Lenkung hat geschlackert. Aber Chee hat's trotzdem riskiert. Es war so 'ne Art Sicherheitstest.» Er zuckte die Achseln und guckte treuherzig. «Hätte ihn leicht das Leben kosten können.»

Was im Grunde, wenn man's richtig bedenkt, gar nicht so weit hergeholt ist, dachte Chee. Sein gerade erst gewachsener Zorn auf Tso verdorrte und machte einem Gefühl der Dankbarkeit Platz.

«Ich hätte vorsichtiger sein sollen.» Seine Handbewegung sollte Bedauern ausdrücken. «Tso hatte mich ausdrücklich gewarnt.»

Janet starrte immer noch auf den Buick. Sie schien den Anblick mit dem Bild zu vergleichen, das sie in Erinnerung hatte. «Der Verkäufer hat versichert, es sei alles in Ordnung», stammelte sie.

Tso machte eine wegwerfende Handbewegung. «Der Tacho war zurückgedreht. Bremsbeläge ungleichmäßig abgenutzt. Spurstange ausgeschlagen. Steuerung locker. Da war 'ne Menge dran zu machen.»

Nachdenklich bearbeitete Janet Pete ihre Lippe mit den Zähnen. «Kann ich mal telefonieren?»

Chee bekam nur einen Teil des Gesprächs mit. Erst hatte sie den Verkäufer dran, danach den Verkaufsleiter, am Schluß war sie mit dem Chef verbunden. Chees Eindruck war, daß auch der Chef kaum zu Wort kam.

«Officer Chee scheint nicht ernsthaft verletzt zu sein, aber ich habe noch nicht mit seinem Anwalt gesprochen… Aus der Mängelliste des Mechanikers geht hervor… Manipulation des Tachometers wird in New Mexico als Vergehen geahndet. Ja, darüber wird das Gericht entscheiden. Sie können den Wagen in Mr. Tsos Werkstatt in Shiprock abholen lassen. Soweit ich weiß, beträgt die Abstandssumme 5000 Dollar. Wie er mir sagt, will er den Wagen nur gegen Erstattung der ihm entstandenen Kosten herausgeben. Er steht aufgebockt in der Werkstatt, zur Inspektion, nehme ich an. Mein Anwalt möchte nicht, daß Ihre Mechaniker sich ohne seine ausdrückliche Zustimmung am Wagen zu schaffen machen…»

Als sie bei Janet Pete im Wagen saßen und unterwegs waren, um irgendwo eine Tasse Kaffee zu trinken, meinte Chee: «Und er wird trotzdem versuchen, möglichst schnell seine Mechaniker loszuschicken, damit sie schleunigst alles in Ordnung bringen.»

«Kann sein», sagte Janet. «Es lohnt sich sowieso nicht, deswegen zu prozessieren.»

«Du wolltest ihn also bloß ein bißchen ins Schwitzen bringen?»

«Du weißt genau, mit dir hätten sie das nicht versucht. Du bist ein Mann. Aber einer Frau, denken sie, können sie so ein Ding ruhig andrehen. Die wird schon auf das bißchen Chrom und den himmelblauen Lack reinfallen.»

«Mhm», machte Chee, was der Auftakt zu längerem Schweigen war.

Endlich fragte Janet: «Was ist denn nun wirklich passiert?»

«Die Lenkung hat versagt.» Chee fühlte sich nicht wohl bei der Antwort.

«Na, komm schon!» sagte Janet.

«Ich wollte einem Hindernis ausweichen. Hab's aber nicht ganz geschafft.»

«Wie schnell bist du gefahren? Na los, wie war das Ganze?»

Und so mußte Chee ihr schließlich doch die ganze Geschichte erzählen. Vom Transportanhänger. Und vom Grabenbagger. Was Largo gesagt hatte. Und was in der vergangenen Nacht passiert war.

Janet kannte die Geschichte schon, sie hatte sie im Radio gehört. Als sie beim Kaffee saßen, stellte sie Chee eine Menge Fragen. Nicht alle hatten etwas mit dem Diebstahl, der Verfolgungsjagd und den illegalen Ausgrabungen zu tun.

«Ich habe gehört, du bist ein *hatathali*? Du singst das Lied, das den Segen bringt?»

«Ich lerne noch», antwortete Chee. «Ich habe den Gesang bis jetzt nur einmal zelebriert, für einen Verwandten. Aber jetzt bin ich soweit, wenn jemand mich anfordert, könnte ich das Lied für ihn singen.»

«Und wie schaffst du das zeitlich? Ich denke, ihr habt so eine Art Acht-Tage-Woche bei der Polizei? Oder singst du die kürzere Version?»

«Bisher ist das Problem noch nicht akut geworden. Ich hatte noch keine Kundschaft.»

«Und dann habe ich noch was gehört. Daß du eine *belagana* Freundin hast, eine Lehrerin aus Crownpoint.»

«Sie ist weggezogen», antwortete Chee. Es kam ihm merkwürdig vor, sich selbst so nüchtern darüber reden zu hören. «Sie wollte in Wisconsin weiterstudieren.»

«Oh», machte Janet nur.

«Wir schreiben uns», sagte Chee. «Einmal habe ich ihr eine Katze geschickt, die trächtig war.»

Janet sah ihn überrascht an. «Um zu sehen, wie sie darauf reagiert?»

Chee überlegte, wie er es ihr erklären sollte. Es war ein dummer Einfall gewesen, Mary Landon die Katze zu schicken. Und es war ein genauso dummer Einfall, Janet etwas davon zu erzählen. «Damals dachte ich, es hätte irgendwie symbolische Bedeutung.»

Schweigen hing zwischen ihnen. Janet wartete ab. Navajoart. Wenn er ihr mehr über Mary Landon und die Katze erzählen wollte, würde er's tun. Aber er wollte nichts mehr erzählen.

«War das die Katze, von der du mir erzählt hast – damals, als ich den alten Mann vertreten habe, den du festgenommen hattest? Die, hinter der der Kojote her war?»

Chee rührte in der Kaffeetasse. Er hielt den Kopf gesenkt, aber er spürte Janets Blick und nickte stumm. Janet Pete hatte damals gedacht, ihm käme es vor allem darauf an, die Katze vor dem Kojoten zu schützen. Darum hatte sie eins von diesen vergitterten Plastikgehäusen gekauft, die man bei Flugreisen als Transportkäfig für Katzen benutzt. Und schließlich hatte er den Käfig tatsächlich benutzt und die Katze, die bei Weißen groß geworden war, zurückgeschickt in die Welt des weißen Mannes.

«Symbolische Bedeutung», sagte Janet. Nun hielt sie den Kopf gesenkt, rührte in der Tasse und sah den strudelnden Bläschen zu.

«Eine *belagana* Katze gewöhnt sich nicht an die Art, wie ein Navajo lebt», sagte Chee. «Sie verhungert. Oder wird vom Kojoten gefressen. Mein Experiment mit der streunenden Katze war schiefgegangen. Und ich hab's eingesehen. Ich hab sie in die *belagana* Welt zurückgeschickt. Dort hat sie genug Futter. Und Kojoten stellen ihr auch nicht nach.» Soviel hatte er eigentlich nicht preisgeben wollen. Es war ihm herausgerutscht. Er hätte sich gern über Mary Landon unterhalten. Darüber, wie und warum sie fortgegangen war. Aber ausgerechnet mit Janet darüber zu reden – dabei fühlte er sich unbehaglich.

«Sie wollte nicht in der Reservation bleiben, und du wolltest nicht von hier weg», sagte Janet Pete. «Aber hast du nicht gesagt, du könntest ihr Problem verstehen?»

«Unser Problem», verbesserte Chee, «mein Problem.»

Janet Pete nippte an ihrem Kaffee. «Bei mir war's ein Juraprofessor. Das heißt, um genau zu sein, er war noch Assistent.» Sie setzte die Tasse ab, grübelte. «Weißt du, im Grunde war es vielleicht das gleiche Problem wie mit der symbolischen Katze. Mal sehen, ob ich dir erklären kann, was ich meine.»

Chee wartete. Sie hatte große, ausdrucksvolle Augen, wie Mary Landon. Nur, bei Janet waren sie braun statt blau. Und jetzt, während sie ihren Gedanken nachhing, spannte sich ein Netz haarfeiner Fältchen um diese Augen.

«Ich glaube, der Vergleich paßt doch nicht ganz», bekannte sie. «Er wollte mich als Gefährtin und Gehilfin zugleich.» Sie lachte. «Ein Stück aus Adams Rippe. Etwas, was ihm die Einsamkeit vertrieb, während er an seiner Karriere bastelte. Das Indianermädchen im Haus.» Es hörte sich bitter an, aber sie lächelte dabei. «Du weißt schon, vor ein paar Jahren war das bei den Yuppies die ganz große Mode. Wie indianischer Schmuck. Oder – daß jeder, der romantische Verse schrieb, angeblich mindestens einen Vorfahren bei den Cherokees oder den Sioux hatte.»

«Das ist heute nicht mehr so in», meinte Chee. «Wenn ich dich richtig verstehe, hast du abgelehnt?»

«Nicht direkt. Das Angebot steht noch. Sagt er jedenfalls.»

«Dann paßt der Vergleich doch ganz gut. Ich wollte, daß Mary Landon meine Navajo wird.»

«Sie war Lehrerin in Crownpoint?»

«Drei Jahre lang.»

«Ich verstehe. Das hat ihr auf die Dauer nicht genügt.»

«Das eigentliche Problem war: sie wollte nicht, daß unsere Kinder hier draußen aufwachsen. Und da war noch etwas. Ich hätte weggehen können. Ein Angebot vom FBI. Mit besserer Bezahlung. So wie sie es sah, hatte ich die Wahl. Die Frage war also, ob ich sie so sehr liebte, daß ich dafür aufhören könnte, ein Navajo zu sein.»

Draußen vor dem staubigen Fenster des Navajo Nation-Cafés mischte sich das dunkle Grau drohend geballter Wolken ins letzte Tageslicht. Ein Ford 250 Pickup rollte langsam vorbei, vier Navajos drängten sich im Fahrerhaus. Dicht hinter der Stoßstange hing die Limousine eines ungeduldigen Touristen. Chee machte der Bedienung ein Zeichen und ließ Kaffee nachschenken. Was würde er antworten, wenn Janet Pete auf seine letzte Bemerkung zurückkam und ihn fragte: «Und? Liebst du sie genug?» Was würde er antworten?

Aber sie fragte nicht, sie rührte nur in ihrer Tasse.

Statt dessen fragte Chee: «Und wie ist es mit der brillanten Karriere deines Professors weitergegangen?»

«Großartig. Er ist heute Syndikus bei Davidson-Bart. Soweit ich weiß, eine von den Firmen, die man als Multis bezeichnet. Hauptsächlich hat er mit Export-Import-Geschäften zu tun. Er macht das große Geld. Wohnt in Arlington.»

Leises Donnergrollen, sehr weit weg, ein fernes Grummeln, das sich rasch wieder verlor.

«Ich wünschte, es würde regnen», sagte Janet Pete.

Genau das hatte Chee gerade auch gedacht. Zwei Navajos, ein Gedanke. «Zu spät im Jahr», sagte er, «wir haben schon den einunddreißigsten Oktober.»

Janet brachte ihn zu Tsos Werkstatt. Auf dem Heimweg hielt Chee bei der Dienststelle, um Lieutenant Leaphorn anzurufen.

«Ich habe von Largo gehört, daß Sie die beiden Keramikdiebe gefunden haben», sagte Leaphorn. «Er hat sich aber nur sehr vage darüber geäußert, warum Sie überhaupt dort draußen waren.»

Die Frage war unüberhörbar. Chee dachte einen Augenblick nach. Er wußte, daß Leaphorns Frau gestorben war. Und wie schwer es ihm fiel, darüber hinwegzukommen. Daß er den Dienst bei der Navajopolizei quittiert und dic Pensionierung beantragt hätte. Das war wie ein Lauffeuer herumgegangen. Aber warum interessierte sich Leaphorn dann noch für die Sache? War es überhaupt dienstliches Interesse? Chee atmete tief durch, er nahm sich noch einen Augenblick Zeit, bevor er antwortete. Pensioniert oder nicht, dachte er, es ist immerhin Joe Leaphorn. Der legendäre Leaphorn.

«Ich habe den Burschen gesucht, der hier in Shiprock einen Grabenbagger gestohlen hatte. Dabei bin ich draufgekommen, daß er von Zeit zu Zeit illegale Ausgrabungen macht. Ich wollte ihn auf frischer Tat ertappen. Mit dem gestohlenen Grabenbagger.»

«Und Sie wußten, wo Sie ihn suchen mußten?» fragte Leaphorn. Chee erinnerte sich, daß der Lieutenant nie an Zufälle glaubte.

«Es war mehr eine Vermutung. Ich wußte, für welche Firma er gearbeitet hat und in welcher Gegend er dabei herumgekommen ist. Und ich wußte auch, wo in dieser Gegend alte Siedlungen zu finden sind.»

Es hieß allgemein, Joe Leaphorn sei nicht mehr der alte, überall unter den vierhundert Männern der Navajo Tribal Police machte das die Runde. Er sei mit den Nerven fertig. Weg vom Fenster. Chee fand, daß Leaphorns Stimme so klang wie immer. Und daß seine Fragen sich genauso bohrend anhörten wie früher. Das alte Mißtrauen, als ob er genau wüßte, daß man ihm nicht alles gesagt hatte. Was kam als nächste Frage? Woher Chee gewußt hätte, daß der Mann letzte Nacht wieder eine Fundstätte ausplündern wollte?

«Hatten Sie noch andere Anhaltspunkte?»

«Ja», antwortete Chee, «wir wußten, daß er einen Lastwagen gemietet hatte. Mit ziemlich neuer Zwillingsbereifung.»

«Okay», sagte Leaphorn, «das ist gut. Es gab also eindeutige Spuren.» Das Mißtrauen war weg, seine Stimme klang entspannt. «Dann sieht die Sache natürlich ganz anders aus. Sonst verbringt man womöglich den Rest seines Lebens damit, die Straßen rauf und runter nach ihm abzusuchen.»

«Und da war noch etwas. Ich rechnete damit, daß er gestern wieder unterwegs wäre. Er hatte nämlich gegenüber Slick Nakai so eine Bemerkung gemacht. Der Prediger hat ihm gelegentlich ein Tongefäß abgekauft. Und Joe Nails hatte erst kürzlich angedeutet, daß er Nakai in allernächster Zeit einen größeren Posten Keramik anbieten könne.»

Schweigen.

«Ist Ihnen bekannt, daß ich Urlaub habe? Urlaub vor dem Ausscheiden?»

«Ich hab davon gehört», sagte Chee.

«Noch zehn Tage, dann bin ich Zivilist. Genaugenommen bin ich's jetzt schon. Ich befinde mich nicht im Dienst.»

«Ja, Sir», sagte Chee.

«Wenn Sie morgen Zeit haben – würden Sie mit mir zu dieser Ausgrabungsstelle rausfahren? Mal alles bei Tag ansehen. Sie könnten mir schildern, wie es aussah, bevor die Leute vom Sheriff und von der Ambulanz dort herumgetrampelt sind.»

«Wenn der Captain einverstanden ist, mache ich das sehr gern», sagte Chee.

8

Die ganze Nacht hatte ein heftiger Südostwind geweht. Leaphorn, der keinen Schlaf fand, hatte wach gelegen, gelauscht, wie er ums Haus tobte, und im Heulen und Winseln die raunenden Stimmen der *chindis* gehört. Als Thatcher morgens mit dem Dienstwagen kam, hatte der Sturm sich noch nicht gelegt.

«Bald vorbei», meinte Thatcher. «Soll 'ne Kaltfront kommen, da geht dem Sturm die Puste aus.»

Und als Window Rock hinter ihnen lag und sie nach Norden fuhren, wurde es tatsächlich ruhiger. Bei Many Farms legten sie eine Frühstückspause ein. Thatcher kramte in seinen Erinnerungen an Harrison Houk. Der große Houk. Viehzüchter. Stützpfeiler der Kirche Jesu Christi von den Heiligen der letzten Tage. Einflußreicher Republikaner. Zentrale Figur zahlloser Klatschgeschichten. Friedensrichter im County. Vom Bureau of Land Management mit Weiderechten ausgestattet, die das ganze Cañonland im südlichen Utah abdeckten. Der windigste Spekulant weit und breit. Leaphorn beschränkte sich aufs Zuhören. Er kannte Houk von früher. Das Bild, an das er sich erinnerte, war das eines gebrochenen Mannes.

Als sie die Rechnung bezahlten, sah der Himmel über der Black Mesa staubverhangen und düster aus, aber der Wind hatte seine Kraft verloren. Fünfzig Meilen weiter, als sie nördlich von Mexican Water die Grenze zwischen Arizona und Utah passierten, war er nur noch eine Brise. Er wehte immer noch aus Südost, aber so schwach, daß sich unter seinem Hauch nicht einmal die spärlichen grauen Halme und die silberfarbenen Bitterkräuter wiegen mochten. Unterhalb von Sand Island überquerten sie den San Juan. Nun war es endgültig windstill, nur der Staub, der noch in der Luft hing, erinnerte an die stürmische Nacht.

«Land ohne Regen, hat mal einer gesagt», murmelte Thatcher, «weißt du, wer das war?»

Ihre Freundschaft war nicht von der Art, die auf jede Frage eine Antwort verlangt. Leaphorn schaute stromaufwärts, wo gerade eine kleine Flotte aus Kajaks, Flößen und hölzernen Kanus vom Landesteg auf Sand Islands ablegte. Eine Bootsexpedition auf dem Weg in die Cañons. Emma und er hatten sich das oft vorgenommen. Es hätte ihr gefallen, schon deshalb, weil sie ihn schon immer mal ans Ende der Welt schleppen wollte, meilenweit weg vom nächsten

Telefon. Und ihm hätte es auch Spaß gemacht. Immer wieder hatten sie davon gesprochen. Aber sie hatten eben nie Zeit gehabt. Und nun war ihnen überhaupt keine Zeit mehr geblieben.

Er deutete mit dem Kopf auf die Boote und fragte Thatcher: «Habt ihr damit auch was zu tun?»

«Bei uns machen sie eine Prüfung und kaufen das Tourenticket. Sie müssen vorher in die wichtigsten Sicherheitsbestimmungen eingewiesen werden und – na ja, was eben so dazugehört. Das hier muß die letzte Tour in dieser Saison sein. Dauert nicht mehr lange, dann wird der Fluß gesperrt.»

«Gibt's viel Ärger dabei?»

«Nicht so schlimm», sagte Thatcher. «Das ist eine geführte Wildwasserexpedition. Mehr 'ne Bildungstour. Da fährt ein Geologe mit, der den Leuten die Formationen erklärt und Fossilien zeigt. Oder ein Anthropologe, wenn sie sich die Anasaziruinen in den Cañons ansehen wollen. Manchmal auch 'n Biologe, da geht's dann um Flechten und Eidechsen und Fledermäuse und so 'n Zeug. Lauter ältere Leute. Die haben genug Geld für so was. Ärger haben wir nur mit den Verrückten, die glauben, sie wären mit vierzig immer noch jung genug für wilde Abenteuer. Jagen die Stromschnellen runter und brechen sich Gott weiß was.»

Leaphorn nickte.

«Aber die hier», fuhr Thatcher fort, «das sind wahre Musterknaben. Halten auf Ordnung. Die neueste Masche ist, beim Pinkeln dicht am Ufer zu bleiben, damit der Fluß alles wegwäscht. Transportable Klos haben sie sowieso dabei. Und wenn sie Feuer machen, legen sie große Bleche aus, damit sich die Holzkohle nicht mit dem Sand vermischt. Sogar die Asche bringen sie wieder mit.»

Sie fuhren flußaufwärts nach Bluff, waren jetzt schon außerhalb der Reservation. Hier war nicht mehr Leaphorn zuständig, sondern Thatcher. Die Weideflächen auf den Steilufern über dem Fluß waren Regierungsland. Unten am Fluß, im schmalen Tal unter den aufragenden Felswänden, hatten sich einst Mormonenfamilien angesiedelt – ein frommer Vorposten gegen das Vordringen der heidnischen Welt. Früher, als Leaphorn als junger Officer in Kayenta stationiert war, hatte er sich um diesen steinigen Landstrich am Südufer des Flusses kümmern müssen. Aber der unfruchtbare, trockene Boden ernährte die Menschen nicht. Die meisten zogen weg. Und in einem menschenleeren Land gibt es für die Polizei nicht viel zu tun.

Um 1860 hatten sich 250 Mormonen hier angesiedelt, stand in den Geschichtsbüchern. In der letzten Bevölkerungsstatistik, die Leaphorn kannte, waren 240 Einwohner verzeichnet. Drei Tankstellen am Highway, drei Straßencafés, zwei Lebensmittelläden, zwei Motels, das Büro und das Bootshaus der Wild Rivers Expeditions, die Schule und – weit verstreut – ein paar Häuser, einige davon standen leer. In all den Jahren hatte sich in Bluff nicht viel verändert.

Houks Ranchhaus war die Ausnahme. Leaphorn hatte es als großen, soliden Gebäudekomplex in Erinnerung, aus glatten, sauber geschnittenen, rosafarbenen Sandsteinquadern errichtet. Von Bluff aus mußte man ein Stück weit die Schotterstraße fahren, dann bog ein Feldweg ab, der schnurgerade zu einem Eisentor, dahinter mit vielen Windungen über eine mit Beifußkraut bewachsene Anhöhe und schließlich zu einem Baumwollgehölz führte, in dessen Schatten das Haus stand.

Daß auch hier manches anders geworden war, merkte Leaphorn, als sie beim Tor ankamen. Früher hatte es einen Anstrich gehabt, jetzt rostete es vor sich hin. Er schob den Riegel hoch, wartete, bis Thatcher durchgefahren war, schloß das Tor wieder. Er kannte sich aus, wußte, wie man seinen Besuch bei Houk ankündigte. Am hölzernen Stützmast der Stromleitung hing eine Kirchenglocke, sie schlug dröhnend an, als Leaphorn an der Kette zog.

Tiefe Spuren hatten sich inzwischen in den unbefestigten Weg gegraben, Grasbüschel wucherten, an den Rändern blühten wilde Astern und Bitterkräuter. Früher, erinnerte sich Leaphorn, war ein niedriger Schutzzaun gegen Wildkaninchen um den gepflegten, üppig blühenden Vorgarten gezogen. Jetzt war der Zaun eingesunken, der Garten ein einziges Unkrautfeld. Die Säulen, die das Vordach der Veranda trugen, hätten dringend einen neuen Anstrich gebraucht, genau wie der Pickup, der neben dem Haus parkte. Nur das Haus selbst sah unverändert aus, die Sandsteinquader hatten der Zeit getrotzt. Inmitten der verwilderten Umgebung schien es nun erst recht ein Bauwerk für die Ewigkeit zu sein. Ganz anders als die große Scheune auf dem Hang hinter dem Haus, die aussah, als bräche sie bald in sich zusammen.

Thatcher ließ den Wagen im Schatten unter dem Baumwollgehölz ausrollen. Unter der Haustür erschien Houk, auf einen Stock gestützt, um zu sehen, wer die Glocke geläutet hätte. Er blinzelte gegen das Sonnenlicht an. Leaphorns erster Eindruck war, daß Houk, wie die Sandsteinquader seines Hauses, alle Stürme der Zeit unbeschadet überstanden hätte. Trotz des Stocks wirkte er robust und ungebeugt. Das runde Bulldoggengesicht, der Walroßschnauzbart, die schmal geschnittenen, forschenden Augen hinter den Brillengläsern – alles wie früher. Doch bei genauerem Hinsehen entdeckte Leaphorn den Bauch und die gekrümmten Schultern. Das Gesicht war von Falten gezeichnet, das Haar grau geworden, der Schnauzer hing ungepflegt und struppig bis auf die Lippen. Und als Houk sich fester auf den Stock lehnte, um das Gewicht zu verlagern, zuckte sekundenlang Schmerz um seinen Mund.

«Ja, was gibt's denn, Mr. Thatcher?» rief Houk zu ihnen herüber. «Ist was los, oder warum schickt Sie das Bureau of Land Management den weiten Weg bis zu mir raus? Und noch dazu so früh am Tag. Waren Sie nicht erst im Frühjahr da?» Dann sah er Leaphorn. «Und wer...?» wollte er fragen, aber dann brach er ab. Wiedererkennen, sogar freudige Überraschung huschte über sein Gesicht. «Mein Gott, den Namen bring ich nicht mehr zusammen, aber Sie sind doch der Navajopolizist, der damals Brighams Hut gefunden hat? Warten Sie mal – jetzt hab ich's wieder... Leaphorn?»

Jetzt war die Reihe an Leaphorn, sich zu wundern. Seit der Jagd auf Houks Sohn, an der auch Leaphorn teilgenommen hatte, waren fast zwanzig Jahre ins Land gegangen. Damals hatte es nur drei kurze Unterredungen zwischen ihnen gegeben. Die erste, als er ihm den blauen Filzhut brachte, triefnaß und schlammig, so wie sie ihn aus dem San Juan gefischt hatten. Die zweite unter der Felsgrotte, in der der Captain der Staatspolizei Brighams Versteck vermutete. Die letzte hier auf der Veranda, als alles vorbei war und keine Hoffnung mehr blieb und Houk die Schuld an den wahnsinnigen Bluttaten seines Sohnes bei sich selbst suchte. Drei kurze Begegnungen – vor langer, langer Zeit.

Houk führte sie in einen Raum, den er «Herrenzimmer» nannte, alles sah aufgeräumt aus, es roch nach Möbelpolitur. «Bin nur selten hier drin», sagte er mit laut polternder Stimme, während er die Vorhänge beiseite schob, die Sonnenrollos hochschnappen ließ und die Fenster öffnete, um die Herbstluft hereinzulassen. Der Raum mit den ringsum eingebauten Wandregalen, vollgestellt mit Erinnerungsfotos und Tongefäßen, wirkte ernst und feierlich. «Hab nicht oft Besuch.» Staub flirrte in der Luft, als er sich in den wuchtigen Lehnstuhl neben dem ausladenden Sofa setzte. «Das Mädchen wird uns gleich was Kaltes zu trinken bringen, dauert nur 'n Moment.» Das unruhige Spiel seiner Finger war wie ein Wink, daß Thatcher jetzt an der Reihe wäre.

«Wir suchen eine Frau», begann Thatcher, «eine Anthropologin namens Eleanor Friedman-Bernal.»

Houk nickte. «Kenn sie.» Und dann mit hochgezogenen Brauen: «Was hat sie gemacht?»

Thatcher sagte: «Sie wird seit ein paar Wochen vermißt.» Er überlegte sorgfältig, bevor er fortfuhr: «Alles deutet darauf hin, daß sie kurz vor ihrem Verschwinden hiergewesen ist. Hier in Bluff. War sie bei Ihnen?»

«Muß ich mal nachdenken. Ich würd sagen, so vor drei, vier Wochen war sie zum letztenmal hier. Ungefähr. Mal sehen, vielleicht fällt's mir noch genauer ein.»

«Was wollte sie?» fragte Thatcher.

Houk starrte Thatcher an, seine Lippen bewegten sich lautlos unter dem Schnauzbart, das Spiel der Finger wurde nervöser. Und Leaphorn glaubte auch einen Hauch Röte auf den Wangen des alten Mannes zu erkennen.

«Ihr Burschen habt nicht lange gebraucht, das muß ich euch lassen», sagte Houk. Er stemmte sich hoch, ließ sich aber gleich wieder in den Sessel fallen. «Aber wieso glaubt ihr, daß ich was damit zu tun habe?»

Thatcher sah ihn verwirrt an. «Sie meinen, mit Dr. Friedmans Verschwinden? Ihr Name stand in ihrem Notizbuch.»

«Nein, ich meine, mit den beiden Toten», sagte Houk.

«Mit den Toten?» warf Leaphorn ein.

«Drüben in New Mexico. Die Antiquitätenjäger. Im Radio haben sie's heute morgen gebracht.»

«Und Sie vermuten, daß wir Sie damit in Verbindung bringen?» fragte Leaphorn. «Wie kommen Sie darauf?»

«Wie ich darauf komme? Weil immer, wenn's um gestohlene Tongefäße geht, irgendein Bulle hier aufkreuzt. Die Typen wollten doch Tongefäße klauen, oder? Und sie sind erschossen worden. Na also. Dann ist das 'n Fall fürs BLM oder fürs FBI. Ich weiß doch Bescheid. Wenn so was passiert, fangen gleich alle Sesselfurzer zu rotieren an. Und weil sie nichts Besseres zu tun haben, kommen sie zu mir.» Houk beobachtete sie scharf, hinter den Brillengläsern wirkten seine Augen riesengroß. «Oder wollt ihr etwa sagen, daß euer Besuch nichts damit zu tun hat?»

«Genau das wollen wir sagen», erwiderte Leaphorn. «Wir suchen eine Anthropologin. Eine Frau namens Eleanor Friedman-Bernal. Sie ist seit dem 13. Oktober verschwunden. Aus ihrem Notizbuch geht hervor, daß sie kurz vorher nach Bluff gefahren ist, um sich mit Mr. Harrison Houk zu treffen. Da haben wir uns gedacht, wenn wir von Ihnen den Grund für ihren Besuch erfahren, könnte sich ein Hinweis ergeben, wo wir weiter nach ihr suchen sollen.»

Houk schien sie mit Blicken abzuschätzen. «Sie war da, um mit mir über ein Tongefäß zu reden», sagte er nach kurzem Nachdenken.

Leaphorn wartete. Sein Schweigen sollte Houk ermutigen, noch mehr zu erzählen.

Aber Thatcher war kein Navajo. «Ein Tongefäß?» fragte er.

«Hatte was mit ihrer Forschung zu tun», sagte Houk. «Sie hatte die Abbildung in Nelsons Katalog gesehen. War die Art Muster, für die sie sich interessierte. Wissen Sie, was ich meine? Na, jedenfalls hat sie bei Nelson angerufen, und die haben ihr gesagt, daß sie die Keramik von mir haben.» Houk sah Thatcher lauernd an, er schien auf dessen nächste Frage zu warten.

«Was wollte sie denn bei Ihnen in Erfahrung bringen?»

«Wo ich das Ding gefunden hätte. Ganz genau. Aber ich hab's gar nicht gefunden. Ich hab's von einem Navajo gekauft. Da hab ich ihr eben seinen Namen gegeben.»

Eine Navajofrau, nicht mehr ganz jung, brachte ein Tablett mit drei Gläsern, einer Karaffe Eiswasser und drei Dosen *Root Beer* herein.

«'s gibt nur das», sagte Houk, «Wasser oder Saft aus Kräuterwurzeln. Nehme an, ihr wißt, daß ich bei den Heiligen der letzten Tage bin?»

Alle drei wollten Eiswasser.

«Irene», wandte Houk sich an die Navajofrau, «will dich mal eben bekannt machen. Das hier ist Mr. Thatcher vom Bureau of Land Management. Weißt schon, der immer herkommt und uns über Weiderechte und so die Ohren vollredet. Und der andere ist der, von dem ich dir schon viel erzählt habe. Der, der Brighams Hut gefunden hat. Und den verdammten Bullen von der Staatspolizei davon abgebracht hat, einfach in die Felsgrotte zu ballern. Und das ist Irene Musket.»

Die Frau setzte das Tablett ab und streckte Thatcher die Hand hin. «Ich freu mich, Sie kennenzulernen.» Mit Leaphorn sprach sie Navajo. Sie hielt sich bei der Begrüßung an die alte Tradition, nannte den Clan ihrer Mutter, das Towering House People, und den ihres Vaters, das Paiute Dineh. Die Hand gab sie ihm nicht, und er hatte es auch nicht erwartet. An die Sitte der Weißen, einen Fremden zu berühren, können viele Navajos sich nur sehr schwer gewöhnen.

«Kannst du dich noch erinnern, an welchem Tag die Anthropologin hier war?» fragte Houk. «Muß fast 'n Monat her sein.»

Irene dachte nach. «Es war an einem Freitag. Am Freitag vor vier Wochen.» Sie nahm das Tablett und ging.

Houk sah ihr nach. «Ist meiner Frau eine gute Freundin gewesen, die Irene. Seit Alice nicht mehr da ist, kümmert sie sich um alles.»

Sie tranken in kleinen Schlucken von dem geeisten Wasser. Leaphorn betrachtete die Fotos an der Wand. Houk und seine Frau und die Kinder auf der Veranda. Brigham, der Jüngste, stand ganz vorn. Seine Schwester und sein Bruder, deren Mörder er später werden sollte, lächelten über seine Schulter in die Kamera. Brighams Mund sah ein bißchen verkniffen aus, als hätte ihn gerade jemand gedrängt, endlich auch zu lächeln. Houk sah aus, wie glückliche junge Männer aussehen müssen. Seine Frau wirkte abgespannt und müde. Daneben das Hochzeitsfoto, die Braut verschleiert, Houks Schnauzbart noch schmal geschnitten, neben ihnen die Eltern und Schwiegereltern. Auf dem nächsten Foto Brigham hoch zu Roß, wieder so verzerrt lächelnd. Seine Schwester, als Cheerleader kostümiert. Der Bruder im Footballdress der Montezuma Creek Highschool. Wieder Brigham, er blickte starr in die Kamera, hielt einen toten Rotluchs an den Hinterläufen. Houk in der Uniform der Army. Die Houks und ein anderes Paar. Und dann immer wieder Fotos der drei Kinder, Dutzende, aus verschiedenen Jahren. Auf den meisten stand Brigham ein Stück abseits, immer mit diesem dünnen, aufgezwungen wirkenden Lächeln. Auf vier Fotos war er mit seiner Jagdbeute zu sehen, dreimal hatte er ein Reh erlegt, einmal sogar einen Bären.

Alles, was Houk ihm damals, als Brigham ertrunken war, abends auf der Veranda erzählt hatte, fiel Leaphorn wieder ein. «Immer draußen im Freien, der Junge. Hat er schon gemacht, als er ganz klein war. Menschenscheu wie ein Navajo. War nie gern unter Leuten. Besser, wir hätten ihn nicht zur Schule geschickt. Hätten jemanden herholen sollen, der ihm alles beibringt.»

Houk stellte sein Glas ab. Thatcher fragte ihn: «Als sie hier wegfuhr, hat sie da den Navajo besucht? Den, der das Tongefäß gefunden hatte?»

«Denk ich», antwortete Houk, «war jedenfalls ihre Absicht. Sie wollte wissen, wo er's gefunden hat. Ich wußte ja nur, was er mir erzählt hatte. Daß nichts Ungesetzliches dabei war.» Er beugte sich zu Thatcher hinüber. «Weder von Regierungsland noch aus der Reservation. Wenn's nicht von Privatland gewesen wäre, hätt ich's ihm gar nicht abgekauft.»

«Wie hieß der Navajo?» wollte Thatcher wissen.

«War 'n Bursche namens Jimmy Etcitty.»

«Hier aus der Gegend?»

«Weiter südlich», sagte Houk, «hinter der Grenze, in Arizona, zwischen Tes Nez Iah und Dinnehotso, hat er gesagt.» Er schwieg einen Augenblick. Leaphorn kam es vor, als sei er sich nicht ganz schlüssig, ob er nicht schon genug erzählt hätte. Und diesmal wartete auch Thatcher geduldig. Houk dachte nach. Leaphorns Blick schweifte ab. Überall lag Staub. Nur auf dem Flügel nicht, er sah frisch poliert aus.

«Sie soll beim Dinnehotso-Gemeindehaus halten, hab ich ihr gesagt, und nach einem Verwandten von Mildred Roanhorse fragen», fuhr Houk fort. «Etcitty ist ihr Schwiegersohn.»

Scheinbar beiläufig warf Leaphorn ein: «Im Nelsonkatalog ist für jedes einzelne Stück eine recht genaue Beschreibung enthalten, auch über die Herkunft.» Die Frage, auf die er hinauswollte, hatte Houk sehr wohl verstanden. Er dachte schon über die Antwort nach.

«Ja, das ist richtig», sagte er. «Wenn ich zufällig so ein Stück finde – oder wenn ich genau weiß, woher es stammt... Nun, jedenfalls muß ich da so 'ne Erklärung ausfüllen, Fundort und Fundzeit und so, das Ding unterschreiben und mitschicken. Und wenn die Sache so liegt wie in diesem Fall, drück ich dem, der mir die Keramik verkaufen will, das Formular in die Hand. Der muß es dann ausfüllen und unterschreiben.»

«Haben Sie Dr. Friedman das Papier gezeigt?»

«Ich hatte es ja nicht mehr. Ich mach das immer so, daß ich dem Verkäufer sage, er soll's direkt an den schicken, dem ich das Tongefäß weiterverkaufe. Diesmal auch. Ich hab Etcitty den Fragebogen von Nelson gegeben und gesagt, er soll sich drum kümmern.»

Eine Weile nachdenkliches Schweigen.

«Ich bin da nur so ’ne Art Makler», sagte Houk schließlich, «hab weiter nichts damit zu tun.»

Was den Vorteil hat, daß niemand Harrison Houk wegen Hehlerei belangen kann, ergänzte Leaphorn in Gedanken.

Houk zwinkerte. «Könnt’s ja auch im Misthaufen gefunden haben.»

Der halbe Tag lag noch vor ihnen, genug Zeit, um in Dinnehotso vorbeizufahren, nach Mildred Roanhorses Verwandtem zu fragen und ein paar Worte mit Jimmy Etcitty zu reden. Als sie draußen auf der Veranda standen, faßte Houk den Lieutenant am Arm.

«Wollte Ihnen schon immer mal was sagen. Wegen damals. An dem Abend hier draußen, als es gerade erst passiert war – da war ich einfach nicht in der richtigen Verfassung, um so was zu sagen. Aber es war verdammt anständig von Ihnen, wie Sie das damals gemacht haben. Und verdammt mutig.»

«War nur mein Job», winkte Leaphorn ab. «Der Mann von der Highwaypatrouille war Verkehrspolizist. Auf so was hatte ihn niemand vorbereitet. Und ich nehme an, er hat einfach Angst gehabt. Jemand mußte eben die Nerven behalten.»

«Obwohl sich ja hinterher rausgestellt hat, daß es im Grunde egal war», sagte Houk. «Brigham war sowieso nicht da oben. Ich nehme an, zu der Zeit war er längst ertrunken. Aber ich wollte Ihnen trotzdem danken.»

Thatcher stand unten an der Treppe, wartete und hörte dabei das Gespräch mit. Es schien ihm peinlich zu sein. Erst als Bluff hinter ihnen lag und sie in der gleißenden Nachmittagssonne Richtung Mexican Water fuhren, kam er noch mal darauf zu sprechen.

«Ich wußte gar nicht, daß du bei dieser Geschichte mit Houks Sohn dabei warst.» Er schüttelte den Kopf. «Beschissene Sache. Der Junge war nicht ganz richtig im Kopf, stimmt’s?»

«So hieß es. Schizophren. Hat Stimmen gehört. Kam mit keinem zurecht, nur mit seinem Vater. Wollte immer allein sein. Houk sagt, Musik hätte er geliebt. Der Flügel im Haus, der hat dem Jungen gehört. Er hat auch Gitarre und Klarinette gespielt. Sogar sehr gut, sagt Houk.»

«Gefährlich, so was», meinte Thatcher. «Hätte in eine Klinik gehört. In ’ne geschlossene Anstalt. Wenigstens ’ne Weile.»

«Ja, hinterher hat Houk das auch gesagt. Seine Frau hätte es immer gewollt, aber er nicht. Er dachte, es würde den Jungen umbringen, wenn man ihn einsperrt. Weil Brigham nur draußen in der Natur glücklich sein konnte, nirgendwo sonst.»

«Scheint so, als hättst du irgendwas getan, was Houk mächtig imponiert hat?»

«Ich habe Brighams Hut gefunden», antwortete Leaphorn ausweichend. «War drüben auf der Reservationsseite angeschwemmt worden, am anderen Ufer. Der Junge muß wohl versucht haben, zu uns rüberzuschwimmen.»

Thatcher saß schweigend am Steuer. Nach einer Weile drehte er am Radio. «Mal Nachrichten hören», meinte er. «Vielleicht bringen sie was über die beiden Erschossenen.»

«Mhm», machte Leaphorn, «ist gut.»

«Du, das mit dem verdammten Hut», sagte Thatcher, «das kann nicht alles gewesen sein. Da steckt doch mehr dahinter?»

Na gut, dachte Leaphorn, wenn wir schon mal damit angefangen haben, in Erinnerungen zu kramen, dann bring ich's eben hinter mich. Und er dachte, daß sich in einem langen Polizistenleben viel in einem ansammelt. Dinge, die man nicht wieder los wird.

«Was da passiert war, wirst du wahrscheinlich noch wissen?» begann er. «Houk und einer von seinen Männern kamen abends nach Hause und fanden die Leichen. Brigham, der jüngste Sohn, war nicht da. Hatte ein paar Sachen eingepackt und war verschwunden. Und mit ihm die Schrotflinte, mit der er es getan hatte. Große Aufregung. Houk war ein bedeutender Mann, Abgeordneter und – ach, ich weiß nicht, was er alles für Posten hatte. Sein Einfluß war noch größer als heute. Alles, was Beine hatte, machte sich auf die Suche. Und ein Officer von der Utah Highway Patrol – ein Captain oder Lieutenant oder was er war… Er und ein paar seiner Leute glaubten, sie hätten den Jungen gestellt. In einer Grotte. Wollten was gesehen oder gehört haben. Ich vermute, der Junge hatte die Grotte früher als Versteck benutzt, wenn er allein sein wollte. Na, jedenfalls schrien sie hinauf, er sollte rauskommen. Und als sich nichts rührte, wollte dieser dämliche Captain seinen Leuten Befehl geben, das Feuer zu eröffnen. Ich hab ihm gesagt, ich würde mich erst mal ranschleichen und sehen, was sich da oben tut. Und es tat sich gar nichts, es war niemand drin.»

Thatcher warf ihm einen langen Blick zu.

«Keine große Sache», sagte Leaphorn, «war ja niemand drin.»

«Dein Glück. Sonst hättst du 'ne Schrotladung abgekriegt.»

«Zufällig ist mir ziemlich genau bekannt, wie weit eine Schrotflinte schießt. Nicht sehr weit.»

«Mhm», machte Thatcher.

Der Ton irritierte Leaphorn. «Mann, der Junge war vierzehn!»

Darauf wußte Thatcher nichts zu erwidern. Die Rundfunksprecherin las die Mittagsnachrichten, gerade war die Sache mit den beiden erschossenen Keramikdieben dran. Das Sheriffbüro des San Juan County ließ verlauten, man habe noch keinen bestimmten Verdacht, verfolge aber vielversprechende Anhaltspunkte. Es seien Reifenspuren gefunden worden, vermutlich vom Wagen des Mörders. Die beiden Toten waren inzwischen identifiziert. Bei dem einen handelte es sich um Joe B. Nails, 31, früherer Mitarbeiter bei Wellserve in Farmington. Der andere war Jimmy Etcitty, 37, wohnhaft beim Gemeindehaus Dinnehotso in der Navajoreservation.

«Na, dann...» murmelte Thatcher. «Ich glaube, den Stopp bei Dinnehotso können wir uns schenken.»

9

«Ungefähr so hat der Lastwagen gestanden.» Chee schaltete den Motor aus und zog die Handbremse fest. «Er war ziemlich dicht bis an den Steilhang herangefahren, das Drahtseil der Winde war abgerollt. Offenbar hatten sie den Bagger damit hinuntergelassen.»

Auch Chees Pickup stand mit dem Kühler dicht am Abgrund. Ungefähr fünfzehn Meter tiefer hatten die Anasazi vor einem Jahrtausend ihr kleines Dorf gebaut. Jetzt waren dort unten nur ein paar grasbewachsene Buckel zu sehen, frisch aufgerissene Gräben, verstreute Steine und das, was man auf den ersten Blick für ausgebleichtes Holz halten mochte: Knochen, von der grellen Sonne beschienen, achtlos beiseite geworfen. Ein Chaos.

«Wo stand der Grabenbagger?»

Chee deutete nach unten. «Sehen Sie den kleinen Wacholderbusch am Ende des schmalen Grabens? Da stand er.»

«Der Sheriff hat, sobald die Fotografen fertig waren, alles wegschaffen lassen», vermutete Leaphorn.

«Ja, als ich wegfuhr, war davon die Rede.»

Leaphorn verkniff sich seinen Kommentar. Er saß schweigend da, starrte auf das Durcheinander in der Schlucht. Der Steilhang ragte höher auf, als es Chee in der Nacht vorgekommen war. Siebzig Meilen weit westlich reckte sich der Shiprock wie ein schwarzblauer Daumen in den Himmel. Dahinter bildete die verschwommene Linie der Carrizo Mountains den Horizont. Die Schatten der Nachmittagswolken wanderten über endlos scheinende Salbeiflächen.

«Und die Toten?» fragte Leaphorn. «Der *belagana*, Nails, saß in der Kabine im Bagger, ja? Und der Navajo, Jimmy Etcitty, lag da unten auf dem Hang? Wer von beiden wurde zuerst erschossen?»

Chees Lippen bewegten sich schon, blieben aber dann doch stumm. Eigentlich hatte ihm auf der Zunge gelegen, das müsse der Coroner entscheiden. Er hätte auch sagen können: Es muß ungefähr gleichzeitig geschehen sein. Doch er ahnte, worauf Leaphorn hinauswollte.

«Ich hatte den Eindruck, daß der Navajo um sein Leben gerannt ist», sagte er. «Ich vermute, er hatte den Weißen schon tot in der Kabine gesehen und hat wenigstens versuchen wollen, noch zum Lastwagen zu kommen.»

«Haben Sie vor der Meldung ans Sheriffbüro selber noch alles genau abgesucht?»

«So gut wie gar nicht.»

«Aber ein bißchen doch?»

«Wirklich nur ein bißchen.»

«Hatte der Mörder seinen Wagen hier oben geparkt?»

«Unten bei der Förderpumpe», sagte Chee.

«Konnte man aus den Reifenspuren was sehen?»

«Ein PKW oder ein Pickup. Leicht abgefahrene Reifen.» Chee zuckte die Achseln. «Es war staubtrocken und dunkel.»

«Und seine eigenen Spuren? Oder ihre?»

«Der Boden war felsig. Unmittelbar beim Wagen habe ich gar keine Spuren gefunden. Und sonst nur ziemlich undeutliche.»

«War es ein Mann?»

«Möglich. Ich weiß es nicht genau.» Um so genauer wußte Chee noch, daß es ihn wie Fieber geschüttelt hatte. Tod, wohin er auch blickte. Er war wie vernagelt gewesen, und jetzt tat es ihm leid. Mit kühlem Kopf hätte er bestimmt irgend etwas feststellen können, mindestens die Schuhgröße.

«Jetzt werden wir wohl auch nichts mehr finden», meinte Leaphorn. «Inzwischen sind die Leute vom Sheriff und die von der Ambulanz und die Fotografen hier herumgetrampelt.»

Sie kletterten den Steilhang hinunter. Das heißt, Chee kletterte, Leaphorn verlor den Halt und rutschte sechs, sieben Meter weit in einer Wolke aus Staub und aufspritzendem Steinsplitt nach unten. Wieder in der Schlucht zu sein, zwischen all den verstreuten Knochen und den umgeworfenen Mauerresten, empfand Chee genauso bedrückend wie in der Nacht. Zu viele aufgebrochene Gräber, die *chindis* wurden nicht länger gefangengehalten, sie schwebten nun frei durch die Luft. Leaphorn stand, in Gedanken versunken, über dem schmalen Graben, den der Bagger neben dem Mauerrest ausgehoben hatte. Er glaubte weder an *chindis* noch sonst irgendwas.

«Stimmt es, daß Sie in New Mexico Anthropologie studiert haben?» fragte Leaphorn.

«Ja, das stimmt.» Aber nach allem, was Chee gehört hatte, war das bei Leaphorn genauso. Es hieß, er habe als Bachelor of Arts und Master of Science abgeschlossen.

«Haben Sie sich archäologisch mit den Anasazi beschäftigt?»

«Ein wenig.»

«Interessant ist nämlich, daß der, der hier geplündert hat, sehr gut Bescheid wußte», erklärte ihm Leaphorn. «Bei den Anasazi war es üblich, die Toten da zu bestatten, wo sie auch ihren Abfall vergraben haben. Meistens direkt neben den Außenmauern, mitunter sogar im Haus. Und genau da hat der Kerl den Graben ausgehoben. Unmittelbar neben der Mauer. Vermutlich wußte er, daß man den Toten Tongefäße mit ins Grab gelegt hat. Und er wußte genau, wo er nach den Gräbern suchen mußte.»

Chee nickte.

«Und vielleicht wußte er auch, daß dies eine der jüngeren Siedlungen war. Da gibt's eine Faustregel: je jünger die Siedlung, desto hochwertiger die Keramik. Glasiert, mehrfarbig, reicher verziert und so weiter.» Er bückte sich, hob eine handtellergroße Tonscherbe auf, prüfte sie und reichte sie an Chee weiter. «Das meiste, was hier rumliegt, sieht so aus. Können Sie etwas damit anfangen?»

Die Innenseite der Scherbe hatte einen rauhen, graufarbenen Belag. Auf der Außenseite erkannte man unter der Schmutzkruste ein schimmerndes Rosé mit einem wellenförmigen Schmuckband aus Geisterlinien. Automatisch tat Chee, was er während der Studienzeit im Anthropologiekurs gelernt hatte: Er leckte kurz mit der Zunge darüber, die schöne Färbung trat deutlich zutage. Aber viel schlauer machte ihn das nicht. Halb versunkenes Wissen tauchte auf, bruchstückhaft. Klassische Farbgebung. Pueblo III. Eingekerbte Verzierung. Wellenförmige Riefung... Kopfschüttelnd gab er Leaphorn die Scherbe zurück.

«Es handelt sich um polychrome St. Johns-Keramik», sagte Leaphorn. «Späte Arbeit. Es gibt eine Theorie, daß solche Arbeiten aus den Chaco-Außensiedlungen stammen. Die Fachleute sind sich ziemlich sicher, daß sie für Handelszwecke hergestellt wurden.»

Chees Miene spiegelte verblüffte Bewunderung wider.

Leaphorn lachte leise. «Ich hatte das Zeug auch längst vergessen», gab er zu, «ich hab's wieder nachgelesen.»

«Oh?» machte Chee.

«Es sieht so aus, als gäbe es gewisse Überschneidungen bei den Problemen, mit denen wir uns beschäftigen. Sie haben die Männer gesucht, die den Grabenbagger gestohlen hatten. Ich suche eine Anthropologin aus Chaco, die vor ein paar Wochen übers Wochenende nach Farmington fahren wollte und nie wieder aufgetaucht ist.»

«So? Das ist mir ganz neu», sagte Chee.

«Sie hatte ein aufwendiges Essen vorbereitet. Für einen Gast, der sehr wichtig für sie gewesen wäre. Sie hat alles in den Kühlschrank gestellt und ist nicht mehr wiedergekommen.» Während Leaphorn das sagte, schweifte sein Blick weit übers Grasland zu den fernen Gewitterwolken. Jetzt merkte er wohl selbst, wie seltsam sich das für Chee anhören mußte. «Der Fall wird vom San Juan County bearbeitet. Aber ich hab ja Urlaub. Und irgendwie hört die Sache sich interessant an.»

«Haben Sie nicht gesagt, daß Sie den Dienst quittieren wollen? Ich meine, daß Sie Ihre Arbeit aufgeben wollen?»

«Deshalb habe ich ja meinen Resturlaub genommen», antwortete Leaphorn. «In ein paar Tagen bin ich Zivilist.»

Chee fiel keine passende Bemerkung dazu ein. Es war nicht so, daß er Leaphorn ausgesprochen gern gehabt hätte. Aber er respektierte ihn.

«Nur, jetzt bin ich eben noch kein Zivilist», fuhr Leaphorn fort. «Und die Sache ist ziemlich merkwürdig. Ich meine, die Überschneidung zwischen den beiden Fällen. Da haben wir zum einen Dr. Friedman-Bernal, die leidenschaftlich Keramik sammelt, und zwar...» Leaphorn hob die Tonscherbe hoch, «...genau diese Art von Anasazikeramik. Und wir haben zum anderen Jimmy Etcitty, der, als er nach dieser Keramik grub, ermordet wurde. Derselbe Jimmy Etcitty hatte schon einmal ein solches Tongefäß gefunden, irgendwo in der Nähe von Bluff. Er hat es einem Sammler angeboten, und der hat es an ein Auktionshaus verkauft. Immerhin ein Vorfall, den Friedman-Bernal so aufregend fand, daß sie vor ungefähr einem Monat den weiten Weg bis nach Bluff nicht gescheut hat. Danach hat sie Etcitty aufgesucht. Und dann gibt's noch ein paar merkwürdige Zusammenhänge. Friedman-Bernal hat auch Keramik von Slick Nakai, dem Evangelisten, gekauft. Und Nails hat Keramik an Nakai verkauft. Und Etcitty spielt in Nakais Zelt Gitarre.»

Chee wartete. Aber Leaphorn schien fertig zu sein.

«Das habe ich alles gar nicht gewußt», sagte Chee. «Ich wußte nur, daß Nails und einer seiner Freunde den Grabenbagger gestohlen haben, während ich den Technischen Bereich bewachen sollte.»

«Ein hübsches kleines Netz», sagte Leaphorn, «und genau hier laufen alle Fäden zusammen.»

Aber im Grunde geht dich keiner dieser Fäden etwas an, dachte Chee. Nicht, wenn du aus dem Dienst ausscheiden willst.

Also, warum war Leaphorn fast zweihundert Meilen weit gefahren? Warum saß er jetzt hier in der Schlucht, auf dem Mauerrest einer alten Anasazisiedlung? Es mußte faszinierend für ihn sein, sonst wäre er nicht hiergewesen. Aber weshalb wollte er dann kein Polizist mehr sein?

«Warum scheiden Sie aus dem Polizeidienst aus?» fragte Chee. «Ich weiß, es geht mich nichts an, aber...»

Leaphorn schien darüber nachzudenken. Man hätte fast vermuten können, er lasse sich die Frage zum allererstenmal durch den Kopf gehen. Dann hob er die Schultern, schielte zu Chee hoch. «Ich glaube, ich bin einfach müde geworden.»

«Aber Sie beschäftigen sich sogar im Urlaub mit diesem Fall, bei dem keiner recht weiß, worum es eigentlich geht.»

«Darüber wundere ich mich selbst», gestand Leaphorn ein. «Kann sein, daß es einfach so ist wie mit einem alten Ackergaul. Ich hab das eben mein Leben lang so gemacht. Ich glaube, es geht mir drum, diese Frau zu finden, Dr. Friedman-Bernal. Es wäre schön, wenn ich sie fände und ihr gegenübersitzen und sie fragen könnte: Sagen Sie, warum haben Sie eigentlich mit so viel Mühe ein Essen vorbereitet und es dann im Kühlschrank verderben lassen?»

Die Antwort darauf war nach Chees Meinung nicht schwierig. Jetzt erst recht nicht mehr. Friedman-Bernal war tot.

«Glauben Sie denn, daß sie noch lebt?» fragte er.

Leaphorn zögerte. «Nach allem, was sich hier abgespielt hat, dürfte das nicht sehr wahrscheinlich sein.»

«Eben», sagte Chee.

«Es sei denn, sie hätte es getan», fuhr Leaphorn fort. «Sie hat eine Pistole. Und die hat sie mitgenommen, als sie aus Chaco weggefahren ist.»

«Welches Kaliber?» wollte Chee wissen. «Soweit ich gehört habe, wurde hier mit einer kleinkalibrigen Waffe geschossen.»

«Ihre Waffe hat ein kleines Kaliber. Eine kleine Handfeuerwaffe. Sie hat sie in der Handtasche aufbewahrt.»

«Hört sich nach einer 22er an», meinte Chee. «Allenfalls eine 25er oder eine kleine 32er.»

Leaphorn kam etwas steifbeinig hoch, reckte sich, lockerte die Schultermuskeln. «Wollen mal sehen, was wir herausfinden.»

Es gab nur sehr wenig herauszufinden. Die Männer des Sheriffs hatten die Toten mitgenommen – und alles, was sonst noch für weitere Untersuchungen aufschlußreich sein konnte, und das war wahrscheinlich ohnehin nicht viel gewesen. Die Erschossenen waren inzwischen identifiziert, man würde noch Nachbarn und Verwandte ins Leichenschauhaus holen, um das Ergebnis bestätigen zu lassen. Für alle Fälle ließ man die Fingerabdrücke beim FBI prüfen. Auch der Grabenbagger wurde sicher auf Fingerabdrücke untersucht, für den Fall, daß der Mörder so leichtsinnig gewesen war, welche zu hinterlassen. Dasselbe geschah mit dem gemieteten Lastwagen und mit den Plastiksäcken, in denen Chee die sorgsam verpackten Tonscherben gesehen hatte. Und dann hatte man noch eine Absperrmarkierung um den Tatort gezogen, auch nur eine Routinemaßnahme, damit kein Unbefugter hier herumlief. Es konnte ja sein, daß doch noch eine spätere Spurensuche angesetzt wurde.

Was Chee ins Auge fiel, lag außerhalb der Absperrung: ein Karton mit der roten Firmenaufschrift SUPERTUFF-MÜLLBEU-

TEL. Darunter stand: WARUM MEHR GELD AUSGEBEN FÜR ETWAS, WAS SIE SOWIESO WEGWERFEN? 30 ZUM PREIS VON 24. DIE ANDEREN 6 SCHENKEN WIR IHNEN.

Der Karton war neu, die weißen Flecke stammten vom Haftpuder der Spurensicherung. Aber da hatten die Männer vom County wohl nicht viel gefunden, auf der rauhen Pappfläche hielten sich keine Fingerabdrücke. Chee nahm die gefalteten Plastikbeutel aus dem Karton und zählte sie. Siebenundzwanzig. Plus zwei, in denen die Tonscherben gelegen hatten, machte neunundzwanzig. Er stopfte alles in den Karton zurück. Ein Beutel fehlte. Weshalb? Hatte der Mörder einen Beutel mit Keramikscherben mitgenommen und die beiden anderen stehenlassen? Oder hatte einfach Nails Freundin dringend einen Müllbeutel gebraucht? Manchmal brachten belanglose Zufälle die ganze Logik einer Untersuchung ins Wanken.

Er schaute zu Leaphorn hinüber. Der Lieutenant inspizierte den ausgehobenen Graben. Oder die Knochen? Um diese beinernen Zeugnisse früheren Lebens hatte Chee bisher eher einen Bogen geschlagen. Lieber gar nicht hingesehen. Aber auf einmal wurde ihm bewußt, daß er auch hier mitten in einem Gewirr verstreuter Knochen stand. Ein Schulterblatt, unter dem Halswirbel herausgebrochen. Ein auffallend kleiner Schädel, der Unterkiefer fehlte. Von einem Kind. Oder waren die Anasazi so kleinwüchsig gewesen? Rippen. Halswirbel. Und drei Unterkiefer, nebeneinandergereiht.

Chee starrte auf die seltsame Anordnung. Was hatte das zu bedeuten? Der eine Unterkiefer war gebrochen, links unten fehlte ein Stück, die beiden anderen waren unversehrt. Die Unterkiefer erwachsener Menschen, seiner Einschätzung nach. Ein Experte hätte noch mehr feststellen können: das Geschlecht der Toten, das Alter, die Ernährungsgewohnheiten. Aber wer hatte sie so nebeneinandergelegt? Vermutlich einer von den beiden, die hier gegraben und geplündert hatten. Daß ein Deputy Sheriff so etwas tat, war sehr unwahrscheinlich. Und dann sah Chee die anderen Kieferknochen, drei dort drüben, noch ein paar weiter links... Insgesamt siebzehn Unterkiefer im Umkreis weniger Schritte. Nur drei Schädel waren vollständig erhalten. Jemand – und eigentlich konnte es nur Nails oder Etcitty gewesen sein – hatte die Kieferknochen aussortiert. Warum? Chee ging zum Graben hinüber, wo Leaphorn stand.

«Haben Sie was entdeckt?» fragte der Lieutenant, ohne hochzublicken.

«Nicht viel. Ein Plastikbeutel scheint zu fehlen.»

Leaphorn sah auf.

«Dreißig waren ursprünglich im Karton», sagte Chee. «Jetzt sind noch siebenundzwanzig drin. Und zwei habe ich in der Nacht hier liegen sehen, mit Tonscherben gefüllt.»

«Interessant», meinte Leaphorn. «Wir sollten mal im Sheriffbüro nachfragen. Vielleicht haben die einen mitgenommen.»

«Kann sein.»

Leaphorn ging in die Hocke, starrte auf die aus den Gräbern geschaufelten Knochenreste. «Ist Ihnen an den Skeletten etwas aufgefallen?»

«Jemand scheint ein auffälliges Interesse an Kieferknochen zu haben», sagte Chee.

Leaphorn nickte. «Ja, genau. Die Frage ist nur, warum?» Als er hochkam, hielt er mit beiden Händen einen kleinen Schädel. Er war staubiggrau. Und der Unterkiefer fehlte. «Was, in aller Welt, mag das zu bedeuten haben?»

Chee hatte nicht die leiseste Ahnung, und das sagte er auch.

Leaphorn beugte sich wieder tief über den aufgewühlten Boden, fing mit einem Stöckchen zu stochern an. «Ich glaube, daß wir es hier mit einer sogenannten Außensiedlung zu tun haben. Dieselben Leute, die ihr eigentliches Zuhause in den großen Felshäusern drüben im Chaco Canyon hatten. Es gilt als erwiesen – oder jedenfalls als plausible Theorie –, daß es zwischen der Hauptsiedlung und diesen Außensiedlungen rege Handelsverbindungen gab. Zu religiösen Festen hat man sich wahrscheinlich im Chaco Canyon getroffen. Genaueres ist darüber nicht bekannt. Die Fundstelle, an der wir uns im Augenblick befinden, gehört vermutlich zu denen, die erst für spätere Ausgrabungen vorgesehen sind.»

Chee kam sich vor wie im Anthropologiekurs.

«Haben Sie heute abend etwas Dringendes in Shiprock zu erledigen?» fragte Leaphorn.

Chee schüttelte den Kopf.

«Wie wär's, wenn wir auf dem Heimweg am Chaco Center haltmachen?» schlug Leaphorn vor. «Mal sehen, ob wir dort mehr in Erfahrung bringen.»

10

Nicht einmal fünfundzwanzig Meilen wären es von der verwüsteten kleinen Anasazisiedlung bis zum Chaco Cultural National Historic Park gewesen, wenn es eine Straße über die wasserarmen Berge und durch die Chaco Mesa gegeben hätte. So aber mußten sie weite Umwege fahren, anfangs entlang der Versorgungsstraßen der Ölgesellschaft, dann nordwestwärts auf dem Highway 44, Richtung Nageezi, und schließlich auf der staubigen Schlaglochstrecke nach Südwesten. Gut und gern sechzig Meilen kamen auf diese Weise zusammen. Die Sonne war gerade untergegangen, als sie beim Besucherpavillon ankamen. Geschlossen. Also fuhren sie zu den Wohngebäuden am Fuße der schroffen Felsen weiter.

Bei den Lunas war gerade Abendbrotzeit, der Superintendent, seine Frau, der ungefähr elfjährige Sohn und die Tochter, die zwei Jahre jünger sein mochte, saßen schon am Tisch. Makkaroni, schnupperte Leaphorn. Käse, Tomaten und noch ein paar Schüsseln und Töpfchen. Für die Lunas schien es gar keine Frage zu sein, daß er und Chee mitessen würden. Wie sich's gehört, zierten sich beide erst eine Weile und behaupteten, sie seien wirklich nicht hungrig. Aber das war hier auf dem Colorado-Plateau eine allzu durchsichtige Höflichkeitsübung, es gab weit und breit nicht mal eine Imbißbude, an der sie unterwegs einen Happen gegessen haben konnten. So nahmen sie schließlich doch Platz. Leaphorn stellte fest, daß Chee offenbar einen wahren Bärenhunger hatte, und ein paar Minuten später wurde ihm bewußt, daß es ihm selbst genauso ging. Vielleicht lag es am Duft der guten Hausmannskost, etwas, was er schon lange vermißte, denn in den letzten Wochen ihrer Krankheit hatte Emma sich nicht mehr um die Küche kümmern können.

Bob Lunas Frau – hübsch, mit freundlichen, wachen Augen – fühlte erst vorsichtig vor, ob sie das Thema Eleanor Friedman-Bernal anschneiden dürfe. Als sie merkte, daß es die insgeheim befürchtete Mauer des Schweigens nicht gab, überfiel sie Leaphorn und Chee geradezu mit Fragen. Allen, Lunas Sohn, mit seinem blonden Wuschelkopf und den üppig blühenden Sommersprossen der Mutter wie aus dem Gesicht geschnitten, legte die Gabel weg und machte lange Ohren. Seine Schwester hörte genauso gespannt zu, ließ sich aber deswegen beim Essen nicht stören.

«Viel haben wir nicht herausgefunden», sagte Leaphorn. «Vielleicht hatten die Leute vom Sheriff mehr Erfolg. Sie sind für den Fall zuständig. Nur, ich hab meine Zweifel. Kein Sheriff hat genug Officers, und im San Juan County ist es besonders schlimm. Die haben alle Hände voll zu tun mit aufgebrochenen Sommerhäusern am Navajo Lake und Burschen, die Pipelines anzapfen oder an den Pumpstationen Gerät stehlen. Lauter solcher Kleinkram. Das Gebiet ist einfach zu groß. Und zu dünn besiedelt. Wo soll man da anfangen, nach vermißten Personen zu suchen?» Er wunderte sich selbst, daß er auf einmal so wortreich eine Lanze für das San Juan County brach. Normalerweise ließ er an den Leuten vom Sheriffbüro kein gutes Haar. «Also, wir sind jedenfalls nicht viel schlauer geworden», brachte er seinen Sermon ein wenig lahm zu Ende.

Mrs. Luna grübelte vor sich hin. «Wo kann sie nur geblieben sein?» Die Frage schien sie schon lange zu beschäftigen. «In aller Herrgottsfrühe ist sie schon losgefahren. Uns hat sie gesagt, sie wollte nach Farmington. Sie hat von uns allen Briefe mitgenommen und sich aufgeschrieben, was sie für uns einkaufen sollte – und dann verschwindet sie einfach.» Ihr Blick pendelte zwischen Leaphorn und Chee. «Ich mach mir Sorgen, ob das ein gutes Ende nimmt. Manchmal denke ich, da steckt ein Mann dahinter, von dem wir nichts wissen.» Mit einem kleinen Lächeln versuchte sie, ihre geheimen Ängste zu überdecken. «Ich weiß, das hört sich komisch an. Ellie ist ja kein junges Küken mehr. Aber hier draußen... Wir sind ja nicht viel mehr als eine Handvoll Leute, da erzählt jeder jedem alles. Das ist unsere einzige Zerstreuung. Jeder hat seine Nachbarn, sonst nichts.»

«Gar nicht so einfach, hier seine kleinen Geheimnisse zu haben», sagte Bob Luna lachend. «Unser Telefonsystem kennen Sie ja. Da gibt's keine vertraulichen Anrufe. Und wenn Sie sie nicht zufällig gerade mal selber abholen, gibt's auch keine Post, über die nicht alle sofort Bescheid wüßten. Oder gar heimlich Besuch zu empfangen... das wäre weiß Gott nicht einfach.»

Aber auch nicht ausgeschlossen, dachte Leaphorn. Und es ist ja auch möglich, daß jemand zum Telefonieren woanders hinfährt. Oder seine Post in Farmington in den Briefkasten wirft.

Mrs. Luna sagte: «Was einem die, die's angeht, nicht selber erzählen, das erfährt man aus zweiter Hand. Zum Beispiel, wenn jemand verreist. Ich hatte keinem auf die Nase gebunden, daß ich am Nationalfeiertag nach Phoenix fahren wollte, meine Mutter besuchen.

Trotzdem wußte jeder Bescheid. Da war nämlich eine Postkarte für mich gekommen, da stand drin, daß sie sich auf meinen Besuch freut. Maxie oder irgend jemand anderes hat an dem Tag die Post geholt.» Ihre fröhliche Miene ließ nicht darauf schließen, daß das Herumstöbern in ihrer Post sie auch nur im geringsten stören könnte. Sie erzählte einfach eine Geschichte – etwas, was vielleicht ein bißchen seltsam klingen mochte, aber hier in Chaco durchaus normal war. «Und als Ellie nach New York gereist ist – oder Elliot damals nach Washington... Sie mußten's gar nicht groß herumerzählen, es wußte sowieso schon jeder.» Sie nahm einen Schluck Kaffee, dann versicherte sie: «Aber normalerweise erzählt jeder, was er vorhat. Das ist dann endlich mal eine Neuigkeit, man hat was, worüber man reden kann.» Ein verlegenes Lächeln huschte über ihr Gesicht. «Sonst haben wir ja hier nichts, wissen Sie? Ein bißchen Klatsch gehört dazu. Der Fernsehempfang ist miserabel, da müssen wir eben unsere eigenen Seifenopern erfinden.»

«Wann war das – diese Reise nach New York?» fragte Leaphorn.

«Letzten Monat», sagte Mrs. Luna. «Jemand aus Ellies Reisebüro in Farmington hat angerufen, weil die Flugzeiten geändert wurden. Die Nachricht wurde vorn im Büro für Ellie notiert, und schon wußte jeder über ihre Reisepläne Bescheid.»

«Auch, warum sie nach New York wollte?»

Mrs. Lunas Gesicht war wie ein großes Fragezeichen. «Jetzt haben Sie uns drangekriegt, es gibt eben doch kleine Geheimnisse, sogar hier.»

«Und Elliots Reise nach Washington? Wann war das?»

«Also, da gibt's bestimmt kein Geheimnis.» Diesmal fühlte sich der Hausherr für die Antwort zuständig. «Auch letzten Monat, ein paar Tage, bevor Ellie geflogen ist. Er bekam einen Anruf aus Washington – ich glaube, von seinem Projektmentor. Da sollte eine Tagung von Wissenschaftlern stattfinden. Es ging um Erkenntnisforschung über Wanderungen archaischer Völker. Und Elliot sollte daran teilnehmen.»

«Wissen Sie, ob Ellies Reise nach New York etwas mit Tongefäßen zu tun hatte? Ist das anzunehmen?»

«Ungefähr alles, was sie tat, hatte etwas mit Tongefäßen zu tun», behauptete Bob Luna. «Man kann ruhig sagen, daß sie besessen war.»

Mrs. Luna schien seine Formulierung nicht zu gefallen. «Nun, die

Sache ist so: Ellie hatte fast alle Unterlagen für eine wirklich wichtige Veröffentlichung zusammen. Jedenfalls glaubte sie das. Ich übrigens auch. Sie hatte den Beweis, daß die polychromen St. Johns aus dem Chetro Ketl und die aus Wijiji und aus Kin Nahasbas auf dieselbe Quelle zurückzuführen sind. Und – was noch bemerkenswerter war – sie stand kurz vor dem Beweis, daß eine bestimmte Künstlerin... also, daß diese Frau Chaco verlassen und ihre Töpferarbeit irgendwo anders fortgesetzt hatte.»

«Frau, sagst du?» Bob Luna hob die Augenbrauen. «Hat sie zu dir gesagt, daß es eine Frau gewesen wäre?»

«Wer sonst hätte so viel arbeiten können?» Mrs. Luna stand auf, ging mit der Kanne herum und bot frischen Kaffee an, auch den Kindern.

«Sie muß also ziemlich erregt gewesen sein?» vermutete Leaphorn. «Und es hatte etwas mit einer Entdeckung zu tun, die noch nicht lange zurücklag? Hat sie sich mit Ihnen darüber unterhalten?»

«Sie war ganz aus dem Häuschen», sagte Mrs. Luna. «Ich bin fest davon überzeugt, daß sie eine wichtige Entdeckung gemacht hat. Für alle anderen sind die Menschen aus diesem frühen Volk nicht viel mehr als ein Name: Anasazi. Und das ist nicht einmal der Name, den sie sich selber gegeben haben. Nur eine Navajobezeichnung, die etwa soviel heißt wie...» Sie schien sich bei Chee vergewissern zu wollen. «...soviel wie: die Alten, die Vorfahren unserer Feinde. Stimmt doch so ungefähr?»

«Ja, ziemlich genau», bestätigte Chee.

«Aber Ellie hatte in diesem Volk, das sonst nur in statistischen Daten weiterlebt, ein Individuum ausgemacht. Eine Frau mit hohen künstlerischen Fähigkeiten. Weißt du eigentlich, daß sie eine regelrechte Chronologie angelegt hat? Eine Tabelle, aus der man sehen kann, wie und in welchen Zeitsprüngen sich die Technik der Keramikherstellung weiterentwickelt hat?»

Die Frage war an ihren Mann gerichtet. Er schüttelte den Kopf.

«Und die Aufstellung ist logisch überzeugend. Man sieht das auf den ersten Blick. Selbst wenn man nicht viel von Glasuren und Einkerbungen und all diesen speziellen Verzierungen versteht.»

Luna fand es anscheinend an der Zeit, auf die enthusiastische Linie seiner Frau einzuschwenken und seinerseits etwas Positives beizutragen.

«Ellie hat tatsächlich bahnbrechende Arbeit geleistet, doch, das muß man sagen. Sie hat eindeutig festgestellt, wo dieser Töpfer gearbeitet hat. In einer kleinen Siedlungsruine, die wir Kin Nahasbas nennen, ein Stück die Chaco Wash rauf. Und zwar hat sie herausgefunden, daß etliche Tongefäße mit dieser speziellen Technik bereits im halbfertigen Zustand, also vor dem letzten Brenngang, zerstört wurden. Und dann konnte sie nachweisen, daß Keramik, die bei Chetro Ketl und Wijiji gefunden wurde, dieselben typischen Merkmale aufweist, sozusagen eine individuelle Handschrift. Gefäße, die für den Handel bestimmt waren, verstehen Sie? Ein bestimmter Keramiktyp muß im Tauschhandel nach Chetro Ketl gelangt sein, ein anderer Typ nach Wijiji. Bei allen Stücken ist die gleiche Ornamenttechnik zu finden, die offensichtlich nur von diesem einen Mann, diesem Töpfer, beherrscht wurde. Das ist eine bisher unveröffentlichte Erkenntnis, und ich glaube, sie war in der Lage, das eindeutig nachzuweisen.»

Leaphorn fühlte sich an seine Studienzeit erinnert. Er kam sich vor wie abends in der Mensa, inmitten der Kommilitonen. Dort hatte sich das auch immer so angehört. Anscheinend ist das ein dem Menschen angeborener Drang: etwas ganz genau zu wissen, den letzten Rätseln auf die Spur zu kommen. Und nun versuchte hier jemand, durch den tausendjährigen Staub der Geschichte die Geheimnisse aufzudecken, die eine Frau aus dem Volk der Anasazi mit ins Grab genommen hatte. «Wir spüren der Spezies Mensch nach», hatte sein Doktorvater das Phänomen erklärt, «weil wir verstehen wollen, weshalb wir geworden sind, wie wir sind.» Aber kurz danach war Leaphorn die Erkenntnis gekommen, daß man das mitten in der Praxis des Lebens viel besser verstehen könne als durch theoretische Erörterungen in einem Hörsaal. Damals im Frühjahr hatte er Emma kennengelernt. Und im Mai, am Ende des Semesters, hatte er die Universität verlassen. Hatte alles aufgegeben, gute Freunde unter den Mitstudenten, den Traum, eines Tages Dr. Leaphorn zu sein – alles. Und statt dessen mit der Ausbildung bei der Navajopolizei begonnen. Und Emma und er waren...

Als er merkte, daß Chee ihn beobachtete, überspielte er seine Verlegenheit mit einem kurzen Räuspern und dem raschen Griff zur Kaffeetasse.

«Haben Sie eine klare Vorstellung, warum sie so erregt war?» fragte er. «Ich meine, vor ihrem Verschwinden? Uns ist bekannt, daß sie nach Bluff gefahren ist, um einen Mann namens Houk zu sprechen. Er macht gelegentlich Geschäfte mit antiker Keramik. Sie wollte sich mit ihm über ein Tongefäß unterhalten, das in einem Auktionskatalog angeboten wurde. Wollte wissen, woher es stammte. Houk hat uns erzählt, daß sie sehr eindringlich danach gefragt hätte. Und er habe ihr gesagt, wo sie den Herkunftsnachweis einsehen könne. Hat sie wirklich gar nichts anklingen lassen, warum sie nach New York fliegen wollte?»

«Also, mir gegenüber nicht», beteuerte Mrs. Luna.

«Oder warum sie so aufgeregt war?»

«Ich weiß nur, daß irgendwo einige dieser mehrfarbigen Keramiken aufgetaucht waren. Mehrere Stücke aus derselben Werkstatt. Und die Fundorte lagen nicht im Chaco Canyon. Sie glaubte, an Hand der Fundorte müsse sich die spätere Wanderung der Anasazi nachweisen lassen.»

«Ist Ihnen bekannt, daß Ellie eine Pistole besaß?»

Bob Luna und seine Frau antworteten gleichzeitig. «Nein, das wußte ich nicht», sagte sie. Aber er meinte: «Das überrascht mich überhaupt nicht. Ich nehme an, Maxie hat auch eine. Wirklich nur eine Vorsichtsmaßnahme.» Und lachend fügte er hinzu: «Wegen der Schlangen, verstehen Sie?»

«Wissen Sie, ob sie Jimmy Etcitty den Auftrag gegeben hat, für sie nach Tongefäßen Ausschau zu halten?»

«Mann, das war vielleicht ein Schock!» platzte Luna heraus. «Er war ja noch nicht lange hier. Aber eine tüchtige Kraft. Wirklich, ein guter Mann.»

«Vermutlich auch deswegen, weil ihm Ausgrabungsarbeiten an Begräbnisstätten nichts ausmachten?» fragte Leaphorn.

«Er war Christ», antwortete Bob Luna. «Anhänger einer fundamentalistischen Wiedergeburtskirche. Mit *chindis* hatte er nichts mehr im Sinn. Aber – zu Ihrer Frage... Nein, daß er für Ellie gearbeitet hat, glaube ich nicht. Davon habe ich nie was gehört.»

«Ist Ihnen je zu Ohren gekommen, daß ihn jemand für einen Navajowolf gehalten hat? Oder daß man ihm sonst irgendwie Zauberei nachgesagt hat? Zum Beispiel, daß er ein Skinwalker wäre?»

Luna sah ihn verdutzt an. Genau wie Jim Chee, stellte Leaphorn fest. Vermutlich nicht wegen der Frage. Für jeden, der sich ein wenig mit der Navajotradition auskannte, mußte der Gedanke naheliegend sein. Wer sich mit Gebeinen zu schaffen macht, gerät leicht in den Verdacht, ein Skinwalker zu sein, einer von den Hexern, die

Begräbnisstätten ausplündern und Knochen einsammeln, um daraus den verderblichen Totenstaub zu mahlen. Chee war wohl eher überrascht, daß ausgerechnet Leaphorn solche Überlegungen anstellte. Denn im ganzen Department gab es kaum einen, der nicht gewußt hätte, wie sehr Leaphorn das dauernde Gerede von Zauberei und Hexenwerk verabscheute. Chee, mit dem er wiederholt zusammengearbeitet hatte, wußte es mit Sicherheit.

«Nun», antwortete Bob Luna, «nicht direkt. Aber die anderen, die hier beschäftigt sind, sind ihm aus dem Weg gegangen. Mag sein, weil er nichts dabei fand, auch da zu graben, wo all die Gebeine lagen. Er hielt sich nicht mehr an die alte Tradition. Es gab sicherlich Gerede über ihn. Nicht in meiner Gegenwart, aber wenn die Navajos unter sich waren. Sie waren mißtrauisch, das hab ich gespürt.»

«Maxie Davis hat mir erzählt, daß dieser Lehman tatsächlich hergekommen ist. Der, mit dem Dr. Friedman verabredet war.»

«Ihr Mentor für das Projekt? Ja, der war da.»

«Hat er etwas erwähnt, worum es bei der Verabredung ging?»

«Sie hatte ihm berichtet, daß sie in Kürze ein weiteres Beweisstück für ihre Theorie hätte. Das wollte sie ihm zeigen. Mit ihm darüber sprechen. Er hat dann auch noch am nächsten Tag auf sie gewartet und ist anschließend nach Albuquerque zurückgefahren.»

«Ich hätte gern seine Adresse», sagte Leaphorn. «Haben Sie irgendeine Ahnung, worum es sich bei diesem Beweisstück gehandelt haben könnte?»

«Er nahm an, daß sie weitere Tongefäße gefunden hätte. Und zwar solche, die ihre Theorie belegten. Sie muß wohl entsprechende Andeutungen gemacht haben.»

Leaphorn dachte darüber nach. Und er merkte, daß auch Chee hellhörig geworden war. Alles deutete darauf hin, daß Ellie aus Chaco mit der Absicht losgefahren war, sich die für sie so wichtigen Keramikarbeiten irgendwo zu beschaffen.

«Kann es sein, daß Maxie oder Elliot mehr darüber wissen?»

Diesmal antwortete Mrs. Luna. «Vielleicht Maxie. Sie und Ellie sind Freundinnen.» Sie schien dem Satz nachzulauschen. Ihre Aussage kam ihr dann wohl selbst zu absolut vor. «Gewissermaßen Freundinnen. Mindestens kennen sie sich seit Jahren. Gearbeitet haben sie, glaube ich, nie zusammen. Ich meine, so wie Maxie und Elliot, als Team.»

«Mhm, als Team», wiederholte Leaphorn.

Mrs. Luna war peinlich berührt. «Sue und Allen», wandte sie sich an die Kinder, «habt ihr keine Hausaufgaben? Morgen ist wieder Schule.»

«Ich nicht», behauptete Allen, «ich hab meine schon im Bus gemacht.»

«Ich auch», sagte Sue. «Außerdem ist's gerade so spannend.»

«Die beiden sind befreundet», sagte Mrs. Luna. Die Bemerkung galt ohne Zweifel Leaphorn, aber ihr Blick ruhte auf den Kindern.

«Ja», sagte Leaphorn, «als Mr. Thatcher und ich mit den beiden sprachen, hatten wir den Eindruck, daß Elliot es so sehen möchte. Bei Davis war ich mir nicht ganz sicher.»

Mrs. Luna konnte ihm das erklären. «Elliot denkt an Heirat, Maxie nicht.» Wieder ein Blick zu den Kindern, bevor sie sich Leaphorn zuwandte.

«Kinder», griff ihr Mann ein, «Sue, du solltest dich jetzt mal um dein Pferd kümmern. Und Allen, dir wird auch irgendwas einfallen, um dir die Zeit zu vertreiben.»

Die Kinder stießen die Stühle zurück. «War nett, Sie kennenzulernen», sagte Allen höflich und nickte Leaphorn und Chee zu.

Leaphorn wartete, bis sie draußen auf dem Flur waren. «Großartige Kinder. Sie müssen mit dem Bus fahren? Wohin?»

«Nach Crownpoint», antwortete Mrs. Luna.

«Oh!» stöhnte Chee auf. «Bei mir waren's ungefähr fünfundzwanzig Meilen mit dem Schulbus, und das kam mir schon wie eine Ewigkeit vor.»

Bob Luna nickte. «So um die achtzig Meilen. Für eine Fahrt. Ein endlos langer Tag für sie. Dabei ist das schon die Schule, die am nächsten liegt.»

«Wir könnten sie auch hier draußen unterrichten», sagte seine Frau. «Ich bin Lehrerin. Aber sie müssen unter Kindern sein. Hier in Chaco hätten sie nur Erwachsene um sich.»

Leaphorn schien halblaut nachzudenken. «Zwei junge Frauen und ein junger Mann. Gab's da unter den Frauen Spannungen? Eifersucht oder so?»

Luna lachte in sich hinein.

Und Mrs. Luna lächelte. «Eleanor wäre für Maxie keine Konkurrenz gewesen. Nicht mal ihre Intelligenz hätte sie ausspielen können, denn da steht Maxie ihr in nichts nach. Außerdem glaube ich, daß Elliot zu den Männern gehört, die auf eine Frau fixiert sind. Er hat einen Job in Washington aufgegeben und sich hier in ein Projekt eingearbeitet. Er ist einfach hinter Maxie hergedackelt. Fast blind vor Liebe, könnte man sagen.»

«Das ‹fast› können Sie streichen», meinte Luna, «er ist blind. Und verrückt. Im Grunde ein Machotyp. Football in Princeton, in Vietnam Hubschrauberpilot, etliche Orden und Ehrenzeichen, sogar das Navy Cross. Und er hat sich für einen Mann seines Alters schon einen guten Namen als Anthropologe gemacht. Hat ein paar aufsehenerregende Aufsätze über die Entwicklungsgeschichte archaischer Völker geschrieben. Aber was er auch tat, Maxie hat's einfach nicht ernst genommen. Als ob sie Katz und Maus mit ihm spielte.»

Aus der Diele kam Harmonikamusik, melodisch und ziemlich laut. Sofort fing der Bobtail zu winseln an, nicht so melodisch, aber fast genauso laut. Der Harmonikaspieler gab nach.

«Sie spielt nicht mit ihm», sagte Mrs. Luna, «Maxie ist so.»

«Du meinst, weil sie nichts von Snobs hält?» fragte er.

«Sie ist sogar strikt gegen alles, was nur danach riecht», sagte sie. «Aus Gerechtigkeitsgefühl. Was nicht ausschließt, daß sie dabei ungerecht ist.»

Luna wandte sich an Leaphorn und Chee. «Also, damit Sie uns nicht für Klatschmäuler halten – wir versuchen nur zu erklären, wieso Maxie bestimmt nicht auf Dr. Friedman eifersüchtig gewesen ist. Weder auf sie noch auf eine andere. Nach allem, was ich weiß, ist Maxie geradezu der Prototyp einer Frau, die alles aus eigener Kraft schafft. Sie stammt aus einer Farm in Nebraska, eine einsam gelegene Klitsche. Ihr Vater war Witwer, sie mußte helfen, die Geschwister großzuziehen. Die Highschool irgendwo auf dem Lande. Dann die University of Nebraska, das Geld dafür hat sie sich als Mädchen für alles in einem Schwesternheim zusammengespart. Die späteren Semester in Madison, da mußte sie sich wieder jeden Pfennig selbst verdienen. Sie hat sogar versucht, ein bißchen Geld nach Hause zu schicken. Ihr hat nie jemand geholfen. Und auf einmal begegnet ihr dieser Mann aus stinkreicher Familie. Exeter Academy – allein von der Aufnahmegebühr wäre ihre Familie zwei Jahre lang satt geworden. Wenn dort einer nicht weiterweiß, braucht er sich nur an die Tutoren zu wenden. Danach Princeton. Und den Abschluß in Harvard.» Er nahm einen Schluck Kaffee. «Er ganz oben und sie ganz unten. Und darum kann Elliot noch so viel leisten, auf Maxie macht das keinen Eindruck. Ihm war ja alles in die Wiege gelegt.»

«Sogar die Karriere bei der Navy?»

«Die erst recht», sagte Mrs. Luna. «Ich hab mal mit Maxie darüber gesprochen. Natürlich, hat sie gesagt, Randall hat einen Admiral zum Onkel und eine Tante, die mit dem Unterstaatssekretär der Navy verheiratet ist, und irgendeinen Verwandten im Verteidigungsausschuß, er hat also schon mit Protektion angefangen. Das kannst du ihm doch nicht zum Vorwurf machen, hab ich gesagt, und sie hat gesagt, nein, um Vorwürfe ginge es gar nicht. Es geht darum, hat sie gesagt, daß Randall nie Gelegenheit hatte, selber was zu leisten.» Mrs. Luna schüttelte den Kopf. «Und dann hat sie gesagt: Kann sein, daß eine Menge in ihm steckt. Aber wissen kann man's nicht, woher auch? Das hat sie gesagt. Hört sich seltsam an, nicht?»

«Ich finde schon», gab ihr Leaphorn recht. «Hat er als Hubschrauberpilot in Vietnam Verwundete aus der Kampfzone geholt?»

Bob Luna nickte. «Soviel ich weiß.»

«Das war auch so was», fiel seiner Frau ein, «darüber habe ich auch mit Maxie gesprochen. Sie hat gesagt: Natürlich hätte er irgendwann beweisen können, was in ihm steckt. Aber er mußte es ja nicht. Die Offiziere heften sich gegenseitig die Orden an die Brust. Und am liebsten, wenn's da einen Onkel Admiral gibt, der sich drüber freut. Onkel Admiral hat sie gesagt. Und dann hat sie mir erzählt, daß ihr jüngerer Bruder auch in Vietnam war. Als einfacher Soldat. Ein Hubschrauber hat ihn rausgeflogen. Aber erst, als er tot war. Und da gab's keinen Onkel, der ihm einen Orden gegeben hätte.»

Sie sah auf einmal sehr traurig aus. «Bitter», sagte sie leise, «wirklich bitter. Ich erinnere mich noch, wie wir uns darüber unterhalten haben. Irgendwie kam ich drauf, daß Randall Pilot in der Navy war. Und sie sagte: Was meinst du, wie groß für dich oder mich die Chance gewesen wäre, Hubschrauberpilot zu werden?»

Leaphorn wußte nicht recht, was er darauf erwidern sollte. Mrs. Luna stand auf, fragte, ob noch jemand Kaffee wollte, und fing an, das Geschirr abzuräumen. Bob Luna bot ihnen an, in einem der leerstehenden Apartments zu übernachten.

«Ist wohl besser, wenn wir nach Hause fahren», bedankte sich Leaphorn.

Die Nacht war unwirklich still. Ein halber Mond hing am Himmel. Als sie beim Campingplatz waren, hörten sie oben im Cañon fröhliches Kinderlachen. Allen und seine Schwester kamen den staubigen Weg herauf. Als Leaphorn die beiden sah, wurde ihm plötzlich klar, woher alle wußten, daß Dr. Eleanor Friedman-Bernal damals schon in aller Frühe losgefahren war.

«Allen», rief er den Jungen an, «wann steigt ihr eigentlich morgens in den Schulbus?»

«Fünf vor sechs soll er kommen», antwortete der Junge, «und meistens ist er ziemlich pünktlich.»

«Unten an der Straße?»

«An der Kreuzung da unten», zeigte ihm Allen.

«Hast du Ellie wegfahren sehen?»

«Ich hab gesehen, wie sie das Gepäck verstaut hat.»

«Hast du mit ihr gesprochen?»

«Nicht so richtig. Susy hat ihr guten Morgen zugerufen. Und sie hat so was wie ‹viel Spaß in der Schule› gesagt, und wir haben ihr ein schönes Wochenende gewünscht. Wie das so ist. Und dann sind wir runtergelaufen und in den Bus gestiegen.»

«Wußtest du denn, daß sie übers Wochenende weg wollte?»

«Na ja», sagte Allen, «was die alles eingepackt hat!»

«Hat sie auch einen Schlafsack dabeigehabt?» Leaphorn erinnerte sich an Maxies Bemerkung, Ellie habe einen gehabt. Aber im Apartment hatten sie keinen gefunden.

«Ja, klar», sagte Allen. «Die hat alles mögliche dabeigehabt. Sogar einen Sattel.»

«Einen Sattel?» wunderte sich Leaphorn.

«Den von Mr. Arnold», erklärte ihm der Junge. «Der hat mal hier gearbeitet. Hat auch da in den Apartments gewohnt. Ein Biologe. Hat den ganzen Tag Steine mit Flechten gesammelt. Dem hat der Sattel gehört, den Dr. Friedman dabeihatte.»

«Dann hat sie ihn wahrscheinlich von ihm geliehen?»

«Nehm ich an», sagte Allen. «Sie hatte ja mal ein Pferd. Letztes Jahr noch.»

«Und weißt du zufällig, wo dieser Mr. Arnold jetzt wohnt?»

«Oben in Utah. In Bluff.»

Noch etwas, was Leaphorn wissen wollte: «Ist dir was an ihr aufgefallen? War sie so wie immer? Oder nervös? Wie hat ihre Stimme sich angehört?»

Allen zögerte keinen Augenblick. «Glücklich. Doch, das würde ich schon sagen, glücklich.»

11

Sein Leben lang, schon als junger Bursche, hatte Harrison Houk das Gefühl genossen, schlauer zu sein als die meisten anderen. Als er jetzt im Pferdestall stand, an die Wand gelehnt, vermißte er das schöne Gefühl auf einmal. Mehr noch, er mußte sich eingestehen, daß er diesmal nicht schlau genug gewesen war. Keine erfreuliche Einsicht, im Gegenteil, sie jagte ihm einen Schauer über den Rükken. Das alte Sprichwort fiel ihm ein: Wenn du alle anderen an Bosheit übertreffen und trotzdem nicht jung sterben willst, dann mußt du's gerissener anstellen als alle anderen. Er hatte sie das oft sagen hören, die Leute hier oben im kargen Utah. Und immer gedacht: ein Sprichwort, das mir auf den Leib geschneidert ist. So böse es auch klingen mochte, es schwang ein wenig Bewunderung mit. Und die genoß er. Weil er sie verdiente.

Er war reich geworden in einem Land, das allen anderen nichts als bittere Armut eingebracht hatte. Sicher, er hatte sich Feinde geschaffen. Seine Art, sich Weiderechte überschreiben zu lassen, mochte juristisch nicht immer einwandfrei gewesen sein. Auch seine Methoden, Herden zu kaufen und zu verkaufen, konnte der eine oder andere für zwielichtig halten. Er erwarb Anasazikeramik von Leuten, die keine Vorstellung hatten, was sie wert waren. Und er verkaufte sie an Leute, die vor lauter Besitzgier vergaßen, nüchtern zu rechnen. Manche seiner Geschäfte waren so abenteuerlich gewesen, daß sich, wenn sie ans Tageslicht kamen, die Kirchenältesten von den Heiligen der letzten Tage eigens von Blanding zu ihm herbemühten, um ihn daran zu erinnern, was im Buch der Mormonen geschrieben stand. Wie auch immer, Houk war gerissen genug gewesen, nicht früh zu sterben. Er hatte es schon jetzt auf ein ansehnliches Alter gebracht, und es war durchaus seine Absicht, noch viele, viele Jahre dranzuhängen. Er konnte noch nicht abtreten. Es gab noch zuviel für ihn zu tun.

Jetzt mehr denn je. Es gab etwas, wofür er Verantwortung trug. Was getan werden mußte, damit er sein Gewissen erleichterte. Er hatte sich nie viel darum geschert. Aber es war auch noch nie so gewesen, daß das Leben eines Menschen von ihm abhing. Nicht so unmittelbar. Nein, noch nie.

Er lehnte an der Wand und versuchte, sich einen Plan zurechtzulegen. Er hatte zu lange gebraucht, den Wagen zu erkennen und zu begreifen, was das alles zu bedeuten hatte. Es hätte ihm sofort klar sein müssen, daß es etwas mit dem Mord an Etcitty und der ganzen Sache zu tun hatte. Früher wäre ihm das sofort klar gewesen, da hatte sein Verstand noch blitzschnell gearbeitet. Aber jetzt... Es lag wohl an den vielen Morden, daß er so nervös geworden war. Natürlich, Morde hatte es immer gegeben. Unter Dieben, die einander die Beute nicht gönnten. Aus Eifersucht. Aus Gott weiß was für Gründen. Aber sein Instinkt, der ihm immer ein verläßlicher Kompaß gewesen war, sagte ihm jetzt, daß die Dinge diesmal ernster waren.

Die Spuren verwoben sich. Das Netz zog sich enger. Was hier geschah, galt mit Sicherheit ihm. Und das hätte ihm klar sein müssen. Mein Gott, warum hatten seine Gehirnzellen so träge zu arbeiten begonnen, als er den Wagen durchs Tor fahren sah? Da wäre ihm vielleicht noch genug Zeit geblieben, zurück ins Haus zu hinken und die Pistole aus dem Kleiderschrank zu nehmen. Oder das Gewehr aus dem Wandschrank zu holen. Jetzt konnte er nur noch warten und hoffen. Und versuchen, sich einen Ausweg einfallen zu lassen. An Flucht brauchte er gar nicht erst zu denken, mit der arthritischen Hüfte wäre er nicht weit gekommen. Nein, nachdenken war jetzt das einzige, was vielleicht noch half.

Aber schnell. Um Himmels willen schnell. Das war der Zettel an der Haustür. Er hatte ihn für Irene hingehängt, damit sie sich, wenn sie zurückkam, nicht unnötig Sorgen machte. Daß er im Stall zu tun hätte, stand auf dem Zettel. Und nun hing er da, jeder konnte ihn lesen. Schlimmer hätte es gar nicht kommen können.

Verzweifelt sah er sich nach einem Versteck um. Er, der wahrhaftig nicht zur Panik neigte. Er hätte auf den Heuboden klettern können. Aber wo sollte er sich da oben verstecken? Hinter ihm türmten sich Ballen gepreßter Luzerne mannshoch. Vielleicht gelang es ihm, sie zu versetzen, damit er sich dahinter verkriechen konnte? Schaffte er das rechtzeitig? Nur mit viel Glück. Er fing an, die Ballen zu verschieben. Stapelte sie an der Wand neu auf. So, daß dahinter gerade noch genug Platz für ein Versteck blieb. Die Ballen waren entsetzlich schwer, er stöhnte, als der Schmerz in der Hüfte wühlte. Und während er sich noch abmühte, wurde ihm schon klar, daß alles vergeblich war. Ein paar Minuten Aufschub, mehr kam nicht dabei heraus. Es gab keinen Ort, an dem er wirklich sicher gewesen wäre.

Die Mistgabel, fiel ihm ein. Drüben neben der Tür. Da, wo er sie hingestellt hatte. Er humpelte hinüber, nahm sie mit in den Pferdestall. Vielleicht gab es eine Chance, sich damit zu verteidigen. Auf jeden Fall besser, als sich bloß zu verkriechen und abzuwarten.

Seine Hand hielt den Stiel umklammert. Er lauschte. Mit seinem Gehör war es nicht mehr so weit her wie früher. Alles schien still zu sein. Nur der Wind fächelte durch die Holzlatten. Stallgeruch. Staub. Getrocknete Luzerne. Und ganz schwach lag noch der Geruch von Pferdedung in der Luft. Es roch nach Herbstdürre.

«Mr. Houk», rief die Stimme, «sind Sie im Stall?»

Alles in allem, die Höhen und die Tiefen mitgerechnet, war es ein schönes Leben gewesen. Sogar ein wundervolles, wenn er nur an die ersten fünfzig Jahre dachte. Und nicht so sehr an Brighams Krankheit. Aber sogar das hatte sich ertragen lassen, weil ja eine gute Frau an seiner Seite gewesen war. Und – mal abgesehen von den schizophrenen Anfällen, war Brigham ein glücklicher Junge gewesen. Die meiste Zeit über. Die Anfälle kamen und gingen. Aber wenn der Junge draußen war, in der unberührten Natur jagen konnte, ganz allein, dann machte auch ihm das Leben viel Freude.

Houks Erinnerungen schweiften weiter zurück. Auch er war als Kind gern draußen gewesen, hatte sich wohl gefühlt in der Einsamkeit. Nur, so eins mit der Natur wie der Junge war er nie gewesen. Brigham konnte mit zehn Jahren in steilen Felswänden herumturnen, in die Houk sich nicht einmal am Kletterseil gewagt hätte. Er wäre in der Wildnis nicht Hungers gestorben, er wußte, wie er sich ernähren, wo er sich verbergen konnte. Einmal – da war er gerade sieben gewesen – war er nicht nach Hause gekommen, noch lange nach der Abendbrotzeit warteten sie auf ihn. Alle hatten sich auf die Suche nach Brigham gemacht. In der alten Kojotenhöhle unter dem Salzgestrüpp saß er. Starrte sie nur verstört an, als sie ihn aufstöberten. Ängstlich wie ein Kaninchen, das die Meute gestellt hat.

Von jenem Tag an hatten sie aufgehört, sich selbst etwas vorzumachen. Aber was die Ärzte auch mit dem Jungen anstellten, nichts half. Der Konzertflügel war eine Zeitlang wie Medizin für ihn gewesen. Begabt war er ja, der Junge. Stundenlang konnte er sich ganz in seinem Spiel verlieren. Aber dann kamen wieder die Anfälle. Und ihn wegzugeben, in eine geschlossene Anstalt, das war unvorstellbar. Ein Gedanke, den keiner auszusprechen wagte.

«Houk?» meldete sich die Stimme. Ganz dicht bei ihm. Gleich hinter der Stallwand. «Houk, ich muß mit dir reden.»

Dann hörte er Schritte. Die Stalltür quietschte in den Angeln.

Eins mußte er noch tun. Etwas, was nicht unerledigt bleiben durfte. Er hätte es schon gestern tun sollen, sofort, nachdem es ihm klargeworden war. Gestern, persönlich. Denn es war etwas, worum er sich unbedingt kümmern mußte. So etwas läßt man nicht unerledigt liegen, wenn man sich aufmacht, um nie mehr wiederzukehren. Nicht, wenn es um ein Menschenleben geht.

Er griff nach der Brieftasche. Fand die Geschäftskarte von einer Firma, die Brunnenbohrgeräte verkaufte. Er nahm die Brieftasche als Unterlage und begann hastig auf der Rückseite der Karte zu schreiben.

«Houk», sagte die Stimme. Jetzt schon im Stallgebäude. «Ich seh dich genau. Ich seh dich durch die Lattenwand. Komm raus.»

Keine Zeit mehr. Niemand durfte finden, was er aufgeschrieben hatte. Niemand, außer der Polizei. Er schob sich die Karte in die Shorts. Und in dem Augenblick hörte er, wie die Tür zum Pferdestall aufgestoßen wurde.

12

In New York regnete es.

Man hatte Leaphorn gesagt, er solle sich an den Public Relations-Manager wenden, L. G. Marcy. Und nun stellte sich heraus, daß sich hinter dem Namen eine schlanke, modisch gekleidete Frau verbarg, das Haar grau getönt, die Augen so blau wie Stahl. An trockenen Tagen bot die riesige Fensterfläche hinter ihrem Schreibtisch sicher einen atemberaubenden Ausblick auf die Dächer des Zentrums von Manhattan. Sie hielt Leaphorns Karte in der Hand, drehte sie um in der Hoffnung, daß vielleicht die Rückseite mehr über den Besucher verriet. Schließlich sah sie auf.

«Sie möchten das Zertifikat eines Kunstgegenstandes einsehen? Habe ich das richtig verstanden?» Leaphorn hatte ihr einen aufgeschlagenen Katalog hingeschoben, sie warf nur einen kurzen Blick darauf.

«Ja», sagte Leaphorn, «es geht nur um ein einziges Stück. Um diese Anasazikeramik. Wir hätten gern gewußt, aus welcher Fundstätte sie stammt.»

«Ich kann Ihnen versichern, daß alles ganz legal war», beteuerte Miss Marcy. «Wir führen keine Tongefäße, die unter Nichtachtung des Gesetzes zum Schutz kulturgeschichtlicher Güter ausgegraben wurden.»

«Davon bin ich überzeugt.» Leaphorn war sicher, daß kein Antiquitätenjäger freiwillig zugab, er sei illegal in den Besitz von Keramik gelangt. «Wir gehen davon aus, daß das Tongefäß von Privatland stammt. Wir möchten nur gern wissen, woher genau. Von welcher Ranch.»

«Das Gefäß wurde bereits verkauft. In dieser Auktion waren Tongefäße überaus gefragt. Daher haben wir auch das Zertifikat nicht mehr. Es wurde zusammen mit der Keramik dem Käufer ausgehändigt», informierte ihn L. G. Marcy. Sie klappte den Katalog zu und gab ihn lächelnd Leaphorn zurück. «Tut mir leid für Sie.»

«Wer war der Käufer?»

«Tja, das ist ein Problem. Es gehört zu Nelsons Gepflogenheiten, die Polizei nach besten Kräften zu unterstützen. Aber es gehört ebenso zu Nelsons Gepflogenheiten, Verschwiegenheit über die Kunden des Hauses zu wahren. Wir geben grundsätzlich keine Auskünfte über Kunden, es sei denn, es läge uns eine ausdrückliche schriftliche Einverständniserklärung vor.» Sie beugte sich vor, um Leaphorn die Karte zurückzugeben. «Was in der Tat nur äußerst selten vorkommt. Normalerweise ist keine der beteiligten Parteien an Publicity interessiert. Unsere Kunden schätzen Vertraulichkeit. Es gibt natürlich Fälle, in denen ein öffentliches Interesse wegen der Bedeutung des Kunstgegenstandes geradezu unvermeidlich ist. Aber das kommt nur sehr selten vor, und in diesem Fall handelte es sich nicht um ein Objekt, das die Aufmerksamkeit der Nachrichtenmedien auf sich gezogen hätte.»

Leaphorn schob die Karte in die Brusttasche des Uniformhemdes. Der Stoff war durchgeweicht. Leaphorn war vom Hotel aus zu Fuß losgegangen, trotz des strömenden Regens. Schließlich hatte er aufgegeben und in einem Laden Zuflucht gesucht. Ein Gemischtwarenladen, er war ganz erstaunt, daß es dort auch Regenschirme gab. Und so hatte er sich den ersten Regenschirm seines Lebens gekauft, hatte ihn aufgespannt und war weitergegangen – im stolzen Bewußtsein, Besitzer des einzigen Regenschirmes in Window Rock, vielleicht sogar in der Reservation, ach was, in ganz Arizona zu sein. Im Augenblick lag das Ding auf seinem Schoß und tröpfelte vor sich hin, während Leaphorn abwartete, ob L. G. Marcy ihren bisherigen Ausführungen noch etwas hinzuzufügen hätte. In den langen Jahren im Polizeidienst hatte er herausgefunden, daß diese jedem Navajo anerzogene Höflichkeit sehr vorteilhaft zur Abneigung der meisten Weißen gegen unverhoffte Gesprächspausen paßte. *Belagana*-Zeugen fühlten sich häufig durch das für sie unerklärliche Schweigen so verunsichert, daß sie mehr aussagten, als sie ursprünglich vorgehabt hatten. Während er wartete, huschte sein Blick über die Bilder an der Wand. Alle von derselben Künstlerin, soweit Leaphorn beurteilen konnte. Von der wohl auch die kleine abstrakte Skulptur auf Marcys Schreibtisch stammte. Das Schweigen dehnte sich. Aber auf diese *belagana* schien es nicht die erhoffte Wirkung auszuüben.

Nein, keineswegs.

Die ausgedehnte Stille bewirkte nur, daß L. G. Marcys Lächeln ein wenig schief wurde. Sonst nichts. Sie hielt ihm stand. Ungefähr in meinem Alter, dachte Leaphorn. Obwohl sie aussah wie Mitte Dreißig.

Er faßte nach dem Schirm, machte Anstalten, aufzustehen. «Ich nehme an, das FBI hat Ihre Firma davon unterrichtet, daß unsere Untersuchungen im Zusammenhang mit zwei Mordfällen stehen», sagte er. «Das Tongefäß, um das es geht, scheint dabei eine Rolle zu spielen. Die Privatsphäre Ihres Kunden würde in keiner Weise verletzt. Es geht nur darum...»

«Ich habe nicht den Eindruck, daß das FBI uns von irgendwelchen Zusammenhängen unterrichten wollte», fiel ihm Miss Marcy ins Wort. «Ein FBI-Agent aus...» Sie nahm ihren Terminkalender zur Hilfe, «...aus Albuquerque hat bei uns angerufen, um anzukündigen, daß jemand von der Navajo Tribal Police heute bei uns wegen eines Auktionsobjekts vorsprechen wolle und daß man unsere Unterstützung in dieser Angelegenheit sehr zu schätzen wisse. Er wurde mit mir verbunden, und als ich ihn fragte, woran denn die Bundespolizei speziell interessiert sei, hat dieser Agent, ein gewisser Mr. Sharkey, nun, er hat...» Die Formulierung ‹um die Sache herumgeredet› wollte sie wohl vermeiden. «Er hat anklingen lassen, sein Anruf sei nicht offizieller Natur. Es schien sich mehr um eine Art telefonischer Vorankündigung zu handeln.»

Leaphorn nickte nur. Sharkey hatte überhaupt nicht anrufen wollen. Weil er Unannehmlichkeiten ahnte. Und nicht mit hineingezogen werden wollte. Mindestens wollte er nicht drauf festgenagelt werden. Es war nicht leicht gewesen, ihn zu überreden. Aber gut, in ein paar Tagen war das sowieso egal. Dann war Leaphorn Zivilist. Ein Gedanke, der ihm noch ein Nicken wert war.

«Es gibt natürlich noch einen anderen Weg.» Miss Marcys Miene ließ nichts als Höflichkeit erkennen. «Man kann beim zuständigen Gericht eine einstweilige Verfügung erwirken. Sobald Sie uns die vorlegen, erhalten Sie die gewünschte Information. Die Anordnung eines Gerichts enthebt uns der Pflicht zur Verschwiegenheit, die wir sonst im Interesse unserer Kunden zu wahren pflegen.»

Leaphorn brauchte einen Augenblick, bis er herausbrachte: «Natürlich, das ist eine Möglichkeit. Wir hätten das nur gern vermieden.» Er zuckte die Achseln. «All der Papierkram. Und wie lange so was dauert.» Und er dachte: ganz zu schweigen davon, daß man dem Richter den Nelsonkatalog mit einem roten Kringel um ein bestimmtes Auktionsobjekt unter die Nase halten und ihn davon überzeugen muß, daß das eine etwas mit dem anderen zu tun hat.

«Das ist verständlich», sagte Miss Marcy. «Aber ich hoffe, Sie haben auch für unsere Position Verständnis. Unsere Klienten bauen darauf, daß wir alle Transaktionen vertraulich behandeln. Aus wohlerwogenen Gründen.» Ihre zierlichen weißen Hände beschrieben einen Kreis, der alles mögliche einzuschließen schien. «Zum Beispiel wegen der Einbruchsgefahr. Ansprüche geschiedener Frauen. Geschäftliche Erwägungen. Sie müssen wirklich verstehen...»

Miss Marcy schob ihren Sessel zurück. Als sie aufstand, war Leaphorn klar, daß er ohne gerichtliche Anordnung keine Informationen von ihr bekommen würde. Er entschloß sich, etwas zu tun, was er sonst fast nie tat: Er unterbrach sie mitten im Satz.

«Uns brennt die Zeit auf den Nägeln. Das Leben einer Frau steht auf dem Spiel.»

Miss Marcy ließ sich in den Schreibtischsessel zurücksinken. Ein Hauch Parfum wehte Leaphorn an. Körperlotion, Puder. Etwas, was angenehm nach Frau duftete. Und auf einmal war – stärker als alles – die Erinnerung an Emma wieder da. Er mußte ein paar Atemzüge lang die Augen schließen.

«Es geht um eine Frau, die ein großes Interesse an diesem Tongefäß hatte. Die Frau, die das Auktionsangebot rot eingekreist hat.

Sie ist seit einigen Wochen verschwunden.» Leaphorn nahm ein Foto aus der Brieftasche, das Hochzeitsfoto, gab es Miss Marcy. «War sie im Frühherbst hier? Oder hat sie angerufen?»

«Ja», antwortete Miss Marcy, «sie war hier.» Stirnrunzelnd betrachtete sie das Foto. Leaphorn wartete, bis sie den Blick hob. Dann sagte er: «Dr. Eleanor Friedman-Bernal, eine Anthropologin. Sie ist durch zahlreiche Veröffentlichungen über Keramik bekannt geworden. Tonbearbeitung in primitiven Kulturen. Nach unserer Kenntnis hatte sie einen Anasazitöpfer entdeckt, dessen spezielle Arbeitstechnik sie identifizieren konnte. Hat sie davon erzählt?»

Leaphorn war sich bewußt, wie unwichtig und bedeutungslos das in den Ohren einer Frau klingen mußte, der es ums Geschäft ging. Sogar für ihn hörte es sich belanglos an. Er beobachtete Miss Marcy gespannt.

«Sie hat es erwähnt. Wenn es ihr gelänge, das stichhaltig zu beweisen, wäre es eine faszinierende Entdeckung.»

«Nach unseren Feststellungen hat Dr. Friedman-Bernal eine spezielle Dekorationstechnik bei einer bestimmten Art Keramik, der sogenannten polychromen St. Johns, identifiziert. Alle Arbeiten stammen aus den letzten Jahren Anasazikultur. Und sie konnte eindeutig bestimmen, daß diese Technik ausschließlich von einem bestimmten Töpfer angewandt wurde.»

«Ja, das hat sie mir gesagt.»

Leaphorn beugte sich vor. Wenn er sie jetzt nicht überzeugte, hatte er seine Zeit umsonst verschwendet. Zwei Tage im Flugzeug und eine Nacht in einem New Yorker Hotel.

«Dieser Anasazikünstler – oder vielmehr: diese Künstlerin, denn die Arbeiten stammen von einer Frau... Sie beherrschte eine spezielle Technik, und Dr. Friedman hat das entdeckt. Auf die Weise war sie in der Lage, die Zeiten und die Entwicklungsstufen bei der Herstellung ziemlich genau zu bestimmen. Sie konnte eine Chronologie anlegen. Die Töpferin arbeitete im Chaco Canyon. Ihre Arbeiten wurden in verschiedenen Siedlungen dieser Gegend gefunden. Und vor kurzem – wahrscheinlich erst dieses Jahr – hat nun Dr. Friedman-Bernal Tongefäße entdeckt, die offensichtlich nicht in der Gegend um Chaco Canyon hergestellt wurden, aber dennoch unzweifelhaft die Stilelemente dieser Töpferin aufwiesen. Ein solches Gefäß war in Ihrem Frühjahrskatalog abgebildet. Wir fanden den Katalog mit der roten Markierung in Dr. Friedmans Apartment.»

«Aber all diese Anasaziarbeiten weisen doch mehr oder weniger dieselben Stilelemente auf. Sie sind einander so ähnlich. Wie will sie denn festgestellt haben...» Miss Marcy brach ab.

«Genau weiß ich es auch nicht», antwortete Leaphorn. «Ich nehme an, sie ist so ähnlich vorgegangen wie Graphologen bei der Identifizierung einer Handschrift. Etwa so in der Art.»

«Das klingt einleuchtend», sagte Miss Marcy.

«Dr. Friedman-Bernal ging davon aus, daß sie feststellen könnte, wohin die Töpferin weitergewandert ist, nachdem die Zivilisation im Chaco Canyon abrupt endete. Wir wissen das aus Gesprächen, die sie mit anderen Anthropologen geführt hat.»

«Ja, so ähnlich hat sie es mir auch erklärt», sagte Miss Marcy. «Sie hielt das Tongefäß in unserem Katalog für den Schlüssel. Sie erzählte mir, sie sei an einige Tonscherben und ein vollständig erhaltenes Gefäß gekommen, die alle mit Sicherheit aus der späten Phase dieser Töpferin stammen. Die handwerkliche Fertigkeit und die Reife der künstlerischen Ausgestaltung belegten das eindeutig. Und die Keramik in unserem Katalog hielt sie für absolut identisch. Darum wollte sie sich die Arbeit ansehen. Sie fragte, wo sie sie besichtigen und das Zertifikat einsehen könnte.»

«Haben Sie's ihr gesagt?»

«Ich habe ihr die Gepflogenheiten unseres Hauses genannt.»

«Sie haben ihr nicht gesagt, wer das Tongefäß gekauft hat? Oder wie sie Kontakt mit dem Käufer aufnehmen könnte?»

Miss Marcy seufzte, eine leichte Ungeduld war nun unverkennbar. «Ich habe ihr dasselbe gesagt wie Ihnen. Einer der Gründe, warum Nelson seit mehr als zweihundert Jahren das Vertrauen seiner Kunden genießt, ist unser guter Ruf. Jedermann weiß, daß er sich bei Nelson uneingeschränkt und ohne den leisesten Zweifel auf absolute Verschwiegenheit verlassen kann.»

Leaphorn rückte seinen Stuhl näher heran. «Nach dem Gespräch bei Ihnen ist Dr. Friedman-Bernal nach Albuquerque zurückgeflogen und nach Chaco Canyon gefahren, dort wohnt und arbeitet sie. Am darauffolgenden Freitag ist sie sehr früh aufgestanden, hat ihren Schlafsack im Wagen verstaut und ist weggefahren. Für zwei, drei Tage, hat sie ihren Freunden gesagt. Wir vermuten, daß sie doch irgendwie in Erfahrung gebracht hat, woher das Tongefäß stammt, und jetzt nach dem Beweis dafür suchen wollte. Vielleicht wollte sie auch feststellen, ob es dort noch andere Tongefäße gäbe.»

Er lehnte sich zurück, faltete die Hände vor der Brust und hoffte, daß nun wenigstens das seine Wirkung täte. Wenn nicht, war er am Ende seines Lateins. Natürlich, Chee war auch noch am Ball. Leaphorn hatte ihn gebeten, Reverend Slick Nakai aufzusuchen und ihn auszuhorchen, woher diese verdammten Tongefäße kamen. Alles aus dem Mann rauszuquetschen, was er wußte. Chee schien selber an der Sache interessiert zu sein. Er würde sein Bestes versuchen. Aber wie geschickt war Chee in solchen Dingen? Leaphorn hätte lieber Geduld haben und selbst zu Nakai fahren sollen, statt das Risiko einzugehen, daß Chee alles vermasselte.

«Sie ist verschwunden», sagte er eindringlich. «Keine Spur von ihr und ihrem Wagen. Und keine Nachricht, die uns irgendeinen Anhalt geben könnte. Als hätte es nie eine Eleanor Friedman-Bernal gegeben.»

Miss Marcy sah sich das Hochzeitsfoto noch einmal an. «Vielleicht hat sie einfach nur alles hinter sich gelassen? Das gibt's doch. Zuviel Arbeit, zuviel Streß. Auf einmal wünscht man alles zum Teufel. Vielleicht lag's daran.» Es hörte sich an, als sei ihr das Gefühl nicht ganz unbekannt.

«Mag sein. Nur, am Abend vorher hat sie noch eine Menge Zeit darauf verwendet, ein Essen vorzubereiten. Hat Fleisch mariniert und weiß Gott was alles. Ein Professor aus Albuquerque hatte seinen Besuch angekündigt, ein für sie sehr wichtiger Mann. Abends bereitet sie ein aufwendiges Dinner vor und stellt alles im Kühlschrank bereit, und am nächsten Morgen wirft sie ihren Schlafsack und alles mögliche in den Wagen und fährt weg.»

Miss Marcy dachte darüber nach. Wieder nahm sie das Hochzeitsfoto in die Hand und vertiefte sich in das Bild der Braut. «Gut, ich werd sehen, was ich für Sie tun kann.» Sie hatte schon den Telefonhörer in der Hand. «Würden Sie bitte einen Moment draußen warten?»

Im Vorzimmer war vom Regen nichts zu sehen. Es gab nur Wände mit abstrakten Drucken. Und natürlich das Mädchen am Schreibtisch, das von Leaphorns durchgeweichter Uniform fasziniert schien. Er blätterte im *Architectural Digest*, fühlte die neugierigen Blicke der jungen Frau auf sich ruhen und verfluchte den Einfall, die Uniform der Navajo Tribal Police anzuziehen. Aber war es gar nicht die Uniform, was sie so unverhohlen musterte. Vielleicht war es der Navajo, der drinsteckte.

Es dauerte nicht einmal zehn Minuten, bis Miss Marcy herauskam und ihm eine Karte in die Hand drückte. Richard DuMont. Und eine Adresse in der East 78th Street. «Er erwartet Sie morgen vormittag um elf», sagte sie.

Leaphorn stand auf. «Ich bin Ihnen wirklich sehr dankbar.»

«Schon gut. Ich hoffe, ich höre von Ihnen, wenn Sie sie finden.»

Den Rest des Nachmittags verbrachte Leaphorn damit, durchs Museum of Modern Arts zu schlendern. Er suchte sich einen Platz, von dem aus er den Skulpturenhof sehen konnte, die vom Regen getönten Mauern und den grau verhangenen Himmel. Wie alle Menschen, die in einer Dürrezone zu Hause sind, genoß Leaphorn den Regen. Ein seltener, lang ersehnter Segen des Himmels, der die Natur erfrischte, die Wüste erblühen und Leben sprießen ließ. Tief in Gedanken versunken sah er das Wasser an den Mauersteinen herunterrinnen, von den Blättern tröpfeln und auf den Steinplatten am Fahnenmast zu Pfützen zusammenlaufen.

Auch Picassos Ziege hatte einen feuchten Glanz bekommen. Die Ziege liebte er über alles. Einmal – sie waren noch sehr jung gewesen, ihn hatte man damals gerade zur FBI Academy abkommandiert – hatte er Emma mit nach New York genommen und gemeinsam mit ihr Picassos Ziege entdeckt. Er war schon ganz in den Anblick versunken, als Emma zu lachen anfing, ihn mit dem Ellbogen anstupste und sagte: «Sieh nur, das Maskottchen des Navajovolks.»

Ein merkwürdiges Gefühl, als er daran zurückdachte. Es war, als könnte er Emma hier stehen sehen – und sich selbst daneben. Hier vor der großen Glasfläche am Skulpturenhof. Noch so jung. An einem Regentag im Herbst. Und Emma lachte. Was sie noch schöner erscheinen ließ.

«Paßt zu uns im Dineh», hatte sie gesagt. «Halb verhungert, bis auf die Rippen abgemagert, abstoßend häßlich. Aber schau nur! Sie ist stark. Sie wird durchkommen.» Und dann hatte sie sich bei ihm eingehängt. Strahlend vor Freude. Und mit jenem Glanz auf dem Gesicht, den Leaphorn sonst nirgendwo entdecken konnte.

Was sie über die Ziege gesagt hatte, war richtig. Dieses magere Tier war das Symbol seines Volkes. Man hätte es in der Reservation aufstellen sollen. Armselig, ausgehungert. Aber keck und trotzig. Und trächtig. Am Eingang zu jenem scheußlichen Achteckbau in Window Rock, in dem der Stammesrat tagte, hätte man die Skulptur aufstellen sollen. Als stummen Protestschrei. Ihm fiel wieder ein, daß sie von hier aus zur Kaffeebar gegangen waren – und dann nach draußen, um die Ziege zu streicheln. Das Prickeln war wieder da. Die Rückkehr in die Vergangenheit. Es kam ihm vor, als könnte er wieder das regennasse, kalte Metall fühlen.

Er stand hastig auf. Auf einmal hatte er es sehr eilig, das Museum zu verlassen. Und hinaus in den Regen zu stürmen. Ohne den Schirm, der hing noch drin am Stuhl.

Leaphorn fuhr mit dem Taxi in die 78. Straße, war eine Viertelstunde zu früh da und spazierte noch ein wenig auf und ab. Livrierte Türsteher. Luxushunde, an der Leine ausgeführt von Leuten, die anscheinend nur dafür bezahlt wurden.

Pünktlich um elf drückte er auf den Klingelknopf, ein Glockenspiel erklang. Er wartete auf den Stufen, blickte zum Himmel hoch, dachte, daß es bald wieder regnen würde, vielleicht noch innerhalb der nächsten Stunde. Ein grauhaariger, vom Alter gebeugter Mann, zerknittert wie der Anzug, den er trug, öffnete und sah Leaphorn schweigend an, unendliche Geduld im Blick.

Leaphorn nannte seinen Namen. «Ich bin mit Richard DuMont verabredet.»

«Im Studio», sagte der Alte einsilbig und winkte Leaphorn, ihm zu folgen.

Das Studio war ein langgeschnittener, hoher Raum, ganz am Ende des langgeschnittenen, hohen Flures. An der Stirnseite des mächtigen Tisches saß im Lichtkegel einer Stehlampe ein Mann in einem dunkelblauen Hausmantel. Eine schmale weiße Decke war über dem Tischende ausgebreitet, ein Gedeck stand bereit, Tafelsilber.

«Ah, Mr. Leaphorn», begrüßte ihn der Mann lächelnd, «Sie sind auf die Minute pünktlich. Bitte, haben Sie Nachsicht, daß ich zur Begrüßung nicht aufstehe.» Die Art, wie er die Arme auf die Lehne des Rollstuhls stemmte, machte jede Erklärung überflüssig. «Ich hoffe, Sie machen mir die Freude, mit mir zu frühstücken.»

«Danke, ich habe schon gegessen», sagte Leaphorn.

«Aber ein Täßchen Kaffee?»

«Zu Kaffee habe ich noch nie nein gesagt.»

DuMont nickte. «So geht's mir auch. Eine meiner Schwächen. Bitte, setzen Sie sich doch.» Er deutete auf einen Plüschsessel. «Die Angestellte von Nelson hat mir gesagt, daß Sie auf der Suche nach einer verschwundenen Frau sind. Einer Anthropologin. Und daß das Ganze etwas mit einem Mordfall zu tun hat.» Graue, engstehende Mausaugen unter fahlen Brauen belauerten Leaphorn. Verstohlene Freude an schaurigen Geschichten schien auch zu DuMonts Schwächen zu gehören. «Ein Mordfall und eine verschwundene Frau», murmelte er vor sich hin. Klar und deutlich, aber sehr leise. Seine Stimme war gebrechlich und winzig – wie sein Schädel. Jedes Geräusch im Hintergrund hätte die Stimme augenblicklich verschluckt.

«Zwei Antiquitätenjäger wurden ermordet», sagte Leaphorn. Irgend etwas an DuMont gefiel ihm nicht. Seine Neugier? Andererseits war die leicht zu erklären, der Mann war schließlich Sammler.

«Und einer davon war der, der meine Keramik gefunden hat», vermutete DuMont. Es hörte sich geradezu genüßlich an. «So habe ich die Angestellte bei Nelson jedenfalls verstanden.»

«Davon gehen wir aus. Miss Marcy sagte mir, Sie seien bereit, mich die Dokumente über das Tongefäß einsehen zu lassen? Für uns ist der Fundort wichtig.»

«Ja, natürlich, das Dokument.» DuMont ließ sich Zeit. «Aber erzählen Sie doch erst mal, wie der Mann ermordet wurde. Und ein paar Einzelheiten über die verschwundene Frau.» Er fuchtelte mit den Händen, ein dünnes Grinsen spielte um seinen Mund. «Alles, was Sie darüber wissen.»

Links und rechts vom Kamin reihten sich Regale mit Sammlerstücken an der Wand entlang. Tongefäße, Steinplatten, Körbe, Fetische, Masken, primitive Waffen. Direkt hinter DuMont stand ein mächtiger Steinkopf. Olmekisch, vermutete Leaphorn. Aus Mexiko eingeschmuggelt. Unter Umgehung des Ausfuhrverbots.

«Mr. Etcitty und sein Partner haben in einer Anasaziruine gegraben», begann Leaphorn widerstrebend. «Offensichtlich, um sich in den Besitz von Tongefäßen zu bringen. Irgend jemand hat sie erschossen. Was die Anthropologin betrifft – Dr. Friedman-Bernal war Spezialistin für Anasazikeramik. Sie zeigte ein besonderes Interesse für das Gefäß, das Sie gekauft haben. Ihr plötzliches Verschwinden... Nun, sie fuhr aus Chaco Canyon weg, angeblich nur übers Wochenende, und sie ist nicht wieder zurückgekommen.»

Leaphorn brach ab. Er und DuMont maßen sich mit Blicken. Der gebeugte, grauhaarige Mann tauchte auf, stellte ein Tischchen neben Leaphorn und breitete sorgfältig ein Deckchen darüber. Erst dann setzte er das Silbertablett mit hauchdünnem Porzellan und einem silbernen Kaffeegedeck darauf ab. Er schenkte Leaphorn ein und verschwand so lautlos, wie er gekommen war.

DuMont hatte wohl das Gefühl, er müsse etwas erklären. «Man kauft nicht einfach ein Objekt. Man will auch das Drumherum haben. Die Geschichte. Sehen Sie, dieser Steinkopf kommt zum Beispiel aus dem Dschungel in Nordguatemala. Es war der Türstein über dem Eingang in eine Tempelkammer. Ein Raum, in dem man die Gefangenen eingeschlossen hat, bis sie geopfert wurden. Wie man mir sagt, haben die Olmekischen Priester solche Opferungen vollzogen, indem sie die Gefangenen mit einer Schnur erdrosselten.»

DuMont hielt sich das Taschentuch vor, hüstelte ein wenig. Seine lauernden Augen musterten Leaphorn.

«Und nun nehmen Sie diese Anasazikeramik. Warum ist sie fünftausend Dollar wert?» Sein leises Lachen klang so gekünstelt wie das Hüsteln. «Viel Ton kriegen Sie für das Geld wahrhaftig nicht. Aber die Anasazi! Was für ein rätselhaftes Volk. Sie halten das kleine Keramikgefäß in der Hand und träumen sich zurück in jene Zeit, als es gemacht wurde. Denken an eine Zivilisation, die nach tausendjähriger Blütezeit untergegangen ist.» Er sah Leaphorn beschwörend an. «So wie unsere eines Tages untergehen wird. Auf einmal standen die großartigen Felshäuser leer. Keine Zeremonien mehr in den Kivas. Ungefähr zu dieser Zeit ist mein Tongefäß entstanden, hat man mir gesagt. In der Zeit des Untergangs. Als sich schon die Dämmerung über das Volk der Anasazi senkte. In den Tagen vor dem Ende.»

DuMont hantierte an der Armlehne seines Rollstuhls. «Edgar», sagte er leise.

«Ja, Sir?» Edgars Stimme schien von irgendwoher unter dem Tisch zu kommen.

«Bringen Sie mir das Gefäß, das wir letzten Monat gekauft haben. Und die Dokumente.»

«Ja, Sir.»

«Deshalb sind mir diese Geschichten so wichtig», fuhr DuMont fort. «Was Sie mir erzählen, hat einen ganz besonderen Wert für mich. Sehen Sie, ich zeige das neue Gefäß meinen Freunden. Und ich kann ihnen nicht nur etwas über die Anasazikultur erzählen, nein, auch die Geschichte von einem Mordfall und von einer verschwundenen Frau.» Wieder so ein kleines, affektiertes Lächeln. Etwas breiter diesmal, die gepflegten Zähne schimmerten perlweiß.

Leaphorn nahm einen Schluck Kaffee. Heiß, frisch, ausgezeichnet. Aus feinstem Porzellan. Zu DuMonts rechter Seite fiel durch hohe Fenster gedämpftes, von rankendem Wein grün schimmerndes Licht in den Raum. Der Regen rann an den Scheiben herunter.

«Habe ich deutlich gemacht, worum es mir geht?»

«Ich denke schon», sagte Leaphorn.

«Eine Hand wäscht die andere. Sie wollen etwas von mir erfahren. Also ist es nicht mehr als recht und billig, daß ich auch meine Geschichte bekomme. Die Geschichte, die zu meinem Tongefäß gehört.»

«Die habe ich Ihnen schon erzählt», sagte Leaphorn.

DuMonts weiße Hände winkten ab. «Details. Mehr Details! All die blutigen kleinen Einzelheiten, wenn ich bitten darf. Das, was das Ganze erst lebendig macht.»

Leaphorn erzählte ihm die Einzelheiten. Wie die Toten gefunden wurden. Wie man sie umgebracht hatte. Wo sie gelegen hatten. Er beschrieb die ganze grausige Szene. Er schilderte, wie die Knochen herumlagen. Und DuMont lauschte hingerissen.

«Das wär's dann», sagte Leaphorn schließlich. «Keine brauchbaren Anhaltspunkte. Vielleicht führt uns die Spur der verschwundenen Frau zum Mörder. Obwohl ich eher befürchte, daß sie auch eins seiner Opfer geworden ist. Aber das ist alles noch sehr vage. Wir wissen nur, daß sie an derselben Art Keramik interessiert war. Und daß sie verschwunden ist.»

Edgar stand schon seit geraumer Zeit neben DuMont, ein Tongefäß und eine lederne Dokumentenmappe in den Händen. Das Gefäß war sehr klein, nicht größer als eine kräftige Männerhand. Nicht viel größer als DuMonts Schädel.

«Bitte, geben Sie Mr. Leaphorn das Gefäß und die Dokumente.»

Edgar tat, was DuMont ihm aufgetragen hatte, dann blieb er grau und gebeugt und zerknittert neben dem Lieutenant stehen. Leaphorn fühlte sich unbehaglich. Warum setzte der Mann sich nicht?

Das Tongefäß lag glatt in seiner Hand, viel mehr hätte Leaphorn nicht dazu sagen können. Er setzte es behutsam ab und griff nach der Ledermappe. Zwei Verkaufsurkunden, die von Harrison Houk an Nelson und die von Nelson an DuMont. Und ein in ungelenker Schrift ausgefülltes Formular. Unterschrieben von Jimmy Etcitty. Anfang Juni, sah Leaphorn aus der Datumseintragung. Die Rubrik ‹Fundort› interessierte ihn besonders. Dort stand:

> Von Sand Island etwa acht bis zehn Meilen den San Juan abwärts. Am Nordufer beginnt eine Schlucht, in der muß man etwa fünfeinhalb Meilen weit gehen, dann sieht man links drei Ruinen. Bei der untersten Ruine gibt es eine Menge Anasazimalereien, *yei*-Figuren. Eine sieht wie ein riesiger Baseballschiedsrichter mit einem hellroten Brustpanzer aus. An der Nordseite des Cañons ist eine Ruine in eine Felsspalte gebaut, etwas tiefer als der Grund der Schlucht. Darüber liegt eine Höhle, und in der ist wieder eine Ruine. Alle Ruinen liegen auf Privatland, es gehört meinem Freund Harrison Houk in Bluff in Utah. Dieses Tongefäß stammt aus einer Ausgrabungsstelle neben der Außenmauer der Ruine in der Felsspalte. Es lag dort zusammen mit drei anderen Gefäßen, die aber alle zerbrochen waren. Auch ein Skelett lag dort, ein Teil davon. Das Gefäß enthielt nur Staub und Dreck, sonst nichts.

Mit einer Enttäuschung hatte Leaphorn natürlich rechnen müssen, aber darauf, daß sie so kraß ausfallen würde, war er nicht gefaßt. Seine Schuld, er hätte sich das denken können. Er sah die anderen Blätter in der Dokumentenmappe durch, fand jedoch nichts von Interesse. DuMont beobachtete ihn grinsend.

«Probleme?»

«Ein typischer Fall von Betrug», sagte Leaphorn.

DuMont kicherte in sich hinein. «Das hat Dr. Friedman auch gesagt. Alles gelogen, stimmt kein Wort, hat sie gesagt.»

«Sie haben mit ihr gesprochen?»

Leaphorns Verblüffung schien DuMont zu amüsieren. «Genau. Ihre verschwundene Lady war hier. Hat da in Ihrem Sessel gesessen. Edgar, hat sie vielleicht aus derselben Tasse getrunken?»

«Das weiß ich wirklich nicht, Sir.»

«Jedenfalls hat sie mir die gleichen Fragen gestellt. Richtig aufregend, nicht?»

«Wie hat sie Sie ausfindig gemacht?»

«Auf demselben Weg wie Sie, nehme ich an. Über Nelson. Sie rief an, sagte, wer sie sei, und hat einen Besuch vereinbart.»

Leaphorn äußerte sich nicht dazu. Die Eintragung im Notizbuch fiel ihm ein: ‹Q. anrufen›. Offensichtlich verfügte Ellie über einen Draht zum Auktionshaus, der an Miss Marcy vorbeilief.

«Alles gelogen, stimmt kein Wort?» wiederholte Leaphorn DuMonts Zitat. «Was hat sie damit gemeint? Das Zertifikat oder die Angaben über den Fundort?»

«Sie sagte, der Cañon liegt gar nicht da, wo Mr. … Mr. …»

«Etcitty», half ihm Edgar.

«Wo Mr. Etcitty ihn angibt.» DuMont lachte. «Genau entgegengesetzt, sagte sie. Und nicht so weit flußabwärts. So in der Art hat sie sich ausgedrückt.»

«Und da hat sie recht gehabt», bestätigte Leaphorn. Durchaus möglich, daß die falsche Ortsangabe DuMonts Ruf als Sammler nicht gerade dienlich war. Seiner Fröhlichkeit tat das jedenfalls keinen Abbruch. Er grinste immer noch vergnügt vor sich hin.

«Sie war mächtig aufgeregt. Und ziemlich enttäuscht», sagte er. «Geht's Ihnen auch so?»

«Ja», gab Leaphorn zu. «Aber ich dürfte eigentlich nicht enttäuscht sein. Ich hätte damit rechnen müssen.»

«Edgar hat eine Kopie davon gemacht. Für Sie.»

«Danke.» Leaphorn stemmte sich aus dem Sessel hoch. Er wollte weg. Raus aus diesem Raum. Raus in den klaren Regen.

«Und Edgar gibt Ihnen meine Karte mit», rief DuMont hinter ihm her. «Rufen Sie mich an. Ich will alle Details wissen. Ich meine, wenn Sie ihre Leiche finden.»

13

Reverend Slick Nakai aufzuspüren, war nicht so einfach. In der Nähe von Nageezi fand Chee nur den zertrampelten Platz, an dem das Bekehrungszelt gestanden hatte, samt der üblichen Abfälle und Papierfetzen. Er hörte sich um und erfuhr, daß Nakai sich bisweilen an der Brethren Navajomission aufhielt. Also fuhr er nach Escrito. Der *belagana* in der Missionsstation kannte Nakai zwar, wußte aber nicht, wo er zur Zeit steckte. Daß etwa hier in der Gegend ein Missionszelt aufgeschlagen worden sei – nein, davon war ihm nichts zu Ohren gekommen. Da müsse es sich wohl um einen Irrtum handeln.

Chee fuhr mit dem Gefühl weg, daß er nicht der einzige wäre, der Slick Nakai lieber von hinten als von vorn sah. Eine Weile hielt er sich am Handelsposten Counselors auf, dort konnte man gewöhnlich erfahren, was es im Nordteil der Checkerboard Reservation an Neuigkeiten gab. Und tatsächlich, er traf jemanden, der eine Familie kannte, die, wie er sagte, nicht nur getreulich auf dem Jesuspfad wandelte, sondern sich auch streng an die in Nakais Sekte geltenden Regeln hielt. Es handelte sich um die Familie von Old Lady Daisy Manygoats, die unglücklicherweise ziemlich weit entfernt wohnte, am Coyote Canyon.

Chee fuhr zum Coyote Canyon. Am Gemeindehaus erklärte man ihm, wie er weiterfahren müsse. Auf einer Straße, die auch nach den Maßstäben der Reservation hundsmiserabel war. Und dann stellte sich heraus, daß bei den Manygoats niemand außer einem Jungen namens Darcy Ozzie zu Hause war. Doch, den Reverend Slick Nakai kannte Darcy Ozzie gut, er war sogar schon bei ihm im Missionszelt in Nageezi gewesen.

«Ich hab gehört, daß er jetzt oben in den Bergen predigen wollte, zwischen White Rock und Tsaya», sagte der Junge. Die Richtung zeigte er nach Navajoart nicht mit dem Finger, sondern mit geschürzten Lippen. «Und hinterher wollte er nach Arizona gehen, um die Leute bei Lower Greasewood zu bekehren. Da drüben, südlich der Hopi Reservation.»

Also fuhr Chee über den holprigen Asphalt der U.S. 666 das Chuska Valley hinauf, auf Tsaya zu. Links von ihm erhob sich stahlblau die Chuska Range, rechts dehnten sich Felder mit Herbstastern, vor ihm färbten Schlangenkraut und Chamisobüsche die Hänge lohfarben, vermischt mit gelben Tupfen und Goldglanz, und über allem wölbte sich der tiefblaue Novemberhimmel.

Auf halbem Weg zwischen Nageezi und dem Coyote Canyon hatte er aufgehört, an Slick Nakai zu denken und sich auszumalen, wie die Begegnung zwischen ihm und dem Prediger wohl verlaufen mochte. Statt dessen dachte er an Mary Landon. Eigentlich war er sicher, daß sie ihn liebte. Jedenfalls auf ihre Art. Aber es gab eben die eine Art, jemanden zu lieben, und jene andere.

Ihre Ansicht über ein Leben in der Reservation würde sie wohl nicht ändern. Und im Grunde hatte sie ja recht. Solange sich ihre Auffassung nicht änderte, konnte sie hier nicht glücklich werden und schon gar nicht ihre Kinder großziehen. Er wollte weder, daß Mary sich änderte, noch wollte er sich unglücklich sehen. Und damit kam er an den Punkt, an dem er sich selbst entscheiden mußte. Sie wäre sofort mit einer Heirat einverstanden gewesen, wenn er sich entschlossen hätte, die Reservation zu verlassen. Und das wäre durchaus möglich gewesen, es gab Angebote von Dienststellen der Bundespolizei. Er konnte irgendwo seiner Arbeit nachgehen, wo die

Kinder, Marys und seine Kinder, die Schulbank zusammen mit weißen Kindern drückten und wo sie ringsum nur die Zivilisation der Weißen erlebten.

Mary wäre glücklich. Oder etwa nicht? Und er konnte ein Navajo bleiben. Tun, was das Blut ihn lehrte. Nicht aber, was ihn der Glaube lehrte. Er wäre weit weg von seiner Familie und von den Brüdern und Schwestern im Clan seiner Mutter, dem Slow Talking People. Er wäre fern vom Dineh Bike'yah, dem Land im Geviert der vier heiligen Berge, wo die magischen Kräfte ihrer Rituale wirkten und die heilsame Wirkung ihrer Zeremonien allen zuteil wurde, die daran glaubten. Er wäre ein Fremder unter Fremden. Und das Leben mit so einem Jim Chee würde Mary Landon wohl doch nicht gefallen. Er aber konnte nicht mit einer Mary Landon leben, die unglücklich war. Am Schluß kam er eben immer zu demselben Ergebnis. Jedesmal blieb eine Spur Ärger und Traurigkeit zurück. Da war es schon besser, wenn er rasch an etwas anderes dachte.

Er probierte es mit Janet Pete. Er kannte sie nicht gut genug, darum war es schwierig, sich vorzustellen, wie sie wohl ihr Problem lösen würde. Würde sie wirklich das Indianermädchen für diesen Karriereanwalt spielen? Um eine Antwort zu finden, hätte er mehr über die Sache wissen müssen. Aber er bezweifelte sehr, daß Janet Pete sich je auf so einen Handel einlassen würde.

Wer hatte Nails und Etcitty getötet? Das Motiv mußte man finden, sonst konnte es auch keine Antwort auf die Frage geben. Aber denkbare Motive gab es zu Dutzenden, Anhaltspunkte für Vermutungen nicht. Leaphorn glaubte offenbar, daß Slick Nakai seine Finger im Spiel hätte. Nun gut, Leaphorn konnte das besser beurteilen als Chee. Chee wußte nur sehr wenig. Daß Nakai von Etcitty Tongefäße gekauft oder in Verwahrung genommen hatte. Daß Etcitty einer von Nakais wiedergeborenen Christen war. Daß Leaphorn vermutete, Nakai habe Tongefäße an die verschwundene Frau aus Chaco Canyon weiterverkauft.

Im Grunde drehte sich alles um diese Frau. Nur ihretwegen war Chee zu Leaphorns Unterstützung abgeordnet worden. Am Telefon hatte Leaphorn sehr müde geklungen. «Ich brauche Sie noch ein bißchen länger in dieser Friedman-Bernal-Sache», hatte der Lieutenant gesagt. «Mit Captain Largo komme ich schon klar, vorausgesetzt, Sie sind einverstanden.»

Chee hatte gezögert. Eigentlich nur, weil die Frage so überraschend kam. Leaphorn mußte das natürlich als Unschlüssigkeit deuten.

«Ich weise noch mal ausdrücklich darauf hin, daß ich aus dem Dienst ausscheide. Ich nehme gerade meinen Resturlaub. Ich sage Ihnen das fairerweise. Denn wenn Sie mir jetzt einen Gefallen tun, werde ich kaum Gelegenheit haben, mich zu revanchieren.»

Was wohl eigentlich heißen sollte: Ich kann's Ihnen nicht übelnehmen, wenn Sie ablehnen. Der Lieutenant hatte es nur ein wenig gefälliger formuliert.

«Ich mache gern weiter mit», hatte er geantwortet. «Schon, um den zu kriegen, der die beiden Männer ermordet hat.»

«Das ist nicht der Fall, an dem wir arbeiten. Obwohl ich annehme, daß es etwas mit unserer Sache zu tun hat. Es kann gar nicht anders sein. Aber mir geht's um die verschwundene Frau aus Chaco, die Anthropologin.»

«Okay», hatte Chee gesagt.

Eine seltsame Art, sich auf etwas zu konzentrieren. Zwei Morde, kaltblütig und vorsätzlich. Aber Leaphorn opferte seinen Urlaub, um eine verschwundene Frau zu suchen. Seinen Urlaub und Chees Anstrengungen. Dabei ging es offensichtlich um dieselben Hintergründe. Nur, sie rollten die Sache von hinten auf. Na gut, Lieutenant Leaphorn war erfahrener als Officer Chee. Er stand im Ruf, seine eigenen Methoden zu haben. Und meistens auch den richtigen Riecher.

In Tsaya stellte sich heraus, daß Chee den Prediger knapp verfehlt hatte. Slick Nakai hatte seine geplante Bekehrungspredigt abgesagt und war nach Norden weitergefahren.

«Einfach so abgesagt?» fragte Chee das pummelige Mädchen im Gemeindehaus. Die Achtzehnjährige schien für Besucher zuständig zu sein, jedenfalls war sonst niemand da, den er fragen konnte.

«Er kam hier reingestürmt, sagte, wer er ist und daß er die Versammlung in seinem Zelt, die für heute abend vorgesehen war, nicht durchführen könnte», antwortete das Mädchen. Sie deutete auf die Wand in der Nähe der Tür. «Steht alles da drüben auf der Tafel mit dem Aushang.»

«BEKANNTMACHUNG!» hatte Nakai oben aufs Blatt geschrieben. Darunter stand:

Wegen einer unvorhergesehenen dringenden Angelegenheit ist Reverend Nakai leider gezwungen, den angekündigten Bekehrungsgottesdienst abzusagen. Dieser wird, so Gott will, zu einem späteren Zeitpunkt nachgeholt.

Reverend Slick Nakai

«Schöne Scheiße!» Jim Chee sagte es laut und auf englisch, da sich die Navajosprache kaum für solche Gefühlsausbrüche eignete. Er warf einen Blick auf die Armbanduhr. Fast halb fünf. Wohin, zum Teufel, konnte Nakai gefahren sein? Er ging zum Schreibtisch des Mädchens zurück. Sie hatte ihn die ganze Zeit über neugierig beobachtet.

Chee lächelte ihr zu. «Ich muß Nakai finden.» Er war froh, daß er keine Uniform trug. Unter den jungen Leuten waren die meisten der Navajo Tribal Police nicht sonderlich gut gesonnen. «Hat er denn gar nichts gesagt? Nicht mal Andeutungen?»

«Zu mir? Nichts. Er hat sich nur ein Blatt Papier für seine Bekanntmachung geben lassen. Bist du einer von seinen Christen?»

«Nein», sagte Chee. «Im Gegenteil, ich bin ein *hatathali*. Ich singe das Lied, das den Segen bringt.»

Das Mädchen staunte ihn an. «Ach, wirklich?»

Das war Chee nun doch peinlich. «Ich stehe noch ganz am Anfang. Ich habe es erst einmal zelebriert.» Daß es dabei um eine Zeremonie in der eigenen Familie gegangen war, erwähnte er nicht. Er nahm die Brieftasche heraus und gab dem Mädchen eine seiner Karten.

JIM CHEE
HATATHALI

Sänger des Liedes, das den Segen bringt
Auch für andere Zeremonien ausgebildet
(Anrufe erbeten unter der Telefonnummer......)
(P.O. Box 112, Shiprock, N.M.)

Die Telefonnummer hatte er offengelassen, in seinem Wohnwagen gab es kein Telefon. Ursprünglich hatte er vorgehabt, die Nummer der Polizeistation in Shiprock einsetzen zu lassen. Aber ehe es soweit war, hatte Largo schon Wind davon bekommen und energisch abgewinkt. Angeblich vertrug sich das nicht mit den Pflichten eines Officers. Und der Kerl an der Vermittlung hatte ins gleiche Horn getutet. «Was sollen denn die Leute denken, Jim? Die rufen hier an und erwarten, daß sich ein Sänger meldet. Und da ist dann einer mit ‹Navajo Tribal Police› an der Strippe.»

«Gib mir noch 'n paar mehr», bat das Mädchen, «ich häng eine Karte da vorn an den Aushang.»

«Gern», sagte Chee. «Und verteil sie auch an die Leute. Vor allem, wenn du hörst, daß jemand krank ist.»

Sie nahm die Karten. «Wieso sucht eigentlich ein *hatathali* nach einem christlichen Prediger?»

Chee ging nicht darauf ein. «Vorhin hast du gesagt, du wüßtest nicht, wo er hinwollte. Meinst du, er könnte es sonst jemandem gesagt haben?»

«Er hat telefoniert», sagte das Mädchen. «Hat gefragt, ob er meinen Apparat benutzen dürfte.» Sie zögerte, legte die Hand auf den Telefonapparat. «Und dann hat er jemanden angerufen.» Wieder ein Zögern. Sie sah zu Chee hoch.

«Und du hast was mitgehört?»

«Ich mach doch keine langen Ohren», protestierte das Mädchen.

«Natürlich nicht», sagte Chee. «Aber der Mann hat hier an deinem Schreibtisch telefoniert. Da mußt du ja was mithören. Hat er gesagt, wo er hinwollte?»

«Nein», sagte das Mädchen, «das hat er nicht gesagt.»

Chee merkte, daß sie ihr Spielchen mit ihm trieb. Er versuchte es mit einem Lächeln. «Du willst mir bloß noch nicht verraten, was er gesagt hat. Willst mich ein bißchen zappeln lassen, wie?»

Das schien ihr Spaß zu machen. «Und wenn ich's dir gar nicht verrate?»

«Wie wär's, wenn ich dir mal eine Schauergeschichte erzähle? Zum Beispiel, daß ich gar kein Medizinmann bin. Ich bin ein Cop, der eine verschwundene Frau sucht. Und Nakai ist in Wirklichkeit gar kein Prediger, sondern ein Gangster, der schon jede Menge Leute umgebracht hat. Ich bin ihm auf den Fersen. Aber ohne dich habe ich keine Chance, ihn zu schnappen, bevor er noch mehr Leute erschießt.»

Sie lachte. «Das würde ganz prima zu dem passen, was er am Telefon gesagt hat. Hat sich richtig geheimnisvoll angehört.»

Chee gab sich Mühe, ein Grinsen auf sein Gesicht zu zaubern. Es fiel ein bißchen mager aus. «Wie geheimnisvoll denn?»

Sie machte es sich auf ihrem Schreibtischstuhl bequem. «Oh, er hat gesagt: Hast du schon gehört, was mit Soundso passiert ist?

Dann hat er zugehört, was der andere sagt. Und dann hat er gesagt, daß die Sache ihn ganz nervös macht. Und daß er sich um Weißnichtwen Sorgen macht. Und deshalb müßte er sofort zu seinem Hogan fahren und ihn warnen. Und daß er seine Predigt hier absagt und dorthin fährt. Danach hat er wieder lange zugehört und gesagt, wie weit's wär, wüßte er auch nicht. Irgendwo oben in Utah.» Sie hob die Schultern. «Das war so ungefähr alles.»

«Ungefähr alles oder alles?»

«Na ja, eben alles, was ich weiß.»

Und das schien die Wahrheit zu sein. Es blieb beim ‹Soundso› und beim ‹Weißnichtwer›, an Namen konnte sie sich nicht erinnern. Und Chee dachte beim Hinausgehen, daß wenigstens ‹oben in Utah› ein ganz interessanter Hinweis wäre. Genau die Gegend, nach der Leaphorn den Prediger ausgefragt hatte. Die Gegend, die offensichtlich auch für Friedman-Bernal so wichtig gewesen war. Und ihm fiel ein, daß er auf dem Weg nach Four Corners durch Shiprock käme. Vielleicht nahm er sich, wenn er zu müde wurde, die Nacht frei. Slick Nakai konnte er sich morgen immer noch vorknöpfen. Aber warum hatte der Prediger überhaupt seine Pläne geändert und sich auf den Weg zum Utah-Grenzgebiet gemacht? Schwer zu sagen. ‹Soundso› war wahrscheinlich Etcitty. Und ‹Weißnichtwer› vielleicht ein anderer aus seiner Gemeinde, auch einer, der für ihn nach Tongefäßen räuberte. Ein komischer Vogel, dieser Nakai.

Chee fuhr gerade durch die Bisti Badlands, Richtung Norden, auf Farmington zu, als im Radio die Fünf-Uhr-Nachrichten kamen. Radio Durango, ein Lokalsender für die Ute Moutain Reservation. Eine Frauenstimme berichtete über heftige Debatten wegen eines geplanten neuen Skilifts bei Purgatory, Gegner des Projekts befürchteten weitere Umweltschäden. Und über die Unterschriftensammlung für eine Petition mit dem Ziel, einen Councilman in Aztek in New Mexico zum Rücktritt zu zwingen. Chee streckte schon die Hand aus, um einen anderen Sender zu suchen. Radio Farmington brachte mehr Nachrichten aus New Mexico. «Weitere Nachrichten aus dem Four Corners-Gebiet», kündigte die Frauenstimme in diesem Augenblick an. «Eine Persönlichkeit des politischen Lebens, ein prominenter, nicht immer unumstrittener Rancher aus Südost-Utah, wurde auf seiner Ranch nahe Bluff erschossen.»

Chees Hand erstarrte.

«Wie ein Sprecher vom Sheriffbüro des Garfield County mitteilte, handelt es sich bei dem Erschossenen um Harrison Houk. Houk war früher Senator des Staates Utah, er gehörte zu den größten Ranchern der Gegend. Die Leiche des Ermordeten wurde gestern abend in der Scheune seines Anwesens entdeckt. Sie wies zwei Einschußwunden auf.»

Die Stimme fuhr fort: «Vor etwa zwanzig Jahren wurde die Familie Houk von einer aufsehenerregenden Tragödie betroffen. Houks Frau, sein Sohn und seine Tochter wurden vom geistesgestörten jüngsten Sohn der Familie erschossen, der nach der Bluttat im San Juan den Tod durch Ertrinken fand. Weitere Nachrichten. Von jenseits der Staatsgrenze wird gemeldet, daß bei einem Bundesgericht in Arizona Klage eingereicht wurde wegen...»

Chee schaltete das Radio aus. Er mußte nachdenken. Houk war der Mann, dem Nakai Tongefäße verkauft hatte. Houk lebte in der Nähe von Bluff, am San Juan. Der ‹Soundso› konnte Etcitty sein, aber wahrscheinlicher war, daß Nakai den Rancher Houk gemeint hatte. Konnte Nakai auf der Fahrt nach Tsaya vom Mord an Houk gehört haben? Vielleicht in einer früheren Nachrichtensendung. Das würde erklären, warum er seine Pläne so plötzlich geändert hatte. Aber vielleicht war Houk auch der ‹Weißnichtwer› – der Mann, den Nakai warnen wollte. Dann war er zu spät gekommen. So oder so, es stand fest, daß Nakai nach Bluff gefahren war. Oder jedenfalls in die Nähe. Dahin, wo Houk ermordet worden war – der Mann, dem er Anasazikeramik verkauft hatte.

Chee beschloß dann doch, sich den Rest des Abends um die Ohren zu schlagen. Wenn möglich, wollte er den aalglatten Nakai heute noch aufspüren.

Und das war nach dem ganzen Hin und Her auf einmal verblüffend einfach. Chee fuhr nach Norden, Richtung Bluff. Mexican Water lag schon weit hinter ihm, kein Zweifel, er befand sich nicht mehr in Arizona, sondern in Utah. Plötzlich entdeckte er Nakais Anhänger mit dem Zelt. Vierhundert Meter von der U.S. 191 entfernt stand er auf der Stichstraße, die zu einem Ölfeld geführt hatte und jetzt, da es aufgegeben war, irgendwo im steinigen Ödland südlich von Caso del Eco Mesa endete.

Chee riß den Pickup nach links, ließ ihn hinter dem Anhänger ausrollen und inspizierte das Gefährt. Die Zeltbahnen waren ordentlich verschnürt, kein Reifen platt, auch sonst keine Schäden. Nakai hatte das Ding einfach abgekoppelt und stehenlassen.

Chee fuhr auf der Schlaglochstrecke weiter, an einer stillgelegten Förderpumpe vorbei, durch den Gothik Creek und weiter ins flache Land, wo ein paar Salbeibüschel und einzelne windschiefe Wacholderbüsche die einzige Vegetation waren. Dort teilte sich die alte Straße in zwei auseinanderlaufende Feldwege, die Zufahrten zu den Hogans der beiden Navajofamilien, die in dieser Einöde zu überleben versuchten. Es war schon fast dunkel, der Horizont im Westen leuchtete wie glühendes Kupfer. Welchen Weg sollte er nehmen? Ehe er sich aufs Geratewohl entscheiden mußte, sah er knapp eine halbe Meile entfernt Nakais Wagen stehen.

Er fuhr weiter. Ein gutes Gefühl hatte er nicht, er war auf der Hut. Vorhin, als er dem Mädchen in Tsaya erzählt hatte, Nakai sei ein Gangster – das war nur Spaß gewesen. Aber wer weiß? Er jedenfalls wußte so gut wie gar nichts. Nur, daß Nakai seit Jahren in der Reservation als Prediger herumzog. Daß er seine Gemeinde aufgefordert hatte, ihm Tongefäße zu bringen, damit er sie verkaufen und Geld für die Kirchenkasse sammeln könne. Aber ob Nakai eine Waffe besaß? Wie sah es mit seinem Vorstrafenregister aus? Leaphorn wußte vielleicht mehr darüber, aber er hatte Chee nicht eingeweiht. Er fuhr noch langsamer, merkte, wie seine Nerven vibrierten.

Nakai saß auf der Motorhaube seines protzigen alten Cadillacs, die Beine weit ausgestreckt, den Rücken an die Windschutzscheibe gelehnt. Harmloser konnte niemand aussehen. Chee stellte den Pickup hinter dem Cadillac ab, stieg aus und reckte sich.

«*Ya te'eh*», begrüßte ihn Nakai. Dann erkannte er Chee, blinzelte verwundert. «So trifft man sich wieder, weit von Nageezi.»

«*Ya te*», sagte Chee. «Gar nicht so einfach, Sie zu finden. Erst hab ich in Tsaya nach Ihnen gesucht, dann unten bei Lower Greasewood, fast schon im Hopiland.»

Die Frage, die dabei mitschwang, überhörte Nakai geflissentlich. «Mir ist der Sprit ausgegangen. Das Ding schluckt so viel wie ein Panzer.» Geschmeidig sprang er von der Kühlerhaube. «Haben Sie etwa nach mir gesucht?»

«So könnte man's ausdrücken», antwortete Chee. «Was führt Sie denn nach Utah? So weit weg von Lower Greasewood?»

«Wer auf den Wegen des Herrn wandelt, wird an vielen Orten gebraucht.»

«Wollen Sie hier in der Einöde predigen?»

«Warum nicht? Wenn sich's einrichten läßt.»

«Aber Sie haben das Zelt gar nicht dabei», sagte Chee und dachte: Du lügst das Blaue vom Himmel herunter. In dieser Einöde? Wer soll dir denn hier zuhören?

«Weil der Tank leer war», erklärte ihm Nakai. «Hab gedacht, wenn ich den Hänger stehenlasse, reicht das Benzin gerade noch, bis ich da bin. Später hätt ich ihn dann abgeholt.» Er lachte. «Hab das Ding aber zu spät abgehängt. Da war ich schon mit dem Sprit fast am Ende.»

«Vielleicht hätten Sie mal einen Blick auf die Tankanzeige werfen sollen.»

«Die Benzinuhr war schon im Eimer, als ich die Karre gekauft habe», sagte Nakai lachend. «Selig sind die Besitzlosen. Hätte nichts gebracht, dauernd auf die Tankanzeige zu starren. Das Geld war mir nämlich schon vor dem Benzin ausgegangen.»

Chee sagte nichts. Er überlegte, wie er herausbekommen könnte, was Nakai tatsächlich hier zu suchen hatte. Wen er hier in der Gegend warnen wollte.

«Ein Stück weiter den Weg runter wohnt einer meiner Brüder», sagte Nakai. «Ein Christ. Also ein Bruder im Herrn. Und er ist auch Paiute, wie ich. Das macht uns noch einmal zu Brüdern. Ich wollte schon zu Fuß weitergehen, da sah ich Sie kommen.»

«Dann sind Sie also noch nicht lange hier?»

«Höchstens fünf Minuten. Können Sie mich hinbringen? So um die acht Meilen. Ich würd ja laufen, aber ich hab's eilig.»

Nakai blickte nach Westen, den Weg hinunter. Chee beobachtete ihn. Vor dem Kupferhimmel schien Nakais Kopf wie eine Skulptur. Bronze. Aber der Schein trügte, innerlich war Nakai Wachs. Irgend etwas machte ihm Sorgen. Und Chee war leider immer noch kein Trick eingefallen, Nakai auszuhorchen, was ihn nun wirklich in diese Einsamkeit geführt hätte.

«Sie haben gehört, daß Harrison Houk umgebracht wurde», sagte Chee. «Und sind Sie sofort hierhergefahren. Warum?»

Nakai wandte sich langsam um. Sein Gesicht lag wieder im Dämmerlicht. «Wer ist Houk?»

«Der Mann, dem Sie Keramik verkauft haben. Erinnern Sie sich nicht mehr? Sie haben es Lieutenant Leaphorn selbst erzählt.»

«Okay, ich weiß schon, wen Sie meinen.»

«Etcitty hat mit Ihnen und mit Houk Geschäfte gemacht. Dabei ging es um Tongefäße. Und nun ist Etcitty tot. Und Houk. Beide wurden erschossen. Und Nails, nicht zu vergessen. Haben Sie den auch gekannt?»

«Bin ihm ein-, zweimal begegnet.»

«Hören Sie», sagte Chee, «ich bin in Leaphorns Auftrag hier, aber aus einem anderen Grund. Er möchte diese Frau namens Eleanor Friedman-Bernal finden. Er will wissen, was aus ihr geworden ist. Darüber hat er bereits mit Ihnen gesprochen. Aber jetzt möchte er mehr wissen. Sie hat Ihnen aufgetragen, hier draußen – genau in dieser Gegend – nach Keramik Ausschau zu halten. Im Ufergebiet des San Juan, oben in Bluff und rings um Mexican Hat. Was hat sie genau gesagt?»

«Was ich dem Lieutenant schon erzählt habe. Sie wollte solche glasierten Gefäße haben. Die so rosa aussehen, mit Mustern und Schlangenlinien und Einkerbungen – oder wie das Zeug heißt. Gut erhaltene Gefäße oder Scherben, das war ihr egal. Und daß sie speziell an denen interessiert wäre, die hier in der Gegend gefunden werden, hat sie gesagt.» Nach einem Achselzucken behauptete er: «Das war alles.»

Chee spürte, wie verspannt sein Rücken war. Er stemmte die Arme in die Hüften und dehnte und streckte sich. Zehn Stunden hatte er heute im Pickup gesessen. Oder noch mehr. Jedenfalls zu lange. «Wenn Joe Leaphorn hier wäre, würde er sagen: Nein, das war nicht alles. Sie muß Ihnen mehr erzählt haben. Sie wollen nur Zeit gewinnen. Wollen erst mal nachdenken. Also los, erzählen Sie schon, was sie gesagt hat. Alles. Und überlassen Sie das Nachdenken mir.»

Nakai sah ihn verschlagen an. Ein häßlicher kleiner Kerl, dachte Chee. Schlau wie eine Ratte.

«Ich weiß schon, was Ihnen durch den Kopf geht. Ich bin Polizist. Und all die Tongefäße stammen aus der Navajo Reservation. Mit anderen Worten, die Sache ist *mucho, mucho* illegal. Sie wollen niemanden reinreiten, deshalb überlegen Sie sich jedes Wort zweimal.» Chee lehnte sich an die Pickup-Tür. «Vergessen Sie das. Wir sind immer nur hinter einer Sache her. Und im Augenblick ist das die Sache mit der verschwundenen Frau. Etcittys Mörder zu finden, ist nicht unser Job. Wir sind auch nicht darauf aus, jemanden am Kanthaken zu kriegen, weil er auf Navajogebiet alte Siedlungen ausgeplündert hat. Uns geht's nur um eins. Nur darum, Eleanor Friedman zu finden. Leaphorn scheint anzunehmen, daß sie unterwegs war, um selber nach Tongefäßen zu suchen. Und deshalb würde ich es sehr begrüßen, wenn Sie endlich den Mund aufmachen würden. Ich wäre Ihnen sogar zu Dank verbunden und würde Sie weiß Gott wohin bringen. Aber erst müssen Sie reden. Erzählen Sie mir alles, ob's Ihnen wichtig vorkommt oder nicht.»

Nakai wartete eine Weile. Er wollte wohl erst sicher sein, daß Chee sich nun wirklich alles von der Seele geredet hätte.

«Viel Wichtiges gibt's nicht zu erzählen», sagte er schließlich. «Lassen Sie mich einen Augenblick nachdenken.»

Hinter Nakai verglühte das Kupferrot des Sonnenuntergangs, die Farben wurden satter und dunkler. Zwei blaue Wolken hatten sich vor das prächtige Schauspiel am Horizont geschoben, dünn wie gezupfte Watte. Links drüben hing der Dreiviertelmond am Himmel, wie ein ausgehöhlter bleicher Stein.

«Sie wollen's wörtlich haben? Was sie gesagt hat – und er und dann wieder sie?» vergewisserte sich Nakai. «So genau erinnere ich mich nicht mehr. Aber ich könnte Ihnen sagen, was ich für einen Eindruck hatte. Mehr so allgemein. Erstens, sie hat an ganz bestimmte Ruinen gedacht. Dort war sie schon mal. Sie wußte genau, wie's da aussieht. Zweitens, die Sache war illegal. Es ging um Ruinen in der Reservation. Das hat sie ziemlich unverblümt gesagt. Ich weiß noch, daß ich gesagt habe, das wär aber verboten, und da hat sie gesagt, na ja, es gäbe eben Sachen, die im Grunde nicht sein dürften. Aber es wäre Navajoland, und ich wär ja ein Navajo.» Er schielte zu Chee hoch. «Wie sieht's aus? Bringen Sie mich dahin, wo ich hin will?»

«Weiter!» sagte Chee.

«Das ist alles, was ich weiß. Wirklich. Habe ich schon erwähnt, daß es um einen Cañon ging? Da bin ich ganz sicher. Sie hat gesagt, sie hätte davon gehört. Von wem, hat sie nicht gesagt. Ich nehme an, von einem, der ihr ein Tongefäß verkauft hat. Ihrer Beschreibung nach muß es jedenfalls ein Cañon gewesen sein. Von drei Ruinen hat sie gesprochen. Eine unten in der Schlucht, beim Flußbett. Eine in der Felsspalte darüber. Und eine noch mal ein Stück weiter oben, die könnte man aber von unten nicht sehen. Also, das kann ja nur in einem Cañon sein. Und das ist nun wirklich alles, was ich weiß.»

«Nicht zufällig auch noch, wie der Cañon heißt?»

«Das hat sie selber nicht gewußt. Sie meinte, der hätte keinen Namen. Cañon *sin nombre.*» Nakai lachte. «Sie hat mir nicht viel erzählt, das können Sie ruhig glauben. Nur, daß sie sehr an diesen Tongefäßen interessiert wäre. Könnten auch Scherben sein. Aber die mit dem rosaroten Glanz müßten es sein. Und mit Wellenlinien und Einkerbungen. Dafür würde sie den dreifachen Preis zahlen. Ach ja, und sie wollte genau wissen, woher die Gefäße kämen. Ich hab mich noch gewundert, warum sie sich die Dinger nicht selbst geholt hat. Ich glaube, sie hatte einfach Bammel, daß sie erwischt wird.»

«Leaphorn nimmt an, daß sie eben doch eines Tages beschlossen hat, sich selbst darum zu kümmern. Das heißt, ich glaube, daß er das annimmt.»

Nakai sagte nur: «So, jetzt habe ich mir aber verdient, daß Sie mich mitnehmen.»

Chee fuhr ihn zu einem Hogan, eine Dreiviertelstunde brauchten sie für die acht Meilen, der Weg schien nur aus aneinandergereihten Schlaglöchern zu bestehen. Der Hogan lag an einem Hang, in der Schleife eines ausgetrockneten Flußbettes, durch das sich nach Regentagen die Wassermassen ihren Weg in den Gothik Creek bahnten. Es war fast dunkel, als sie über rutschigen Felsboden auf den Hogan zufuhren. Trotzdem erkannte Chee im Mondlicht Baumwollsträucher, Tamarisken und Kaninchensträucher am Ufer des ausgetrockneten Flußlaufs. Es mußte also eine Quelle geben, vermutlich die einzige weit und breit. Grund genug, in einem wasserarmen Landstrich den Hogan gerade hier zu errichten. Aber es standen auch rostige Wasserfässer bereit, ein Zeichen, daß die Quelle nur spärlich floß und in der Trockenzeit nicht genügend Wasser spendete.

Chee parkte den Pickup und trat, ehe er den Motor abstellte, noch einmal das Gas durch – eine Art Vorwarnung für die Bewohner des Hogans, daß Besuch ins Haus stünde. Aus einem Seitenfenster fiel schwacher Lichtschimmer, vielleicht von einer Kerosinlampe. Es roch nach Schaf, irgendwo hinter dem Haus mußten die Tiere sein. Ein Geruch, der Chee vertraut war und Erinnerungen in ihm weckte.

«So, nun haben Sie allerdings wieder ein kleines Problem am Hals», sagte Chee.

«Ja? Was denn?» fragte Nakai.

«Der Mann, der hier wohnt und den Sie Ihren Bruder nennen, hat sich in Ihrem Auftrag widerrechtlich Tongefäße angeeignet. Sie sind hergekommen, um ihm zu erzählen, was mit Etcitty, mit Nails und mit Houk passiert ist. Damit er sich vorsieht, weil da einer durch die Gegend zieht und Keramikdiebe umbringt. Aber ich bin nun mal Polizist, Sie werden kaum Wert darauf legen, daß ich das alles mit anhöre.»

Nakai sagte nichts.

«Kein Wagen. Kein Transportfahrzeug, soweit ich sehen kann. Und wenn es eins gäbe, müßte es hier stehen, auf dem Felsgrund. Also ist jemand aus dem Hogan damit unterwegs.»

Nakai sagte wieder nichts. Er atmete nur hastiger.

«Wenn ich Sie also hierlasse, wie Sie vorgeschlagen haben, sitzen Sie fest. Kein Benzin. Und niemand, der Sie zum Cadillac zurückbringt.»

«Wahrscheinlich ist einer der Söhne mit dem Lastwagen unterwegs», sagte Nakai. «Und einen Spritvorrat werden sie hier schon haben. Wenigstens einen Kanister.»

«Was immer noch bedeuten würde, daß Sie ihn acht Meilen weit schleppen müßten», gab Chee zu bedenken. «Und wenn Sie Pech haben, kriegen Sie nicht mal Benzin.»

Die Decke am Eingang des Hogans wurde beiseite geschoben, ein Mann sah zu ihnen herüber.

«Worauf wollen Sie hinaus?» fragte Nakai.

«Zuerst geben Sie mal Ihr Spielchen auf. Ich habe nicht vor, jemanden wegen dieser Sache mit den Tongefäßen festzunehmen. Aber ich muß wissen, woher sie stammen. Das ist alles, was mich interessiert. Wenn Sie das nicht wissen, weiß es der Mann aus dem Paiute Clan – der dort drüben unter der Tür. Versuchen Sie keine Tricks, ich will, daß er redet.»

Der Mann aus dem Paiute Clan hieß Amos Whistler. Hager, grobknochig, vier der unteren Schneidezähne fehlten. Er wußte, woher die Tongefäße stammten.

«Von da drüben», zeigte er, «weiter westlich, Richtung Navajo Mountain. So um die dreißig Meilen hinter der Nokaito Bench.»

In der Gegend, die er beschrieb, gab es weder Weg noch Steg, nur Sandsteingeröll und Hunderte trockener Wasserläufe. Whistler erzählte, ein Onkel habe ihm vor vielen Jahren von den alten Anasazisiedlungen erzählt, ihn aber gewarnt, je dort hinzugehen, weil es so viele böse Geister gäbe. Er aber, Amos Whistler, sei nun Christ und glaube nicht mehr an Geister. Darum sei er mit ein paar Packpferden losgezogen. Ein beschwerlicher Weg. Ein wahres Martyrium. Ein Pferd habe er unterwegs verloren. Ein gutes Pferd.

Chee besaß ein ausgezeichnetes Kartenwerk, herausgegeben vom U.S. Geological Survey. Auf jedem Einzelblatt war ein Gebiet von 32 Quadratmeilen erfaßt, mit allen Details.

«Wie heißt der Cañon?» fragte er Whistler.

«Den richtigen Namen weiß ich nicht», sagte Amos Whistler. «Hier in der Gegend nennen wir den Cañon nur die Schlucht, in der der Wasserspendende die Flöte spielt.» In der Navajosprache hörte sich die Beschreibung umständlich und langatmig an. Der Paiute verzog das Gesicht, als hätte man ihn zu einem sträflichen Rückfall in heidnische Bräuche gezwungen.

«Würdest du die Pferde mieten und mich hinbringen?» fragte Chee.

«Nein», sagte Amos Whistler, «ich geh da nicht mehr hin.»

«Ich bezahl dich dafür. Und wenn's deine Pferde sind, bezahle ich sie auch. Ich zahl dir einen guten Preis.»

Whistler blieb dabei. «Nein. Ich bin Christ, ich weiß von Jesus. Ich hab keine Angst mehr vor Anasazigeistern wie früher, als ich noch Heide war. Aber da geh ich nicht mehr hin.»

«Du könntest eine Menge verdienen. Und Ärger mit dem Gesetz kriegst du auch nicht.»

Amos Whistler ging zwei, drei Schritte auf die Hogantür zu. «Ich hab ihn dort draußen gehört», sagte er. «Ich hab den wasserspendenden Gott auf seiner Flöte spielen hören.»

14

Leaphorns ganzes Bemühen, für den Flug nach Chicago einen der vorderen Fensterplätze zu ergattern, war sinnlos gewesen. Es gab ohnehin nichts zu sehen als die geschlossene Wolkendecke über den weiten, fruchtbaren Flächen des amerikanischen Kernlandes. Er starrte auf die graugeballte Masse hinunter und dachte an den ständigen Zustrom feuchter Luftmassen vom Golf von Mexiko und an die kalten Regentage, in denen das Land in trübes Einerlei getaucht war und der Himmel so tief zu hängen schien, daß man sich wie erdrückt fühlte. Emma hatte ihn davor bewahrt, hier zu leben. Sie war immer dafür gewesen, daß sie in der Reservation blieben.

Er fühlte sich niedergeschlagen. Da hatte er nun in New York alles erreicht, was er erreichen wollte, und es war doch nichts dabei herausgekommen. Etcitty hatte sich vor dem Fehler gehütet, mit seiner Unterschrift unter ein Dokument zuzugeben, daß er gegen Bundesgesetze verstoßen hätte – das war aber auch schon die einzige neue Erkenntnis. Die Beschreibung der Fundstätte an sich war vermutlich richtig. Warum hätte ein Mann wie Etcitty eine so detaillierte Schilderung erfinden sollen? Eher war anzunehmen, daß er die Stelle im Cañon nach seiner Erinnerung beschrieben hatte. Was tat ein einfacher Mann, wenn vor ihm ein Formblatt mit gezielten Fragen lag? Er schrieb auf, was er gesehen hatte. Nur in einem Punkt hielt er sich nicht an die Wahrheit, weil er wußte, daß er sonst mit dem Gesetz in Konflikt geraten wäre.

Eine Überlegung, die Leaphorn auch nicht weiterhalf. Im Grenzgebiet zwischen Utah, Arizona und Mexiko gab es Tausende von trockenen Flußläufen, Schluchten und Cañons. Tausende und Abertausende, und in sie eingebettet Tausende von Felsvorsprüngen, versteckt genug und dennoch sonnig gelegen, ideale Bauplätze für Tausende von Anasazisiedlungen. Man schätzte, daß es auf dem Colorado-Plateau hunderttausend solcher alten Siedlungsstätten gab, Zeugnisse einer fast tausend Jahre währenden Zivilisation. Etcittys Schilderung war ungefähr soviel wert wie die genaue Beschreibung eines Hauses in einer Großstadt, bei der nichts fehlte – bis auf die Adresse. Natürlich, es gab ein paar Anhaltspunkte. Die Fundstelle lag wahrscheinlich im Süden Utahs oder im Norden Arizonas. Vermutlich nördlich vom Monument Valley. Und östlich der Nokaito Mesa. Westlich vom Montezuma Creek. Das engte das Ganze auf ein Gebiet ein, das etwas größer als Connecticut war, mit einer Bevölkerung von allenfalls fünftausend Menschen. Und alles, was sie hatten, war die Beschreibung einer Fundstelle. Die übrigens genauso falsch sein konnte wie die Lageangaben.

Vielleicht war Chee erfolgreicher gewesen. Ein bemerkenswerter junger Mann, dieser Chee. Offenbar ein kluger Kopf, hellwach. Aber irgendwie... Irgendwie was? Verdreht? Nein, das traf's nicht. Es hing nicht nur damit zusammen, daß er unbedingt ein Medizinmann sein wollte – eine ziemlich ausgefallene Vorstellung für jemanden im Polizeidienst. Und dann wußte Leaphorn, woran es lag: Chee war ein Romantiker. Ein Mann, der seinen Träumen nachhing. Solche Leute hatten sich einst um jenen Schamanen der Paiute geschart, der den Tanz der Geisterbeschwörung eingeführt und die Vision gehabt hatte, die Weißen wären eines Tages vom Erdboden verschwunden und die Büffel kehrten in die Ebenen zurück. Vielleicht wurde auch das Chee nicht ganz gerecht. Er glaubte wohl mehr daran, daß 180 000 Navajos inmitten eines Ozeans der Weißen ihre Insel der Seligen behaupten könnten. 20 000 schafften das vielleicht, vorausgesetzt, sie begnügten sich mit Schafen, Kakteen und Kiefernzapfen. Ein Idealbild, untauglich fürs praktische Leben. Auch Navajos mußten die Welt so sehen, wie sie ist. Die traditionelle Lebensweise der Navajos baute keine Brücke zur Gegenwart, ganz bestimmt nicht.

Chee mochte seine Eigenheiten haben, aber eins stand fest: er würde Nakai finden. Auch so ein Träumer, dieser Nakai. Leaphorn rückte sich im engen Sitz zurecht, bequemer wurde es dadurch auch nicht. Chee würde Nakai finden. Und von ihm genausoviel und sowenig erfahren, wie Leaphorn herausgebracht hatte.

Auf einmal ertappte er sich bei dem Gedanken, was Emma wohl von Chee gehalten hätte. Kopfschüttelnd griff er nach dem *New Yorker* und begann zu lesen. Dann kam das Dinner. Das Mädchen neben Leaphorn stocherte mißmutig in der Plastikschale herum. Leaphorn, der in den letzten Wochen sein eigener Koch gewesen war, schmeckte es großartig. Sie überflogen die *panhandle* von Texas, den Nordrand. Die Wolken sahen dünner aus, rissen stellenweise auf. Vorn tauchte aus dem Dunst, der die Midlands zugedeckt hatte, das Bild der Landschaft auf. Wie eine Felseninsel im milchig weißen Meer. Leaphorn konnte die zerklüfteten Mesas im Osten New Mexicos erkennen. Weiter im Westen, am Horizont, türmten sich Gewitterwolken – eine Seltenheit im Herbst. Leaphorn empfand ein Gefühl, das ihm seit Emmas Tod fremd geworden war. Ein Gefühl der Freude.

Ein bißchen was davon mußte er wohl mit nach Hause genommen haben. Denn er spürte ganz ähnliche Empfindungen, als er am nächsten Morgen in seinem Bett in Window Rock die Augen aufschlug. Das Gefühl, zu leben, gesund zu sein, Interesse an den Dingen zu haben. Der Flug in der kleinen Cessna von Albuquerque nach Gallup und die anschließende Fahrt von Gallup nach Window Rock hatte ihn die letzten Kraftreserven gekostet. Aber niedergeschlagen fühlte er sich nicht mehr. Er briet Frühstücksspeck und strich Marmelade auf Toastscheiben. Und während er gerade frühstückte, klingelte das Telefon.

Jim Chee, dachte er. Wer hätte ihn sonst anrufen sollen?

Es war Corporal Ellison Billy, Major Nez' rechte Hand. Und Major Nez war Leaphorns Boss – mehr oder weniger.

«Hier ist ein Cop aus Utah», sagte Billy, «der möchte Sie sprechen. Haben Sie Zeit für ihn?»

Leaphorn war überrascht. «Was will er denn? Und was für ein Cop?»

«Utah Staatspolizei, Mordkommission», sagte Billy. «Er hat nur gesagt, daß er Sie sprechen möchte, in einer Mordsache, das ist alles, was ich weiß. Vielleicht hat er dem Major mehr erzählt. Kommen Sie her?»

Eine Mordsache. Plötzlich fühlte Leaphorn sich wieder so niedergeschlagen wie gestern. Jemand mußte Eleanor Friedman-Bernals Leiche gefunden haben. «In zehn Minuten», sagte er. So lange brauchte er von seinem Haus am Kiefernwald auf der Anhöhe über Window Rock bis zur Dienststelle am Fort Defiance Highway.

Zwei Telefonvermerke lagen auf seinem Schreibtisch. Der eine stammte von Chee, kurz und bündig: «Habe Nakai in der Nähe von Mexican Hat aufgespürt. Bei einem Freund, der aussagt, daß die Ruinen westlich von seinem Hogan liegen, in einer Schlucht, die in der Gegend ‹Canyon des wasserspendenden Gottes› genannt wird. Ich bin über Funk zu erreichen.»

Die zweite Nachricht stammte von der Utah Staatspolizei, noch kürzer: «Detective McGee anrufen. Betrifft: Houk. Dringend.»

«Houk?» fragte Leaphorn bei der Vermittlung nach. «Weiß jemand genauer, worum es da geht?»

Der Mann an der Vermittlung wußte es nicht. «Nur, daß Sie McGee anrufen sollen. Dringend.»

Leaphorn steckte den Vermerk ein.

Die Tür zum Büro des Majors war offen, Ronald Nez stand hinter seinem Schreibtisch. An der Wand saß ein Mann im blauen Windbreaker, mit einer Sportkappe, auf der über dem Stirnemblem *Limber Rope* eingedruckt war. Als Leaphorn hereinkam, stand er auf. Groß gewachsen, mittleres Alter, registrierte Leaphorn. Straffes Gesicht, wollte er gerade in Gedanken hinzufügen, als er die vielen kleinen Narben auf den Wangen und auf der

Stirn bemerkte. Akne oder so etwas. Nez machte sie miteinander bekannt. Carl McGee. Er hatte also Leaphorns Rückruf gar nicht erst abgewartet.

«Ich will gleich zur Sache kommen», sagte McGee. «Wir haben da einen Mordfall. Und das Mordopfer hat eine Notiz für Sie hinterlassen.»

Leaphorn gab sich Mühe, nicht allzu überrascht auszusehen. Auf jeden Fall war es also nicht Friedman-Bernal.

McGee wartete auf irgendeine Reaktion.

Leaphorn nickte nur.

«Harrison Houk», sagte McGee. «Ich nehme an, Sie kannten ihn?»

Leaphorn nickte noch einmal. Er mußte das erst innerlich verarbeiten. Wer konnte Houk ermordet haben? Und warum? Die Antwort auf die zweite Frage lag auf der Hand. Und damit stellte sich auch die erste Frage nicht mehr. Etcittys und Nails' Mörder mußte auch Houk umgebracht haben. Und zwar aus demselben Grund. Aber aus welchem?

«Was steht in der Notiz?»

McGee und Major Nez tauschten Blicke, Nez' Miene verriet nichts. Dann sahen beide Leaphorn an. Das Gespräch nahm nicht ganz den Verlauf, den McGee geplant hatte. Er zog eine Ledermappe aus der Tasche, nahm eine Geschäftskarte heraus und hielt sie Leaphorn hin.

BLANDING SYSTEME

Brunnenbohrungen – Pumpanlagen
Wartung von Wasserversorgungssystemen
*(Wir kümmern uns auch
um Ihren Trinkwassertank)*

Die Karte war schmutzig und zerknittert. Sie mußte feucht geworden sein. Er drehte sie um. Auf der Rückseite stand die Notiz, mit Kugelschreiber geschrieben. Eine Nachricht für ihn.

Sagt Leaphorn, daß sie noch am Leben ist

Wortlos gab Leaphorn die Karte an Nez weiter.

«Ich hab sie schon gesehen», sagte Nez. McGee schob die Karte wieder in das Ledermäppchen und steckte beides ein.

«Was halten Sie davon?» fragte er. «Haben Sie irgendeine Vorstellung, wer ‹sie› sein könnte?»

«Eine sehr konkrete Vorstellung», antwortete Leaphorn. «Aber erzählen Sie erst mal über Houk. Ich war noch am Tag davor bei ihm.»

«Am Donnerstag, um genau zu sein.» Warum McGee ihn dabei so merkwürdig ansah, blieb Leaphorn rätselhaft. «Die Frau, die bei ihm beschäftigt ist, hat uns das gesagt. Eine Navajo namens Irene Musket.»

Leaphorn nickte. «Donnerstag, stimmt. Wer war Houks Mörder?»

McGee verzog das Gesicht. «Möglicherweise die Frau, die er in der Notiz erwähnt. Allem Anschein nach hat Houk versucht, sich so lange zu verstecken, bis er die Nachricht für Sie aufgeschrieben hatte. Sie und er scheinen angenommen zu haben, daß sie tot ist. Aber plötzlich taucht sie auf. Bei ihm. Er will Sie das noch wissen lassen. Und dann tötet sie ihn.»

Leaphorn mußte daran denken, daß er noch fünf Tage Urlaub hatte. Den heutigen Tag mitgerechnet. Seit drei Monaten spürte er ganz deutlich, wie satt er es hatte, so mit sich umspringen zu lassen. Seit Emmas Tod. Und das war auch heute nicht anders. Im Grunde hatte er es nie leiden können. Warum, zum Teufel, mußte er diesem *belagana* gegenüber, der ihn wie einen potentiellen Tatverdächtigen behandelte, auch noch höflich bleiben? Er gab sich trotzdem Mühe.

«Ich war weg», sagte er, «drüben im Osten, bin erst heute nacht zurückgekommen. Sie müssen schon ein bißchen ausholen und mir schildern, was überhaupt passiert ist.»

McGee tat es. Irene Musket war am Freitagmorgen zur Arbeit gekommen und hatte an der Haustür einen Zettel entdeckt, auf dem stand, daß Houk im Stallgebäude sei. Dort hatte sie dann seine Leiche gefunden und das Sheriffbüro vom Garfield County angerufen. Der Sheriff hatte die Utah-Staatspolizei verständigt, beide Behörden nahmen die Untersuchung auf. Houk war von zwei Schüssen getroffen worden, beide tödlich, wie der Polizeiarzt später feststellte. Der eine mitten in die Brust, der andere in den Nacken. Kleines Kaliber. Man hatte im Heu zwei leere 0.25er Patronenhülsen gefunden. Die einzigen Spuren. Keine Zeugen. Alles deutete darauf hin, daß Houk noch versucht hatte, sich in aller Eile aus den Ballen getrockneter Luzerne ein Versteck zu schaffen. Und Irene Musket sagte aus, daß das Schloß der hinteren Eingangstür aufgebrochen war. Jemand hatte Houks Büro durchsucht, ein heilloses Durcheinander. Aber soweit sie feststellen konnte, war nichts gestohlen worden.

«Aber wer weiß das schon so genau?» meinte McGee. «Woran will sie merken, ob wirklich noch alles da war, was Houk in seinem Büro hatte?» Er war fertig, sah Leaphorn abwartend an.

«Wo war die Notiz?»

«Hat in seinen Shorts gesteckt. Wir haben sie erst gar nicht entdeckt. Der Arzt hat sie gefunden.»

Leaphorn merkte, daß seine Einstellung sich wandelte. Nicht McGee war es, der sich komisch benahm. An ihm selber lag es.

«Ich war am Donnerstag dort, um mit ihm über eine Frau namens Eleanor Friedman-Bernal zu sprechen», sagte er und erklärte die Zusammenhänge. Wer die Frau war, was sie mit Houk zu tun hatte, was Houk über sie erzählt hatte. «Ich nehme an, deshalb wollte er mir mitteilen, daß sie noch am Leben ist.»

«Und Sie hatten angenommen, sie sei tot?» fragte McGee.

«Sie wird seit über zwei Wochen vermißt. Hat nahezu alles, was ihr gehörte, in Chaco gelassen. Hat wichtige Termine einfach sausenlassen. Zum Beispiel einen, für den sie extra ein Dinner vorbereitet hatte. Ich war mir nicht sicher, ob ich annehmen sollte, daß sie tot sei.»

«Muß ja wohl so sein», warf Nez ein. «Jedenfalls sah es ganz danach aus.»

«Waren Sie und Houk befreundet?» fragte McGee.

«Nein. Wir sind uns zweimal begegnet. Letzten Donnerstag und vor ungefähr zwanzig Jahren. Houks jüngster Sohn hat damals seine Mutter und seine Geschwister umgebracht. Ich hatte dienstlich mit dem Fall zu tun.»

«Ach, die Geschichte... Ich erinnere mich daran.» McGee warf ihm einen langen Blick zu. «Schwer, so was zu vergessen.»

«Daß er eine Nachricht für mich hinterlassen hat, überrascht mich genauso wie Sie», sagte Leaphorn. Und nach kurzem Nachdenken fiel ihm ein: «Wissen Sie, warum er einen Zettel an die Haustür geheftet hatte? Den Zettel, daß er im Stall wäre?»

«Irene Musket sagt, sie hätte da noch was im Haus liegen gehabt, ein paar Kürbisse, die sie mit nach Hause nehmen wollte. Houk hatte sie in den Kühlschrank gelegt und ihr das aufgeschrieben. ‹Kürbisse im Kühlschrank, ich bin im Stall› hat auf dem Zettel gestanden. Er hat wohl gedacht, sie käme noch mal zurück. So erklärt sich jedenfalls die Musket den Zettel.»

Leaphorn sah im Geiste das Anwesen vor sich. Die langgestreckte, ungepflegte Zufahrt, die überdachte Veranda, das Stallgebäude hinten am Hang, auf der einen Seite die Scheune, auf der anderen der Pferdestall. Vom Stall aus konnte Houk gehört haben, daß ein Wagen kam. Und gesehen haben, wie der Fahrer das Tor öffnete. Er hatte gewußt, daß das seinen Tod bedeuten mußte. Er hatte noch versucht, sich zwischen den Luzerneballen zu verstekken, und dann gemerkt, daß er es nicht mehr schaffte. Und statt dessen die Notiz geschrieben. Nur den einen Satz. Und die Karte in die Shorts geschoben. Leaphorn stellte sich vor, wie das gewesen war. Houk – verzweifelt, in äußerster Zeitnot, ließ die Karte unter dem Gürtel verschwinden. Es gab nur eine Erklärung dafür: sein Mörder sollte die Notiz nicht finden. Was bedeutete, daß der Mörder sie bestimmt an sich genommen hätte. Und dafür gab es wiederum nur eine Erklärung. Der Mörder war eine Mörderin gewesen. Eleanor Friedman-Bernal, die unbedingt wollte, daß man sie für tot hielt. Niemand sollte erfahren, was Houk wußte: daß sie am Leben war.

«Haben Sie schon eine Theorie?» fragte er McGee.

«Ein paar Überlegungen.»

«Auch solche im Zusammenhang mit gestohlenen Antiquitäten?»

«Nun, die Sache mit Etcitty und Nails ist uns bekannt. Die waren ja hinter Antiquitäten her. Houk hat seit Jahren mit ihnen Geschäfte gemacht. Und nicht lange gefragt, wo das Zeug herkam, das er ihnen abgekauft hat. Es kann gut sein, daß er mal jemanden zu sehr übers Ohr gehauen hat. Für solche Praktiken war er ja bekannt. Aber natürlich könnte auch diese Frau dahinterstecken, an sie hat er ja Keramik weiterverkauft.» McGee stand steifbeinig auf, rückte seine Mütze zurecht. «Was hätte die Notiz sonst für einen Sinn? Er sah sie kommen. Sozusagen von den Toten auferstanden. Wußte, daß sie hinter ihm her war. Konnte sich denken, daß sie es war, die Etcitty und Nails auf dem Gewissen hatte. Darum hat er schnell die Nachricht für Sie geschrieben. Und sie so versteckt, daß die Frau sie nicht finden konnte. Wäre ganz gut, wenn Sie mir ein bißchen mehr über diese Frau erzählen würden.»

«In Ordnung», sagte Leaphorn. «Ich hab noch ein paar Dinge zu erledigen, dann stehe ich Ihnen zur Verfügung.»

Seit Emmas Tod hatte er nicht mehr in seinem Büro gearbeitet. Es roch nach Staub. Unvermeidlich in der Wüste. Staub, der durch alle Ritzen drang. Leaphorn setzte sich an den Schreibtisch, griff nach dem Telefon und wählte die Nummer der Dienststelle in Shiprock. Chee war da.

«Dieser Cañon des wasserspendenden Gottes – auf welcher Seite vom Fluß liegt der?» fragte Leaphorn.

«Am Südufer», antwortete Chee, «in der Reservation.»

«Ganz sicher?»

«Ja. Jedenfalls hat Amos Whistler das gesagt. Und auch in diese Richtung gedeutet.»

«Ich finde auf meiner Karte keinen Cañon mit diesem Namen. Was vermuten Sie?»

«Vielleicht der Many Ruins Canyon», meinte Chee.

Genau daran hatte Leaphorn auch gedacht. Dort bis zum Nordende vorzudringen, war verdammt schwierig. Fast unmöglich. Die letzten vierzig Meilen führten praktisch durch Geröll. Weit und breit kein Pfad.

«Wissen Sie, daß Harrison Houk erschossen wurde?»

«Ja, Sir.»

«Wollen Sie mit mir an der Sache dranbleiben?»

Ein kurzes Zögern. «Ja, Sir.»

«Dann hängen Sie sich ans Telefon. Rufen Sie die Polizei in Madison in Wisconsin an. Stellen Sie fest, ob der Verkauf von Handfeuerwaffen dort registriert wird. Könnte ja sein. Falls ja, will ich wissen, was für eine Pistole auf den Namen Eleanor Friedman-Bernal eingetragen ist. Und wer sie ihr verkauft hat. Das müßte so um...» Er überlegte mit geschlossenen Augen, rief sich ins Gedächtnis zurück, was ihm Maxie Davis über Ellies beruflichen Werdegang erzählt hatte, «...so um 1985, 86 gewesen sein.»

«Okay.»

«Wenn es in Madison keine Eintragung über einen Waffenkauf gibt, müssen Sie's woanders versuchen.» Er nannte Chee die Orte, an denen Dr. Friedman-Bernal studiert oder gelehrt hatte. So weit konnte er sich auf das abstützen, was ihm Maxie Davis erzählt hatte, die Zeitangaben mußte er schätzen. «Kann sein, daß Sie den ganzen Tag herumtelefonieren müssen», warnte er Chee. «Sagen Sie den Leuten, daß es um drei Mordfälle geht. Und sehen Sie zu, daß ich Sie jederzeit erreichen kann.»

«In Ordnung.»

Nach dem Telefongespräch saß Leaphorn eine Weile nachdenklich da. Er würde nach Bluff fahren und sich das Stallgebäude ansehen, in dem Harrison Houk etwas Erstaunliches getan hatte: eine Nachricht für ihn aufzuschreiben, während er schon auf seinen Mörder wartete. Leaphorn wollte sich den Tatort genau ansehen. Eine Sache, die ihm keine Ruhe ließ. Warum war eine Frau, zu der es doch eigentlich nur geschäftliche Beziehungen gegeben hatte, für Houk so wichtig gewesen?

«... daß sie noch am Leben ist», hatte auf der Karte gestanden. Was hieß das ‹noch›? Heute noch? Und wenn sie noch am Leben war – wo steckte sie? In diesem Cañon? Sie hatte ihren Schlafsack dabei. Und der Junge hatte gesehen, wie sie einen Sattel in den Wagen legte. Aber zurück zu Houk... Da fing er also an, die Nachricht zu schreiben. Nur einen Satz. Es sah so aus, als hätte ihm sein Mörder nicht mehr Zeit gelassen. Houk konnte voraussehen, daß der Mörder die Karte vernichtet hätte, wenn sie ihm in die Finger gefallen wäre. Damit die Polizei nicht erfuhr, daß ‹sie› noch am Leben war. Hatte Houk wirklich diese Eleanor mit dem Bindestrichnamen gemeint? Wen sonst? Und trotzdem fiel es Leaphorn schwer, sich das vorzustellen. Es paßte nicht zu seinem Bild von der Frau, die sich so viel Mühe gemacht hatte, ein festliches Essen vorzubereiten. Ausgerechnet diese Frau sollte im Stall gestanden und einen alten Mann, der – schon tödlich getroffen – über einem Luzerneballen lag, mit ihrer handlichen Pistole ins Genick geschossen haben? Er schüttelte den Kopf. Aber das hatte mehr mit Gefühlen zu tun, weniger mit Logik.

Der Major stand unter der Tür, sah zu ihm herüber. «Interessanter Fall», sagte Nez.

Leaphorn winkte ihn herein. «Ja. Nicht so einfach, sich da ein Bild zu machen.»

Nez blieb stehen, lehnte sich an die Wand. Er hielt einen gefalteten Bogen Papier in der Hand. Setzt ganz schön Speck an, stellte Leaphorn fest. Nez hatte eigentlich schon immer ein bißchen Ähnlichkeit mit einem wandelnden Faß gehabt. Aber jetzt hing ihm auch noch der Bauch über das Uniformkoppel.

«Sieht nicht nach einem Fall aus, den jemand in ein paar Tagen lösen könnte», sagte Nez und spielte mit dem Blatt Papier. Wahrscheinlich mein Entlassungsgesuch, dachte Leaphorn.

«Nein», gab er zu, «sieht nicht so aus.»

Nez streckte ihm das Blatt Papier hin. «Wollen Sie's zurückhaben? Vorläufig? Sie können es jederzeit wieder einreichen.»

«Ich bin müde geworden, Ron. War's wahrscheinlich schon lange, nehme ich an. Hab's nur nicht gemerkt.»

Nez nickte. «Ich kenn das Gefühl. Keine Freude mehr am Leben. Trotzdem ist es ein schwerwiegender Entschluß, alles aufzugeben.»

«Jedenfalls – danke», sagte Leaphorn. «Wissen Sie, wo McGee hingegangen ist?»

Detective McGee saß beim zweiten Frühstück im *Navajo Nation Inn*. Leaphorn erzählte ihm alles, was er über Eleanor Friedman-Bernal wußte. Alles, was sachdienlich sein konnte. Dann fuhr er nach Hause, nahm das Pistolenhalfter aus dem Schrank und steckte sich die Waffe in die innere Jackentasche. Danach fuhr er los. Er ließ Window Rock hinter sich. Immer Richtung Norden.

15

Die junge Frau, mit der Chee bei seinem Anruf im Polizeidepartment in Madison verbunden wurde, wollte erst nicht glauben, daß es so etwas wie die Navajo Tribal Police überhaupt gäbe. Nachdem das endlich geklärt war, kamen sie in der Sache zügig voran. Ja, der Verkauf von Handfeuerwaffen wurde registriert. Nein, es mache keine Mühe, die Lizenzeintragungen zu prüfen, das dauere nur einen Augenblick. Und viel länger dauerte es tatsächlich nicht.

Eine Männerstimme meldete sich. Eleanor Friedman-Bernal? Ja, sie habe eine Lizenz für den Kauf einer Handfeuerwaffe erworben. Eingetragen war für sie eine 0.25er Automatik.

Chee notierte sich die Details. Ein Fabrikat, von dem er nie gehört hatte. Sein Gesprächspartner in Madison auch nicht. «Portugiesisch, könnte ich mir vorstellen», vermutete er. «Oder vielleicht türkisch? Könnte auch brasilianisch sein.»

Beim zweiten Schritt lief alles fast genauso glatt. Chee rief im Sheriffbüro des San Juan County an und verlangte Undersheriff Robert Bates, der gewöhnlich die Mordfälle bearbeitete. Bates war mit einer Navajo verheiratet. Sie war für das *Kin yaa aanii* geboren, das Towering House People. Das traf sich gut, denn Chees Großvater stammte aus dem *To' aheedlinii'*, dem Waters Flow Together Clan.

Und auf irgendeine verzwickte Weise, die Chee nie ganz verstanden hatte, waren die beiden Clans miteinander verwandt. Um ein paar Ecken bestand also auch zwischen Chee und Bates ein Verwandtschaftsverhältnis. Mindestens ebensoviel zählte allerdings die Tatsache, daß sie ein paarmal zusammengearbeitet hatten und einander schätzten. Bates war da.

«Falls der Laborbericht in der Mordsache Etcitty und Nails schon vorliegt, sag mir bitte, welches Kaliber verwendet wurde.»

«Warum willst du das wissen?» fragte Bates. «Ich denke, das FBI hat festgestellt, daß der Mord nicht im Reservationsgebiet stattgefunden hat?»

«Typisch», sagte Chee. «Wenn's ums Checkerboard geht, stellt das FBI immer so was fest. Wir interessieren uns trotzdem dafür.»

«Warum?»

«Ach, komm, Robert! Ich weiß auch nicht, warum. Leaphorn will das wissen. Und Largo hat mich zu ihm abkommandiert.»

«Sag mal, was ist eigentlich mit Leaphorn? Er soll ziemlich mit den Nerven runter sein, wird erzählt. Ich hab gehört, daß er seine Entlassung eingereicht hat?»

«Hat er. Aber noch ist er im Dienst.»

«Tja, es war 'ne Pistole Kaliber 0.25. Nach den Spuren auf den Geschoßhülsen muß es 'ne Automatik gewesen sein. Alle Hülsen stammen aus derselben Waffe.»

«Bei euch liegt eine Vermißtenmeldung vor. Eine Frau, die eine 0.25er Automatik besitzt», sagte Chee. «Dr. Eleanor Friedman-Bernal. Sie war draußen im Chaco Canyon beschäftigt. Als Anthropologin. Da, wo auch Etcitty gearbeitet hat.» Er erzählte Bates, was sonst noch in diesem Zusammenhang bekannt war.

«Hab die Vermißtenmeldung vor mir liegen. Gerade eben hat einer von der Utah Staatspolizei hier angerufen. Wir sollen uns mal in Chaco wegen dieser Frau umhören. Da soll in Bluff einer erschossen worden sein. Bei dem hat man eine Notiz für Leaphorn gefunden, daß die Frau lebt. Weißt du darüber Bescheid?»

«Ich habe nur von dem Mord gehört. Das mit der Notiz ist mir neu.» Die Art, wie sich innerhalb des Polizeiapparats alles blitzschnell herumsprach, hatte Chee vor ein paar Jahren noch verblüfft. Jetzt kannte er das System. Und ihm fiel ein, wie Leaphorn ihm bei einem früheren Fall mal die Hölle heiß gemacht hatte, weil Chee in seiner Meldung nicht sämtliche Einzelheiten erwähnt hatte. Und jetzt? Leaphorn hätte ihm das mit der Notiz wirklich sagen müssen. Es sei denn, er betrachtete ihn als eine Art Laufburschen. Was Chee ärgerlich und aggressiv machte.

«Erzähl mir, was da los war», bat er Bates. «Alles, sämtliche Details.»

Bates sagte ihm, was er wußte. Er brauchte nicht lange dazu.

«Dann nimmt die Utah Staatspolizei also an, daß Dr. Friedman bei Houk aufgetaucht ist und ihn umgebracht hat?» fragte Chee. «Habt ihr schon eine Theorie über das Motiv?»

«Sie gehen wohl davon aus, daß Raubgrabungen im großen Stil eine Rolle spielen. Die Feds haben schon letztes Jahr zugeschlagen. Großrazzia und so, 'ne Menge Verhaftungen. Die Sache ist bis vors Schwurgericht in Salt Lake gegangen. Daher vermuten sie, daß es jetzt wieder um Tongefäße geht. Liegt ja auch nahe. Bei den Preisen, die zur Zeit gezahlt werden. Mann, wenn ich da an früher denke! Als ich noch ein Junge war, haben wir ja auch manchmal so 'n Ding ausgegraben. Aber da waren wir froh, wenn uns einer fünf Dollar dafür hingeblättert hat.» Dann fiel Bates ein: «Sag mal, du bist doch jetzt Medizinmann – was tut sich da eigentlich?»

«Gar nichts.» Ein Thema, über das Chee nicht gern sprach. Jetzt war schon November, die Zeit, in der der Donner schläft. Die Hauptsaison für Zeremonien. Aber bei ihm hatte noch niemand angerufen. «Du wirst also jetzt nach Chaco fahren?»

«Sobald ich den Hörer aufgelegt habe.»

Chee gab ihm ein paar Tips, mit wem er reden sollte. Maxie Davis, Randall Elliot, die Lunas. «Die machen sich alle Sorgen wegen Dr. Friedman. Das sind gute Freunde von ihr, da kannst du sicher sein. Erzähl ihnen ruhig von der Notiz, die man bei Houk gefunden hat.»

«Mach ich», sagte Bates brummelig. Offenbar war er sauer, daß Chee ihm ungebeten Ratschläge erteilte.

Nach dem Gespräch mit Bates hatte Chee alles erledigt. Er mußte jetzt nur noch in der Nähe des Telefons bleiben und warten, bis Leaphorn anrief. Also kümmerte er sich solange um das, was sich an Papierkram angesammelt hatte. Kurz vor Mittag klingelte das Telefon. Leaphorn, nahm Chee an.

Aber es war Janet Pete. Sie hörte sich merkwürdig an. Ob er schon irgendwo zum Lunch verabredet wäre?

«Nein, bin ich nicht», sagte Chee. «Rufst du aus Shiprock an?»

«Ja, ich bin gerade hier angekommen. Eigentlich wollte ich nur so ein bißchen rumfahren. Und hier bin ich nun gelandet.» Es klang, als wäre sie völlig fertig.

«Dann bin ich jetzt zum Lunch verabredet», sagte Chee. «Kannst du's so einrichten, daß wir uns im *Thunderbird Café* treffen?»

Janet konnte. Und sie tat's auch.

Sie suchten sich eine Sitznische am Fenster. Und redeten übers Wetter. Böiger Wind rüttelte an den Scheiben und trieb draußen auf der Straße Staub und Blätter vor sich her. Und die Titelseite der *Navajo Times*.

«Ich denke, der Herbst ist vorbei», meinte Chee. «Hast du Kanal Sieben gehört? Howard Morgan sagt, daß wir bald den ersten Vorgeschmack auf den Winter erleben werden.»

«Ich mag den Winter nicht.» Janet Pete kreuzte die Arme und schlang schaudernd die Hände um die Schultern. «Eine trostlose Jahreszeit.»

«Ich wußte gar nicht, daß Anwälte auch unter Weltschmerz leiden», sagte Chee. «Wie kann ich dich bloß aufmuntern? Ich werde beim Sender anrufen und sehen, ob Howard Morgan das mit dem Winter nicht noch ein bißchen hinauszögern kann.»

«Er soll's besser ganz ausfallen lassen.»

«Ja, gut.»

«Zur Not gäb's auch noch Italien.»

«Wo es angenehm warm ist, wie ich gehört habe.» Doch dann merkte Chee, daß es ihr ernst war. «Hast du was von deinem Karriereanwalt gehört?»

«Ich hab mich mit ihm in Gallup getroffen. Er hat meinetwegen einen langen Flug auf sich genommen. Nach Chicago, von dort nach Albuquerque und dann weiter nach Gallup.»

Chee wußte nicht, was er sagen sollte. Ihm fiel nur ein: «Weit bist du ihm nicht entgegengekommen.» Es hörte sich flapsig an. Chee räusperte sich, er wollte nicht flapsig sein. «Ist er anders geworden? Ein Mann kann sich mit der Zeit ändern, sagt man.»

«Ja.» Doch dann schüttelte sie rasch den Kopf. «Das heißt – nein. Nicht wirklich. Meine Mutter hat früher mal zu mir gesagt: Rechne nicht damit, daß ein Mann sich je ändert. Wie er sich gibt, so mußt du ihn nehmen.»

«Da ist wohl was dran», sagte Chee. Sie sah müde aus. Und traurig. Er faßte nach ihrer Hand. Kalt fühlte sie sich an, er wärmte sie in seiner Hand. «Ich glaube, das Problem ist, daß du ihn trotzdem liebst.»

«Ich weiß nicht. Wahrscheinlich ist es...» Ihre Stimme versagte. Chees Mitgefühl war wohl zuviel für Janet Pete. Sie senkte die Augen, machte sich an ihrer Handtasche zu schaffen.

Chee gab ihr seine Serviette, sie barg das Gesicht darin.

«So ist das Leben», sagte Chee. «Eigentlich soll die Liebe uns glücklich machen. Aber sie kann uns auch ganz schön zusetzen.» Er hörte Janet hinter der Serviette schluchzen und tätschelte ihr die Hand. «Es klingt vielleicht abgedroschen, aber ich weiß, wie dir jetzt zumute ist, wirklich.»

«Ja, das weiß ich», sagte sie.

«Und du weißt auch, wie ich mich in meinem Fall entschieden habe. Für mich ist die Sache innerlich abgeschlossen. Man kann so was nicht ewig vor sich herschieben.» Er wunderte sich selbst, wie er so etwas sagen konnte. Wann hatte er innerlich damit abgeschlossen? Er hatte gar nichts davon gemerkt. Aber jetzt, da er's ausgesprochen hatte, fühlte er sich irgendwie erleichtert. Und zugleich spürte er, wie weh es ihm tat. Warum darf ein Mann nicht weinen? fragte er sich. Warum gehört sich das angeblich nicht?

«Er möchte, daß ich mit nach Italien komme. Er fliegt nach Rom, geschäftlich. Anschließend nach Afrika und in den Mittleren Osten.»

«Spricht er denn Italienisch?» Die blödeste Frage, die mir einfallen konnte, dachte Chee. Völlig überflüssig.

«Französisch», sagte sie. «Italienisch nur ein bißchen. Er nimmt gerade Privatunterricht.»

«Und wie steht's mit dir?» Warum fielen ihm nur die dämlichsten Fragen ein? Fehlte bloß noch, daß er sie fragte, ob ihr Paß noch gültig wäre. Und was sie einpacken wollte. Und was so ein Flug kostete. Lauter Nebensächlichkeiten, über die sie gar nicht reden wollte. Sie wollte sich mit ihm über die Liebe unterhalten.

«Nein, ich kann keine Fremdsprachen.»

«Hat er inzwischen begriffen, daß du Anwältin bist? Daß du deinen Beruf ausüben willst?»

Die Serviette lag jetzt auf ihrem Schoß. Die Tränen waren weggewischt, trotzdem sahen Janets Augen verweint aus. Und ihre Beherrschung wirkte ein bißchen mühsam.

«Er meint, ich könnte in Italien als Anwältin tätig sein. Allerdings nicht in seiner Firma. Das sehe nach Vetternwirtschaft aus. Sein Vertrag enthält eine Klausel, die ausdrücklich jede Art von Protektion untersagt. Aber wenn ich die Zulassung für Italien bekäme, könnte er was für mich arrangieren.»

«So, er könnte was für dich arrangieren?»

Sie seufzte. «Ja, so hat er es ausgedrückt. Und ich glaube, er könnte das wirklich. Große Firmen arbeiten in Rechtsangelegenheiten Hand in Hand. Und es muß ja auch in Italien Firmen geben, mit denen seine Firma zusammenarbeitet. Unter Geschäftsfreunden läßt sich so was regeln. Tust du was für mich, tu ich was für dich. Ich nehme an, sobald ich genug Italienisch kann, würde man mir einen Job anbieten.»

Chee nickte. «Ja, das glaube ich auch.»

Der Lunch kam. Lammstew und Toast für Chee. Janet hatte eine Suppe bestellt.

Sie saßen da und starrten auf das Essen.

«Du solltest was essen», sagte Chee. Ihm selbst war der Appetit vergangen. Er kostete trotzdem vom Stew, würgte einen Bissen Toast herunter. «Nun iß schon!» forderte er sie auf.

Janet aß einen Löffel Suppe.

«Hast du dich schon entschieden?»

Sie schüttelte den Kopf. «Nein, noch nicht.»

«Du mußt dich selbst am besten kennen», sagte er. «Was würde dich denn glücklich machen?»

Wieder ein Kopfschütteln. «Ich glaube, am glücklichsten bin ich mit ihm zusammen. Zum Beispiel gestern abend beim Dinner. Aber ganz sicher bin ich nicht.»

Beim Dinner, dachte Chee. Und er dachte auch daran, was wohl danach gewesen wäre. War sie mit zu ihm gegangen? Und über Nacht geblieben? Wahrscheinlich. Gedanken, die ihm weh taten. Sehr weh, stellte er überrascht fest.

«Ich sollte das nicht immer vor mir herschieben», sagte sie. «Es wäre bestimmt besser, wenn ich mich entscheiden könnte, so oder so.»

«Wir schieben unser Problem auch vor uns her, Mary und ich. Manchmal denke ich allerdings, sie hätte sich schon entschieden.»

Als der Lunch gekommen war, hatte er ihre Hand losgelassen. Nun schob sie die Hand über den Tisch und legte sie auf seine. «Ich hab noch deine Serviette. Ist ein bißchen feucht geworden.» Sie musterte das verkrumpelte blaßblaue Papiertuch auf ihrem Schoß. «Aber noch zu gebrauchen, falls es wieder nötig wird.»

Er verstand, was sie meinte. Sie wollte lieber über etwas anderes reden. Er ließ sich die Serviette geben, legte sie sich über die Knie.

«Merkst du, wie fürsorglich es von mir war, dich ins einzige Shiprocker Café zu schleppen, in dem es Servietten gibt?»

«Hab ich gleich gemerkt. Und ich bin dir sehr dankbar dafür.» Das Lächeln gelang ihr schon wieder mühelos. «Wie läuft's denn eigentlich bei dir?»

«Mhm», machte er. «Die Sache mit dem Grabenbagger hab ich dir ja erzählt. Auch, was mit Etcitty war?»

Sie nickte. «Das muß ganz schrecklich gewesen sein. Seid ihr wegen der verschwundenen Frau ein Stück weitergekommen?»

«Ich weiß nicht mehr, wieviel ich dir schon erzählt habe.»

Sie sagte ihm, was sie schon wußte. Und er erzählte ihr von Houk und von der Notiz für Leaphorn. Von Eleanors Pistole und daß sie dasselbe Kaliber hätte wie die Waffe, die bei den Morden verwendet worden war. Von Leaphorns Anstrengungen, die alte Anasazisiedlung in Utah ausfindig zu machen, in der Friedmans Töpferin offenbar zuletzt gelebt hatte.

«Du weißt sicher, daß man eine Genehmigung erwerben kann, wenn man an solchen Fundstätten innerhalb der Reservation Ausgrabungen vornehmen will?» fragte Janet. «In Window Rock ist eine Behörde, bei der man den Antrag stellen kann. Hast du da schon mal nachgefragt?»

«Kann sein, daß Leaphorn sich erkundigt hat. Aber es sieht so aus, als hätte sie erst mal feststellen wollen, woher die Tongefäße stammten. Vorher hätte es nicht viel Sinn gehabt, eine Genehmigung für eine bestimmte Siedlung zu beantragen.»

«Ja, das leuchtet mir ein. Aber ich glaube, die Fundstätten sind alle durchnumeriert. Vielleicht hat sie den Antrag mehr allgemein gehalten.»

Chee schüttelte lächelnd den Kopf. «Ich erinnere mich, als ich noch Student war, hat – ich glaube, es war Professor Campbell – mal erwähnt, daß allein in New Mexico vierzigtausend Fundstätten registriert sind. Und das ist nur eine Kartei. In anderen Staaten kommen noch mal hunderttausend dazu.»

«Ich hab ja auch nicht gemeint, daß sie irgendeine x-beliebige Nummer ausgewählt hätte.» Es klang verärgert. «Unter Umständen genügt es, wenn man beschreiben kann, wo die Fundstätte ungefähr liegt.»

Chee horchte auf. «Wie gesagt, ich weiß nicht, ob Leaphorn schon was unternommen hat.» Wahrscheinlich würde der Lieutenant ja bald anrufen. Er hatte die Vermittlung gebeten, das Gespräch hierher weiterzuleiten. «Würde es denn sehr lange dauern, das zu überprüfen?»

«Ich könnte das telefonisch erledigen», bot Janet an. «Ich kenne den Mann, der die Anträge bearbeitet. Soviel ich weiß, muß man vorher beim Park Service in Chaco und beim Büro für Navajo Cultural Preservation das Einverständnis einholen und genau den Zweck der Ausgrabungen angeben. Zum Beispiel, ob man für ein Museum arbeitet, und so weiter. Und es könnte sein...»

Chee malte sich in Gedanken schon aus, wie Leaphorn anrief und er ihm die Koordinaten präsentieren konnte – eine genaue Ortsbestimmung der drei Ruinen, nach denen Leaphorn suchte. Janet Pete mußte ihm wohl die plötzliche innere Unruhe angemerkt haben. Sie brach mitten im Satz ab und fragte: «Was ist los?»

«Laß uns zu mir in die Dienststelle fahren. Ich würde gern einen Anruf erledigen.»

Als sie im Büro ankamen, hatte das Telefon auf Chees Schreibtisch gerade geläutet. Leaphorn war dran. Chee berichtete ihm, was er bei der Polizei in Madison und bei seinem Gespräch mit Undersheriff Bates in Erfahrung gebracht hatte. «Das San Juan County erwartet noch das Ermittlungsergebnis der Utah Staatspolizei», sagte er. «Bates hat mir versprochen, daß er mir das telefonisch durchgibt.»

«Ich hab das Ergebnis schon», sagte Leaphorn. «Es war wieder eine Waffe vom Kaliber 0.25.»

Chee fragte: «Wissen Sie, ob Dr. Friedman eine Ausgrabungsgenehmigung beantragt hat? Ich meine, für die Felsenwohnungen, nach denen wir suchen?»

Langes Schweigen. «Das hätte mir auch einfallen sollen», sagte Leaphorn schließlich. «Ich glaube nicht, daß sie's getan hat. Es ist eine ziemlich umständliche Prozedur. Man kann alt und grau drüber werden, bis so was genehmigt wird. Der Park Service muß zustimmen und irgendeine Navajobehörde, und dann wird in Akten gewühlt und alles mögliche überprüft. Trotzdem, danach hätte ich schon längst mal fragen sollen.»

«Ich werde mich darum kümmern», bot Chee an.

Janet Petes Bekannter, der für die Bearbeitung solcher Anträge zuständig war, hieß T. J. Pedwell. Chee erreichte ihn telefonisch, als Pedwell gerade vom Lunch zurückkam. Ob Dr. Eleanor Friedman-Bernal eine Genehmigung für Ausgrabungen innerhalb des Reservationsgebietes beantragt hätte?

«Aber ja», bestätigte Pedwell, «ein paarmal. Im Checkerboardland rund um Chaco Canyon. Sie ist dort beschäftigt. Spezialistin für irgendeine Art Keramik.»

«Wie sieht's oben im Norden aus? An der Grenze zu Utah? Oder vielleicht schon in Utah?»

«Nein, das glaube ich nicht», sagte Pedwell. «Aber ich kann mal in den Akten nachsehen. Die Nummer der Fundstätte kennen Sie nicht zufällig?»

«Leider nicht. Sie könnte irgendwo am Nordende vom Many Ruins Canyon liegen.»

«Ach, ich weiß, was Sie meinen», sagte Pedwell. «Ich kenn die Ecke, hab da mal bei der Erfassung der alten Siedlungsstätten mitgearbeitet.»

«Es gibt dort eine Schlucht, die im Volksmund ‹Canyon des wasserspendenden Gottes› genannt wird. Vielleicht kennen Sie die auch?» fragte Chee.

«Das ist ja der Many Ruins Canyon. Überall Felsmalereien und Abbildungen von Kokopelli. Das ist der Gott, der bei den Navajos der Wasserspendende heißt, der *yei*.»

«Die Ausgrabungsstätte, die ich meine, ist mir von jemandem beschrieben worden. Hat sich ziemlich ungewöhnlich angehört.» Chee schilderte Pedwell, was Amos Whistler ihm über die Ruinen erzählt hatte.

«Ja, kommt mir bekannt vor», meinte Pedwell. «Ich schau mal in den Unterlagen nach, von den meisten Fundstätten habe ich Fotos.»

Chee hörte, wie der Telefonhörer unsanft auf die Schreibtischplatte gelegt wurde. Er wartete. Er wartete sehr lange. Seufzte. Lümmelte sich auf seinen Schreibtisch.

«Gibt's Probleme?» fragte Janet Pete. Bevor Chee antworten konnte, war Pedwell wieder dran.

«Hab's gefunden. Das ist N.R. 723. Anasazi. Etwa 1280–1310. Insgesamt drei Ruinen. Möglicherweise haben die zusammengehört.»

«Großartig», freute sich Chee. «Wie kommt man da hin?»

«Tja, das ist nicht so einfach. Ich erinnere mich, daß wir damals einen Teil der Strecke geritten sind. Die übrigen Ruinen – und ich glaube, N.R. 723 hat auch dazugehört... Also, da haben wir uns mit dem Boot den San Juan runter treiben lassen und sind dann zu Fuß in die Schlucht vorgedrungen. Augenblick mal. Ja, hier steht's. 723 liegt fünf Komma sieben Meilen vor dem Ende der Schlucht.»

«Hat Dr. Friedman eine Genehmigung beantragt, dort zu graben?»

«Bei uns nicht», sagte Pedwell. «Aber jemand anderes aus Chaco hat so einen Antrag gestellt. Dr. Randall Elliot. Arbeiten die beiden zusammen?»

«Nein, das glaube ich nicht. Steht in seiner Antragsbegründung, daß er polychrome Tongefäße ausgraben wollte?»

«Woll'n mal sehen.» Rascheln, Blättern. «Nein, nach Tongefäßen hört sich das nicht an. Hier steht, daß er sich mit Wanderungen der Anasazi beschäftigt.» Halblautes Gemurmel, Pedwell überflog seine Akten. «Genetische Erscheinungsformen, Mißbildungen am Schädel und an den Kieferknochen. Sechsfinger-Syndrom.» Wieder Gemurmel. «Sieht nicht so aus, als hätte das irgendwas mit Keramik zu tun. Er interessiert sich offenbar für Knochenfunde. Oder sagen wir mal, er hätte sich gern dafür interessiert. Aber das Tempo, mit der unsere vorzügliche Navajobürokratie arbeitet, hat es gar nicht erst soweit kommen lassen. Dieses Sechsfinger-Syndrom – das war ja bei den Anasazi weit verbreitet. Schwieriges Studienobjekt, weil Handknochen nach tausend Jahren kaum noch vollständig erhalten sind. Nach meinen Unterlagen muß er allerdings schon vorher Ergebnisse gesammelt haben. Hier steht was von Fingermißbildungen und unregelmäßiger Zahnbildung im Unterkiefer. Auch was über den Verlauf von Nerven und Adern im Kieferbereich. Und Verformungen am Wadenbein. Naturwissenschaftliche Anthropologie, da kenn ich mich nicht so aus.»

«Aber eine Genehmigung wurde auch Elliot noch nicht erteilt?»

«Augenblick. Ich glaube, in dem Fall waren wir ausnahmsweise mal nicht so langsam. Hier habe ich den Durchschlag eines Schreibens vom Park Service, adressiert an Dr. Elliot.» Rascheln. «Zu früh gefreut. Da wird nur mitgeteilt, daß vor einer Genehmigung genauere Ergebnisse über frühere Forschungsarbeiten vorgelegt werden müssen. Hilft Ihnen das weiter?»

«Ja, vielen Dank», sagte Chee.

Janet Pete sah ihn an. «Hört sich an, als hättest du Glück gehabt?»

«Ich erzähl's dir gleich», versprach er.

«Erzähl's mir bitte unterwegs, während du mich zu meinem Wagen bringst», bat sie. Sie druckste ein bißchen. «Weißt du, normalerweise wirft mich so schnell nichts um. Die typische sture Anwältin. Aber heute morgen haben meine Nerven einfach nicht mehr mitgespielt. Ich hab alles stehen- und liegenlassen. Dabei hatte ich Besuchertermine. Und andere warten darauf, daß ich ihre Fälle bearbeite. Mir ist gar nicht wohl, wenn ich daran denke.»

Er brachte sie zum Wagen, hielt ihr die Tür auf.

«Ich bin trotzdem froh, daß du mich angerufen hast», sagte er. «Es war so was wie ein Vertrauensbeweis.»

«Oh, Jim!» Sie umarmte ihn so heftig, daß ihm einen Augenblick die Luft wegblieb. Sie hielt sich lange an ihm fest, schmiegte sich eng an. Er spürte, daß sie wieder den Tränen nahe war.

Er wollte nicht, daß sie zu weinen anfing, und streichelte ihr beruhigend übers Haar. «Ich weiß nicht, wie du dich letzten Endes mit deinem Karriereanwalt entscheiden wirst. Aber falls du meinst, daß aus euch beiden nichts wird... Wer weiß, vielleicht passen wir zusammen? Du weißt ja: beide Navajos... Na ja.»

Genau das hätte er nicht sagen dürfen. Nun weinte sie wirklich, als sie losfuhr.

Chee blieb stehen und sah, wie der Wagen schneller wurde, auf die U.S. 666 einbog und Richtung Window Rock verschwand. Er versuchte, alles zu vergessen. Es hatte ihn ganz durcheinandergebracht. Und ihm weh getan. Und während er gerade die Erinnerung daran verdrängte, fiel ihm ein, daß er vergessen hatte, Pedwell eine wichtige Frage zu stellen: Hatte Randall Elliot vielleicht auch eine Ausgrabungsgenehmigung für die Fundstätte beantragt, an der Etcitty und Nails ums Leben gekommen waren?

Auf dem Rückweg ins Dienstgebäude sah er das Bild wieder vor sich. Inmitten der verstreuten Steine und Skelettreste die Kieferknochen, sorgfältig nebeneinander aufgereiht.

16

Von der Sache mit dem Sattel versprach sich Leaphorn einiges. Sie hatte ihn von einem Biologen namens Arnold aus Bluff. Noch eine Spur, die nach Bluff führte. Die Anasazisiedlung, aus der die polychromen Tongefäße stammten, schien irgendwo westlich der Stadt zu liegen. Angenommen, Dr. Friedman-Bernal wäre zu Arnold gefahren. Wenn er ihr einen Sattel gegeben hatte, konnte er ihr vielleicht auch ein Pferd geben. Nun, das würde sich herausstellen, wenn Leaphorn mit Arnold sprach. Erst mal hinfahren, es konnte ja nicht so schwierig sein, den Biologen zu finden.

War es auch nicht. Der Mann an der Rezeption der *Recapture Lodge* – seit eh und je das Zentrum der Gastlichkeit in Bluff – schob Leaphorn das Telefon herüber. Der Lieutenant rief Chee an und erfuhr, daß seine Befürchtungen sich inzwischen bestätigt hatten: Ob Dr. Friedman in jener Nacht die tödlichen Schüsse auf Etcitty und Nails abgegeben hatte, mochte fraglich bleiben, sie waren jedenfalls aus ihrer Waffe abgefeuert worden.

Und der Mann an der Rezeption wußte auch, wer Arnold war. «Bo Arnold?» Er nickte. «Was hier so an Wissenschaftlern rumläuft, sind meistens Anthropologen oder Geologen. Aber er hat's mit den Flechten. Den Highway rauf bis zur Linkskurve, dann müssen Sie rechts abbiegen, Richtung Montezuma Creek. Das kleine rote Backsteinhaus mit den Fliederbüschen am Eingang. Das heißt, kann sein, daß die schon hinüber sind, er gießt sie nie. Ach ja – er fährt einen Jeep, wenn der dasteht, ist Arnold zu Hause.»

Die Fliederbüsche waren tatsächlich fast verdorrt. Auf dem Unkrautrasen neben dem kleinen Haus parkte ein rostiger Uralt-Jeep. Leaphorn stellte seinen Pickup daneben und stieg aus. Kalter Wind trieb ihm Staub in die Augen. Als er die Verandastufen erreichte, wurde oben die Haustür geöffnet. Ein hagerer Mann in Jeans und einem verwaschenen roten Hemd stand unter der Tür. «Schon zur Stelle! Guten Morgen», begrüßte er Leaphorn mit breitem Grinsen. Weiß schimmernde Zähne in einem Gesicht wie aus wetterzernarbtem braunem Leder.

«Guten Morgen. Ich möchte zu Dr. Arnold.»

«Trifft sich gut, das bin ich.» Arnold streckte Leaphorn die Hand hin. Nach einem kräftigen Händedruck zeigte Leaphorn ihm die Dienstmarke.

«Ich suche nach Dr. Eleanor Friedman-Bernal.»

«Ich auch!» polterte Arnold drauflos. «Das Herzchen ist mit meinem Kajak verschwunden und bringt mir das Ding nicht wieder.»

«Ach? Wann denn?»

Arnold hielt die Tür auf, winkte Leaphorn herein. Das Zimmer, in das sie zunächst kamen, war bis in den letzten Winkel mit Tischen vollgestellt, auf denen dicht gepackt Steine lagen: große, kleine, runde, kantige, alle mit Flechten besetzt. Wohin man auch blickte, überall diese seltsamen Organismen – in allen Farbschattierungen von weiß bis schwarz. Arnold lotste Leaphorn an den Tischen vorbei auf einen schmalen Flur.

«Hier vorn arbeite ich, zum Sitzen ist da kein Platz mehr», sagte er. «Gehen wir nach hinten, in den Wohnbereich.»

Der Wohnbereich bestand aus einem kleinen Schlafzimmer. Überall, sogar auf dem schmalen Bett, lagen Bretter, auf denen kleine Glasschalen standen. Nach einem kurzen Blick auf den Inhalt der Schälchen mußte Leaphorn nicht lange rätseln: wieder Flechten. «Warten Sie, ich mache Ihnen Platz», versprach Arnold und räumte zwei Stühle leer.

«Warum suchen Sie nach Ellie?» wollte Arnold wissen. Lachend fragte er: «Hat wohl Anasazisiedlungen ausgeplündert, wie?»

«Pflegt sie das zu tun?»

Arnolds Gelächter schrumpfte zu einem Grinsen. «Na ja, sie ist Anthropologin. Wenn Sie das aus dem Akademikerkauderwelsch in normales Englisch übersetzen, bedeutet es: eine, die in Ruinen herumwühlt und Gräber ausraubt, am liebsten alte. Jemand, der mit fachlicher Bildung zugleich das Privileg erworben hat, Kunstwerke zu stehlen.» Ein Scherz, über den Arnold sich eine Weile vor Lachen ausschütten wollte. «Macht das jemand anderes, ist er ein Vandale. Mit dem Etikett hält man sich die Konkurrenz vom Leibe. Kommt den Damen und Herren Archäologen jemand zuvor, heißt es einfach, er hätte ein Stück Vergangenheit gestohlen.» Es schien ihm Spaß zu machen, die Heuchelei zu entlarven. Er lachte wohl überhaupt gern. Auch, daß das Kajak verschwunden war, hatte seiner guten Laune ja keinen Abbruch getan.

«Erzählen Sie mir das mal genauer», bat Leaphorn. «Woher wissen Sie, daß sie das Boot genommen hat?»

«Sie hat ein schriftliches Geständnis dagelassen», sagte Arnold und begann in einer mit Papierkram vollgestopften Schachtel zu kramen. Trotz des Durcheinanders fand er ein kleines Blatt, gelb und liniert, offenbar aus einem Notizbuch. Er drückte es Leaphorn in die Hand.

> Hier ist Dein Sattel zurück. Ein Jahr älter geworden, aber sonst ganz gut in Schuß. (Hab das verdammte Pferd verkauft.) Damit Du weiter an mich denkst, leih ich mir jetzt Dein Kajak. Solltest Du länger weg sein, kannst Du die Sache ganz vergessen, denn dann steht das Ding längst wieder in der Garage, bevor Du zurückkommst. Du wirst nicht mal merken, daß es ein paar Tage lang nicht da war. Paß auf, daß Dir keine Flechten auf der Haut wachsen!
>
> Alles Liebe, Ellie

Leaphorn gab den Zettel zurück. «Wann hat sie das geschrieben?»

«Ich kann nur sagen, wann ich's gefunden habe. Ich war ungefähr eine Woche lang oben auf dem Lime Ridge, Proben für meine Untersuchung sammeln. Und als ich zurückkam, lag der Sattel im vorderen Zimmer auf dem Fußboden, der Zettel war daran festgesteckt. Ich guck in der Garage nach – tatsächlich, das Kajak ist weg.»

«Wann war das?» erinnerte ihn Leaphorn an seine Frage.

«Oh, Augenblick mal... Muß fast 'n Monat her sein.»

Leaphorn nannte ihm das Datum, als Eleanor Friedman-Bernal in aller Frühe aus Chaco losgefahren war. «Könnte das hinkommen?»

«Ich bin, glaube ich, montags oder dienstags zurückgekommen. Das wäre dann drei oder vier Tage später gewesen.»

«Demnach hätte der Sattel schon drei, vier Tage dagelegen?»

«Gut möglich.» Arnold lachte. «Eine Putzfrau habe ich nicht, das werden Sie wohl schon gemerkt haben.»

«Wie ist Dr. Friedman denn reingekommen?»

«Der Schlüssel liegt immer draußen unter dem Blumenkasten», sagte Arnold. «Sie war schon mal da, weiß hier Bescheid. Wir kennen uns schon ewig, schon von der Zeit an der Uni in Wisconsin.» Und auf einmal war seine gute Laune wie weggewischt. Ein Schatten schien auf sein hageres, sonnengebräuntes Gesicht zu fallen. «Ist sie wirklich verschwunden? Ich meine – so, daß man sich Sorgen machen muß? Nicht einfach weggefahren, um mal wieder ein paar Tage irgendwo Mensch zu sein?»

«Ich glaube, die Sache ist ernst. Sie ist schon fast einen Monat fort... Und sie hat kaum etwas mitgenommen. Wohin könnte sie mit dem Kajak gefahren sein?»

Kopfschüttelnd antwortete Arnold: «Da gibt's nur eine Möglichkeit, den Fluß runter. Für mich ist das Ding ja nur so 'ne Art Spielzeug. Aber sie hat sich wohl flußabwärts treiben lassen. Da gibt's 'ne Menge alte Siedlungen an den Steilufern. Das heißt, weiter unten nicht mehr, da wird die Schlucht zu eng. Da hätten sogar die Anasazi nicht leben können. Aber es gibt ja noch die Seitencañons, da sind auch überall Ruinen, Hunderte.» Nichts von der anfänglichen jungenhaften Fröhlichkeit war in Arnolds Miene zurückgeblieben. Vierzig mochte er sein, schätzte Leaphorn. Und mindestens so alt sah er jetzt aus. Sorgenvoll und bekümmert.

«Tongefäße – bestimmt ging's ihr darum. Ich wette, sie hat irgendeine Fundstätte gesucht.» Arnold starrte den Lieutenant an. «Sie wissen vermutlich, daß bei uns gestern jemand umgebracht wurde. Ein Mann namens Houk. Der alte Gauner hat Geschäfte mit Anasazikeramik gemacht, schon seit langem. Ist erschossen worden. Könnte es da einen Zusammenhang geben?»

«Wer weiß?» sagte Leaphorn. «Vielleicht. Haben Sie eine genauere Vorstellung, wohin sie mit dem Kajak gefahren ist?»

«Nur, was ich gesagt habe. Sie hat sich's früher schon mal geliehen und ist damit in die Seitencañons gefahren. Wollte sich nur ein bißchen umsehen. Feststellen, ob's da unerforschte Siedlungen gibt. Das wird sie wohl jetzt wieder getan haben.»

«Können Sie wenigstens abschätzen, wie weit flußabwärts?»

«Damals, beim erstenmal, hat sie mich gebeten, sie am nächsten Abend an der Landestelle oberhalb der Brücke bei Mexican Hat abzuholen. Das ist die einzige Stelle weit und breit, wo man mit einem Boot das Ufer ansteuern kann. Also nehme ich an, sie hat sich diesmal auch bis dahin treiben lassen. Ungefähr zwischen Sand Island und Mexican Hat.»

Dann mußte auch ihr Wagen dort in der Gegend stehen, vermutete Leaphorn, nicht weit vom Ufer. Sie hatte ja das Kajak ohne fremde Hilfe vom Ufer bis zum Wagen schleppen müssen. Aber er versprach sich nichts davon, nach dem Fahrzeug suchen zu lassen.

«Immerhin, jetzt haben wir wenigstens einen Anhaltspunkt», sagte Leaphorn und dachte, Ellies Ausflug werde wohl in die Gegend geführt haben, die Etcitty in seiner falschen Dokumentation beschrieben und in die Amos Whistler bei seinem Gespräch mit Chee gedeutet hatte. Am besten, er versuchte ein Boot zu bekommen und suchte nach Arnolds Kajak. Fand er es, dann fand er vielleicht auch Eleanor Friedman-Bernal. Und dann würde er endlich auch verstehen, wieso Harrison Houk die Notiz für ihn geschrieben hatte: Sie ist noch am Leben.

Aber vorher wollte er sich in Houks Pferdestall umsehen.

Irene Musket kam an die Tür. Sie erkannte Leaphorn sofort wieder und ließ ihn ein. Der Lieutenant hatte das Bild einer schönen Frau in Erinnerung, aber heute sah sie gealtert aus, erschöpft. Sie erzählte ihm, wie sie erst den Zettel an der Haustür und dann Houks Leiche im Stall gefunden hatte. Und sie beteuerte noch einmal, daß trotz des aufgebrochenen Hintereingangs im Haus nichts gefehlt hätte. Alles in allem erfuhr Leaphorn nichts, was er nicht schon wußte. Schließlich führte sie ihn zum Stallgebäude am Hang.

«Hier ist es passiert», sagte sie, «im Stall, in der dritten Box.»

Leaphorn schaute zurück. Vom Stallgebäude aus konnte man die Zufahrt sehen, bis zum Tor mit der alten Kirchenglocke. Nur die überdachte Veranda vor dem Haus war nicht einzusehen. Houk konnte also die Ankunft seines Mörders durchaus vom Stallgebäude aus bemerkt haben.

Irene Musket blieb an der Stalltür stehen. Sie mochte nicht hineingehen, weil sie sich vor dem *chindi* fürchtete, der von Harrison Houk zurückgeblieben war, und davor, daß sie sich mit dem Übel des Bösen infizieren könnte. Vor allem dann, wenn sie sich bis zu jener Stelle traute, an der Houk gestorben war.

Selbst wenn Leaphorn ein gläubiger Navajo gewesen wäre, hätte ihn die Arbeit im Polizeidienst längst gegen die Furcht vor den *chindis* immun gemacht. Er ging in den halbdunklen Stall.

Der Boden der dritten Box war gefegt worden. Die Männer vom Erkennungsdienst der Utah Staatspolizei hatten nach ihren Recherchen Luzerne und Präriegras zu einem Häufchen in der Ecke zusammengekehrt. Was hatte er eigentlich hier zu finden gehofft? Nackter Boden, von unzähligen Huftritten festgestampft. Er ging weiter nach hinten, sah sich die Luzerneballen an. Tatsächlich deutete alles darauf hin, als hätte Houk noch versucht, sie neu an der Wand hochzustapeln, um sich ein Versteck zu schaffen. Seltsam. Aber die einzige Erkenntnis daraus war, daß Houk, dieser hartgesottene alte Halunke, dann schließlich doch nicht mehr versucht hatte, sich zwischen den Ballen zu verkriechen. Daß er statt dessen die letzten Sekunden genutzt hatte, um die Nachricht für Leaphorn zu schreiben.

Sagt ihm, daß sie am Leben ist. Wo? Oben im Cañon? Eine naheliegende Vermutung. In welchem Cañon? Und warum hatte Houk so viel riskiert, um einer Frau zu helfen, mit der er doch – abgesehen davon, daß sie ihm manchmal, wie viele andere auch, ein Tongefäß abkaufte – nichts zu schaffen hatte? Das paßte nicht zu ihm. Nicht zu dem Houk, den Leaphorn kannte. Er hatte immer geglaubt, in Houks Leben habe es nur einen einzigen Menschen gegeben, für den er jedes Opfer auf sich nahm: seinen Sohn Brigham, der nun schon so lange tot war.

Draußen war der Wind umgeschlagen, er rüttelte an den Bretterwänden, heulte durch die Ritzen, wirbelte Stroh und Staub auf und trug den Duft des Herbsttages in den Stall, in dem es bisher nur nach Pferdemist gerochen hatte. Zeitverschwendung, was Leaphorn hier tat. Auf dem Rückweg zur Tür, wo Irene Musket wartete, warf er einen Blick in die anderen Boxen. In der vordersten lehnte ein schwarzes Nylonkajak an der Wand.

Bo Arnolds Kajak? Leaphorn stand wie erstarrt. Wie war es hierhergekommen? Wer hatte es hergebracht?

Es war aufgepumpt, stand hochkant in der Ecke. Leaphorn ging näher hin. Nein, doch nicht Arnolds Boot. Dunkelbraun, hatte er gesagt, mit weißen Streifen. ‹Rallyestreifen› hatte er das genannt.

Leaphorn ging neben dem Boot in die Hocke. Es konnte noch nicht lange hier im Stall stehen, sonst wäre es verstaubt gewesen. Innen fühlte es sich feucht an. Er fuhr mit der Hand in die versteckte Kerbe zwischen dem Bootsboden und den Seitenwülsten. Vielleicht hatte er Glück, manchmal fingen sogar die Dinge zu reden an. Ein kleines Stück Papier. Er zog es heraus. Die durchnäßte, verkrumpelte Bauchbinde einer Zigarre. Er suchte weiter.

Wasser.

Leaphorn betrachtete seine feuchten Finger. Der Rest Wasser, der sich in dieser Kerbe unter dem Seitenwulst gesammelt hatte. Wie lange mochte es da schon stehen? Wie lange dauerte es, bis so ein Wasserrest in diesem trockenen Wüstenklima verdunstet war?

Er ging zur Stalltür. «Dieses Kajak – weißt du, wann es zuletzt benutzt wurde?» fragte er Irene Musket.

«Ich glaube, vor vier Tagen.»

«Von Mr. Houk?»

Sie nickte.

«Hat ihm denn seine Arthritis nicht zu schaffen gemacht?»

«Die hat ihm immer zu schaffen gemacht», sagte sie. «Aber er ist trotzdem immer wieder mit dem Boot losgefahren.» Es hörte sich an, als wäre ihr das schon immer ein Ärgernis gewesen. Wer weiß, wie oft sie versucht hatte, ihm das auszureden.

«Wohin wollte er? Weißt du das?»

Sie deutete ins Ungewisse. «Den Fluß runter.»

«Weißt du, wie weit?»

«Nicht sehr weit. Ich mußte ihn jedesmal in der Nähe von Mexican Hat abholen.»

«Dann hat er das also schon oft gemacht?»

«Immer in der ersten Vollmondnacht.»

«Er fuhr nachts los? Spät in der Nacht?»

«Meistens hat er sich noch die Zehn-Uhr-Nachrichten angesehen, danach sind wir losgefahren, bis Sand Island. Erst haben wir geguckt, ob auch niemand da war, dann haben wir das Boot zum Fluß getragen.» Ein Windstoß ließ Staub um Irenes Fußknöchel wehen, ihr langer Rock wurde hochgewirbelt. Sie strich ihn glatt, lehnte sich fester gegen die Stalltür. «Wir haben's ins Wasser gesetzt, und am nächsten Morgen bin ich mit dem Pickup zum Landeplatz oberhalb von Mexican Hat gefahren und hab auf ihn gewartet. Und dann...» Sie schluckte, konnte nicht mehr weitersprechen, stand ein paar Atemzüge lang da und kämpfte gegen die Tränen an. Leaphorn sah weg. Harrison Houk mochte ein harter Bursche gewesen sein, aber sogar um ihn trauerte ein Mensch. «Dann sind wir zusammen nach Hause gefahren», brachte sie ihren Satz zu Ende.

Leaphorn ließ ihr einen Augenblick Zeit, bevor er fragte: «Hat er dir nie erzählt, wohin er gefahren ist?»

Sie schwieg so lange, daß Leaphorn annahm, sie hätte die Frage im Heulen des Windes nicht verstanden. Er sah sie an.

«Er hat nichts erzählt», sagte sie.

Leaphorn lauschte der Antwort nach.

«Aber du weißt es trotzdem?» fragte er.

«Ich glaube, ja. Er hat mal gesagt, ich sollte mich gar nicht drum kümmern. Und wenn du dir schon den Kopf darüber zerbrichst, hat er gesagt, dann erzähl's wenigstens keinem weiter.»

«Weißt du, wer ihn getötet hat?»

«Nein, das weiß ich nicht. Ich wünschte, er hätte statt dessen mich umgebracht.»

«Wir werden den, der's getan hat, schon finden», sagte Leaphorn. «Doch, wir werden ihn finden.»

«Houk war ein guter Mensch. Die Leute sagen ihm nach, er wäre hinterhältig gewesen. Aber er war gut zu den guten Menschen. Nur zu den gemeinen war er gemein. Ich glaube, deshalb haben sie ihn umgebracht.»

Leaphorn faßte sie am Arm. «Hilfst du mir, das Kajak nach Sand Island zu bringen? Und morgen fährst du mit meinem Wagen nach Mexican Hat und holst mich ab, ja?»

«Ja, gut», sagte Irene Musket.

«Ich muß nur vorher noch telefonieren. Darf ich das hier tun?»

Er versuchte, Jim Chee zu erreichen. Aber es war nach sechs, Chee war schon nach Hause gefahren. Telefon? Nein, hatte er im Wohnwagen nicht. Das sah Chee ähnlich. Leaphorn hinterließ Houks Telefonnummer.

Sie verstauten das Kajak, die Paddel und Houks abgetragene orangefarbene Wetterjacke auf der Ladefläche des Pickup und banden alles gut fest. Dann fuhren sie zur Bootsanlegestelle bei Sand Island. Das Bureau of Land Management hatte Warntafeln aufstellen lassen: Die Saison war beendet, der Fluß gesperrt, das Befahren des San Juan ohne Sondergenehmigung verboten. Wie übrigens auch das Angeln des Katzenfisches, der vom Aussterben bedroht war.

Das Kajak lag im Wasser, Leaphorn stand – bis zu den Knöcheln im eiskalten Fluß. Er überlegte, was er noch tun könne. Jim Chees Namen und die Telefonnummer der Dienststelle in Shiprock auf eine seiner Karten schreiben und Irene Musket geben, mehr fiel ihm nicht ein.

«Falls ich bis morgen mittag nicht bei Mexican Hat bin, ruf bitte diesen Mann an. Sag ihm alles, was du mir über Mr. Houk und das Kajak erzählt hast. Und daß ich damit flußabwärts gefahren bin.»

Sie nahm die Karte.

Er stieg ins Boot.

«Weißt du, wie man mit einem Kajak umgeht?» fragte sie.

«Vor ein paar Jahren hab ich's noch gewußt. Es wird mir schon wieder einfallen.»

«Zieh die Schwimmweste an und zurr sie fest. Mit so einem Ding kann man leicht kentern.»

«Ist gut.» Leaphorn legte die Schwimmweste an.

«Und – hier.» Sie drückte ihm eine Warmhaltekanne und einen Plastikbeutel in die Hand. «Ich hab dir in der Küche was zu essen zusammengesucht.»

Leaphorn war gerührt. «Gut, danke.»

«Sei vorsichtig.»

«Ich kann schwimmen.»

«Ich hab dabei nicht an den Fluß gedacht», sagte Irene Musket.

17

In den Tagen, in denen der Herbst Abschied nimmt und der Winter sich ankündigt, ist ein Wohnwagen wahrhaftig nicht der beste Platz, den man sich zum Schlafen aussuchen kann. Chees schmale Bettstelle fing jede Nacht, wenn die Sturmböen an den dünnen Aluminiumwänden rüttelten, zu schwanken und zu schaukeln an. Er fand in solchen Nächten nur wenig Schlaf, und wenn er dann wach lag, ging ihm Randall Elliots Antrag auf eine Ausgrabungsgenehmigung durch den Kopf. Es half auch nicht viel, wenn er wieder eindöste, denn dann waren sofort die Träume da: Träume, in denen sich ordentlich ausgerichtete Kieferknochen aneinanderreihten.

Er stand früh auf und machte sich Kaffee. Der Blick in den Brotkasten brachte die erste Enttäuschung des Tages: nur vier Scheiben Zwieback. Heute war sein freier Tag. Großeinkauf, Wäsche waschen, drei überfällige Bücher in die Stadtbibliothek in Farmington abgeben. Den Wassertank hatte er inzwischen wieder aufgefüllt, aber jetzt stellte sich heraus, daß die Butangasflasche fast leer war. Ach ja, den Reifen, den er zur Reparatur abgegeben hatte, mußte er auch abholen. Und bei der Gelegenheit fiel ihm die Bank ein. Da sollte er auch endlich mal vorbeifahren und die Differenz von achtzehn Dollar fünfzig zwischen seiner Übersicht im Scheckbuch und den Bankauszügen klären.

Statt sich um all das zu kümmern, suchte er eine Telefonnummer heraus. Er hatte nämlich gestern doch noch mal bei Pedwell angerufen und sich erkundigt, ob Elliot auch einen Ausgrabungsantrag für die Siedlung gestellt hätte, bei der Etcitty und Nails umgebracht worden waren. «Die liegt in New Mexico», hatte Pedwell gesagt, «anscheinend auf Regierungsland. Wir registrieren nur Fundstätten im Reservationsgebiet. Für die anderen ist das Laboratory of Anthropology in Santa Fe zutändig.» Und dann hatte er Chee die Telefonnummer dieser Behörde gegeben.

«Klingt ziemlich verwirrend», hatte Chee sich gewundert.

Pedwell war ganz seiner Meinung gewesen. «Ist es auch. Noch viel verwirrender, als Sie glauben.» Und dann hatte er zu langatmigen Erklärungen ausgeholt und irgendwas über Chaco Nummern, Mesa Verde Nummern und MLA Nummern erzählt. Bis Chee das Thema gewechselt hatte.

Ein Fehler, wie er nachträglich einsah. Er hätte sich nach dem Namen eines Ansprechpartners in Santa Fe erkundigen sollen.

Er fuhr zu seiner Dienststelle. Der Officer vom Wachdienst sah erstaunt hoch, er wußte, daß Chee heute frei hatte. Vom Büro aus rief Chee in Santa Fe an. Dreimal wurde er mit den falschen Gesprächspartnern verbunden, dann hatte er endlich jemanden am Apparat, der für Chees Fragen zuständig war. Eine Frau mit einer hübschen Stimme.

«Es wäre einfacher, wenn Sie die MLA Nummer wüßten», sagte sie. «Sonst muß ich nämlich sämtliche Akten mit den Anträgen durchsehen.»

Er wußte keine Nummer, also mußte er sich mit Geduld wappnen. «Von Dr. Elliot liegen hier elf Anträge vor. Soll ich Ihnen die alle durchgeben?»

«Wird wohl nichts anderes übrigbleiben», sagte er.

«MLA 14.751. MLA 19.311. MLA...» begann sie vorzulesen.

«Augenblick», unterbrach Chee. «Haben Sie auch die exakte Lagebeschreibung? Welcher County und so?»

«Ja, das sieht man alles aus unseren Karten.»

«Die Siedlung, die ich meine, liegt im San Juan County.»

«Warten Sie mal», sagte die Frau mit der hübschen Stimme. Und nach einer Weile hatte sie gefunden, was Chee suchte. «Da habe ich zwei Eintragungen. MLA 19.311 und MLA 19.327.»

«Können Sie mir genauer beschreiben, wo die liegen?»

«Ich kann Ihnen die offiziellen Angaben durchgeben. Gebietsbezeichnung, Ortszugehörigkeit, Gemarkung.» Und schon begann sie wieder vorzulesen.

«Hat Elliot die Ausgrabungsgenehmigung bekommen?»

«Nein, der Antrag wurde abgelehnt. Viele dieser Siedlungen sind zur Zeit noch für Ausgrabungen gesperrt. Man will warten, bis verbesserte Technologien zur Verfügung stehen. Es ist fast unmöglich, da jetzt schon eine Genehmigung zu erhalten.»

«Ich danke Ihnen vielmals», sagte Chee. «Sie haben mir sehr geholfen.»

Und so war es tatsächlich. Als er die offiziellen Angaben mit denen auf der U.S. Geological Survey Karte verglich, stellte sich heraus, daß es sich genau um die Schlucht handelte, bei der er seinerzeit den Grabenbagger gefunden hatte.

Nicht so viel Glück hatte er mit dem Anruf in Chaco. Es gab wieder mal Probleme mit dem Satelliten. Die Verbindung war sehr schwach, dafür hatte er einen interessanten Dopplereffekt in der Leitung. Immerhin verstand er so viel, daß Randall Elliot irgendwo im Chaco Canyon unterwegs war, bei einer der Ruinen. Maxie Davis war auch nicht da. Und Luna hatte irgendwas in Pueblo Bonito zu erledigen. Was es war, verschluckte der Satellit.

Chee sah auf die Uhr. Rund hundert Meilen bis Chaco. Und er erinnerte sich nur zu gut, wie miserabel das letzte Viertel der Strecke war. Unwillig knurrte er vor sich hin. Warum lud er sich das alles auf den Hals – an seinem freien Tag? Er wußte schon, warum. Er wollte sich ein paar Streicheleinheiten von Leaphorn verdienen. Der Lieutenant sollte ihn ein bißchen tätscheln und «gut gemacht, Junge» sagen. Falls er die Mühe überhaupt zu würdigen wußte. Vielleicht wäre Leaphorn etwas anderes viel wichtiger gewesen? Egal, Chee spürte das Jagdfieber. Das bizarre Bild der aufgereihten Kieferknochen ließ ihn nicht mehr los. Es mußte etwas zu bedeuten haben. Etwas Wichtiges.

Sehr schnell kam er bei dem Wetter nicht voran. Sogar, als er auf der festen Teerdecke der N.M. 44 durch die Salbeiebenen des Blaco Plateaus fuhr, zerrte der Wind am Pickup. Der Herbst ist vorbei, dachte Chee, von Westen her rückt der Winter näher. Hinter ihm, über dem La Plata Gebiet, war der Himmel dunkel verhangen. Und als er den Handelsposten Blanco hinter sich hatte und die Schlaglochstrecke begann, fing der Tanz erst richtig an. Seitenwind, er mußte dauernd gegensteuern. Und gleichzeitig um tief ausgefahrene Furchen und tückische Löcher herumkurven. Auf dem Parkplatz vor dem Besucherpavillon in Chaco hatte sich dann alles gegen ihn verschworen. Wirbelnder Sand nahm ihm die Sicht, Windhexen klatschten gegen die Frontscheibe.

Die Frau, mit der er telefoniert hatte, saß am Informationstisch.

Ein flottes Mädchen, jedenfalls in der Uniform der Parkranger. Und sie war froh, daß endlich mal jemand kam. Um die Jahreszeit verirrten sich nur wenige Besucher in den Chaco Canyon. Sie zeigte ihm auf der Karte, wie er nach Kin Kletso kam, der Anasazisiedlung, bei der Randall Elliot heute arbeitete. «Das heißt, falls er bei dem Sturm überhaupt arbeiten kann.» Wo Maxie Davis steckte, schien ein Rätsel zu sein. «Aber vielleicht arbeitet sie mit Randall zusammen.» Luna war weggefahren und wurde erst spätabends zurückerwartet.

Chee ging zum Wagen zurück. Er mußte sich gegen die Staubböen stemmen und die Augen zusammenkneifen. Bei Kin Kletso stand ein Lastwagen vom Park Service, der Fahrer hatte hinter einer der alten Mauern Schutz vor dem Wind gesucht.

«Ich wollte zu Dr. Randall Elliot», sagte Chee. «Finde ich ihn hier?»

Der Mann schüttelte den Kopf. «Hier bestimmt nicht, er hat sich den ganzen Tag noch nicht blicken lassen.»

«Wissen Sie, wo ich...»

Eine mißmutige Handbewegung. «Keine Ahnung. Weiß der Himmel, wo der immer rumschwirrt.»

Vielleicht war Elliot zu Hause? Chee fuhr zu den Apartments. Der Parkplatz war leer. Er klopfte an die Tür mit Elliots Namensschild. Klopfte noch einmal. Ging ums Gebäude herum, sah hinten nach. Randall Elliot hatte an der Terrassentür die Vorhänge nicht zugezogen. Chee warf einen Blick ins Zimmer. Offensichtlich der Wohnraum, aber Elliot hatte ein Arbeitszimmer daraus gemacht. Sägeböcke mit quergelegten Brettern, auf denen Kartons mit Knochenfunden standen. Schädel, Rippen, halbe Kiefer. Chee preßte das Gesicht dicht an die Scheibe, schirmte die Augen ab und starrte angestrengt nach innen. Auch an der Wand standen Kartons. Der Durchgang zur kleinen Küche war halb mit einem Bücherregal verstellt. Von Elliot war nichts zu sehen.

Chee schielte verstohlen nach unten. Das Türschloß sah ziemlich harmlos aus. Er drehte sich um. Niemand in der Nähe. Schon hatte er das Taschenmesser in der Hand und tastete mit der Klinge nach dem Türschnapper.

Als er drin war, zog er die Vorhänge zu und schaltete das Licht ein. Mit dem Schlafzimmer, der Küche und dem Bad war er rasch fertig. Er paßte auf, möglichst wenig anzufassen. Wo immer es ging, ließ er die Messerklinge tun, was sonst die Finger getan hätten. Klingen hinterlassen keine Abdrücke. Heimlich hier herumzustöbern, machte ihn nervös. Er kam sich irgendwie schmutzig vor und schämte sich.

Im Wohnzimmer nahm er sich dann die Kartons mit den Knochen vor. Sie schienen nach Fundstellen geordnet zu sein. Numerierte Papierstreifen markierten die Kartons. Chee suchte nach den Nummern N.R. 723 oder MLA 19.327. Auf dem Klapptisch in der Nähe des Küchenbereichs stieß er auf die N.R.-Nummer.

Die Schnur, an der der Papierstreifen hing, war durch die Augenhöhle eines Schädels gezogen. Auf der einen Seite stand die Nummer, auf der anderen gekritzelte Notizen. Irgendwelche Kürzel, die wohl nur Elliot verstand. Und Zahlenangaben in Millimetern. Die Dicke des Schädelknochens, vermutete Chee. Aus dem übrigen Gekritzel wurde er nicht schlau.

Im Karton mit der Nummer N.R. 723 lagen vier Unterkiefer, einer anscheinend von einem Kind, einer zerbrochen. Chee sah sie sich genau an. Ein zusätzlicher Backenzahn, rechts unten, bei allen vier Kiefern. Und statt jeweils einer Aushöhlung links und rechts im hinteren Kieferbereich, wiesen diese Schädelteile zwei solche Knochenummantelungen auf, durch die einst Nervenbahnen und Adern geführt hatten. Exakt die von Elliot in seinem Antrag beschriebenen Anomalien.

Chee legte die Kieferknochen in den Karton zurück, genauso, wie er sie vorgefunden hatte. Er wischte sich die Hände an den Hosenbeinen ab, setzte sich und dachte darüber nach, was das alles zu bedeuten hätte. Die Erklärung schien auf der Hand zu liegen. Die Suche nach Beweisen für seine wissenschaftliche Theorie hatte Elliot zur selben Anasazisiedlung geführt wie Eleanor Friedman-Bernal. Oder anders ausgedrückt: Sie hätten sich nie ins Gehege kommen müssen, wären sie bei ihren unterschiedlichen Forschungsarbeiten nicht zufällig auf dieselbe Goldader gestoßen. Einer der vier Unterkiefer mochte vielleicht von Ellies Töpferin stammen, ging Chee durch den Kopf.

Und dann fiel ihm die Siedlung MLA 19.327 ein. Die so auffallend ordentlich nebeneinandergelegten Kieferknochen. Die Schachtel, in der ursprünglich dreißig Plastikbeutel gewesen waren. Der eine, den sie nie gefunden hatten. Grund genug, das Apartment noch einmal gründlich zu durchsuchen.

Er fand den schwarzen Plastikbeutel in der Küche. Elliot hatte ihn in einen Papierkorb geworfen, den er anscheinend als Abfalleimer benutzte. Chee verstaute Küchenabfälle und zerknüllte Papierbogen, die obenauf lagen, auf der Arbeitsplatte neben der Spüle. Der Beutel war zugeknotet, Chee band ihn auf. Am oberen Rand war die Markenbezeichnung eingedruckt. SUPERTUFF-MÜLLBEUTEL. Der fehlende Beutel.

Sieben Unterkiefer lagen im Beutel. Chee zählte die Zähne. Siebzehn, einer zuviel. Und in jeder Kinnlade diese zusätzliche Aushöhlung im hinteren Knochenbereich.

Chee stopfte den Beutel wieder in den Papierkorb, deckte ihn mit dem zerknüllten Papier und den Küchenabfällen zu und ging zum Telefon.

Nein, erfuhr er von dem flotten Mädchen im Besucherpavillon, Elliot hatte sich noch nicht zurückgemeldet. Auch Luna und Maxie Davis nicht.

«Können Sie mich mit Mrs. Luna verbinden?»

«Wenn's weiter nichts ist», sagte das Mädchen.

Mrs. Luna meldete sich nach dem dritten Läuten. Sie wußte sofort wieder, wer Chee war. Wie's ihm denn ginge? Und seinem Kollegen, Mr. Leaphorn? «So, aber deswegen rufen Sie bestimmt nicht an.»

«Ich bin hergekommen, um mit Randall Elliot zu sprechen», sagte Chee, «aber er ist irgendwo unterwegs. Da fiel mir ein, daß Sie neulich erzählt haben, er sei letzten Monat nach Washington geflogen. Sie erwähnten, daß das Reisebüro hier angerufen hat. Die geänderten Flugzeiten – erinnern Sie sich? Wissen Sie, welches Reisebüro das war?»

«Bolack», sagte sie. «Ich glaube, beinahe jeder hier draußen bucht bei Bolacks Agentur.»

Chee rief in Farmington an, bei Bolack-Travel.

«Navajo Tribal Police», sagte er zu dem Mann, der sich am Telefon meldete. «Wir überprüfen die Daten eines Flugtickets. Die Fluggesellschaft weiß ich nicht. Es handelt sich um Tickets, die durch Ihre Agentur für Randall Elliot im Chaco Canyon besorgt wurden.»

«Wissen Sie ungefähr, wann? Dieses Jahr? Diesen Monat? Oder war's vielleicht gestern?»

«Es müßte letzten Monat gewesen sein.»

«Randall Elliot», murmelte der Mann, «Randall Elliot, mal sehen.» Chee hörte, wie er die Tastatur eines Computers anschlug. Eine Pause. Wieder das Klacken. Wieder eine Pause.

«Das ist merkwürdig», sagte der Mann. «Wir haben die Tickets besorgt, aber er hat sie nicht abgeholt. Der Hinflug war am elften Oktober, der Rückflug am siebzehnten gebucht. Mesa Airlines von Farmington nach Albuquerque und American von Albuquerque nach Washington. Genügen Ihnen die Daten?»

«Er hat sie nicht abgeholt? Sind Sie da sicher?»

«Absolut. Eine Menge Arbeit für nichts.»

Chee rief noch einmal bei Mrs. Luna an. Während er wartete, daß sie abnahm, sagte ihm eine innere Stimme, daß die Dinge womöglich auf einmal brandeilig würden. Mitte Oktober. Ungefähr zu der Zeit, als Eleanor Friedman-Bernal aus Chaco weggefahren war, um nie wiederzukommen. Und Randall Elliot war nicht in Washington gewesen. War gar nicht geflogen. Hatte das nur vorgetäuscht. Was nicht schwierig sein konnte – hier in Chaco, wo sich alles sofort herumsprach. Er brauchte nur irgend jemandem von seinen Reiseplänen zu erzählen, der würde es dann schon weiterverbreiten. Aber warum hatte er das getan? Damit niemand neugierige Fragen stellte. Und wo war er wirklich gewesen? Chee ahnte die Antwort. Aber er hoffte inständig, daß er sich irrte.

«Hallo?» Mrs. Luna war am Apparat.

«Noch mal Chee. Ich habe noch eine Frage. War gestern ein Deputy Sheriff hier, um mit den Mitarbeitern zu reden?»

«Ja, der war hier. Einen Monat zu spät, würde ich sagen.»

«Hat er eine bestimmte Notiz für Leaphorn erwähnt? Eine Nachricht, daß Dr. Friedman möglicherweise noch am Leben wäre?»

«Daß sie am Leben ist», korrigierte Mrs. Luna. «Auf dem Zettel soll doch gestanden haben: Sagt Leaphorn, daß sie noch am Leben ist.»

«Ist die Sache mit der Notiz hier allgemein bekannt? Ich meine, weiß es auch Elliot?»

«Natürlich. Weil doch langsam schon alle Zweifel bekamen. Sie verstehen – wenn jemand so lange nicht wieder auftaucht, muß ja was Schlimmes passiert sein.»

«Steht eindeutig fest, daß Elliot Bescheid weiß?»

«Er war zufällig bei uns, als der Deputy uns davon erzählt hat, Bob und mir.»

«Gut, vielen Dank.» Chee legte auf.

Der Wind hatte sich gelegt. Was Chee nur recht sein konnte. Er fuhr zurück, Richtung Handelsposten Blanco. Die ersten fünfundzwanzig Meilen hätte er wegen der Schlaglöcher nicht so schnell fahren dürfen, den Rest der Strecke wegen der Geschwindigkeitsbegrenzung auf der N. M. 44. Aber er machte sich Sorgen. Er selbst hatte Undersheriff Bates noch geraten, in Chaco ruhig allen von der Notiz für Leaphorn zu erzählen. Das war ein Fehler gewesen. Es sei denn, sein Verdacht erwies sich als unbegründet. Er dachte darüber nach, wie er das feststellen könnte. Wieder ein Fehler, er hätte noch ein Telefongespräch führen sollen, ehe er in Chaco losfuhr.

In Bloomfield fuhr er auf den Parkplatz eines Supermarktes und rannte zur Telefonzelle. Der dritte Fehler, er mußte noch mal zurück zum Wagen, die Quarters aus dem Handschuhfach holen. Er rief beim Flugplatz in Farmington an, sagte, wer er war, und erkundigte sich, wo er einen Hubschrauber chartern könnte. Er schrieb sich die beiden Namen und die Telefonnummern auf, die das Mädchen ihm nannte. Aero Services – besetzt. Er versuchte es mit Flight Contractors. Sanchez hieß der Mann, der sich dort meldete. Ja, ein gewisser Randall Elliot hatte heute morgen einen Hubschrauber gemietet.

«Ziemlich mieses Flugwetter», meinte Sanchez, «sogar für einen Helicopter. Aber auf Elliot kann man sich verlassen, er hat Erfahrung. Hat er aus 'Nam mitgebracht.»

«Hat er gesagt, wohin er fliegen wollte?»

«Tja, er ist Anthropologe, seit zwei, drei Jahren Kunde bei uns. Er hat gesagt, er wollte zum White Horse Lake – irgendwo in die Gegend da drüben. Sucht sicher wieder nach alten Indianersiedlungen. Wenn man bei so einem Sauwetter losfliegt, ist das keine schlechte Ecke. Überall Gras und Schlangenkraut, falls man runter muß.»

Dorthin ist Elliot bestimmt nicht unterwegs, dachte Chee. Eher in die ziemlich genau entgegengesetzte Richtung. Südosten statt Nordwesten.

«Wann ist er losgeflogen?»

«Ich schätze, vor drei Stunden. Kann auch schon ein bißchen länger her sein.»

«Haben Sie noch einen Hubschrauber zu vermieten? Ich brauche allerdings einen Piloten.»

«Den Helicopter hätte ich», sagte Sanchez. «Der Pilot – da muß ich mich erst mal umhören. Wann brauchen Sie ihn?»

Chee schätzte die Zeit und die Entfernung ab. «In einer halben Stunde.»

«Ob's so schnell geht, weiß ich nicht», sagte Sanchez, «aber ich will's versuchen.»

Chee brauchte nicht ganz dreißig Minuten bis zum Flugplatz. In eine Radarkontrolle hätte er unterwegs nicht geraten dürfen. Sanchez hatte einen Piloten aufgetrieben, aber der war noch nicht da.

«Wir holen ihn immer, wenn Not am Mann ist», sagte Sanchez. «Zum Beispiel für Rettungseinsätze. Ed King heißt er. Er fliegt bei jedem Wetter. Und 's ist ja auch nicht mehr so stürmisch.»

Der Wind wehte tatsächlich nicht mehr so heftig. Was sich jetzt noch draußen rührte, war ein bißchen mehr als eine Brise, und auch die schien mit der Wetterfront nach Südosten zu ziehen. Im Norden und im Westen ballten sich allerdings schon wieder dunkle Wolken zusammen.

Während er auf King warten mußte, wollte Chee versuchen, Leaphorn zu erreichen. Wenn er ihn nicht persönlich sprechen konnte, wollte er ihm wenigstens eine Nachricht hinterlassen. Daß er den fehlenden Müllbeutel in Elliots Küche gefunden hatte, voll mit Knochen. Und daß Elliot sich vergeblich um eine Ausgrabungsgenehmigung für diese Anasazisiedlung bemüht hatte. Und daß er gar nicht in Washington gewesen war, damals, als Friedman-Bernal Chaco verlassen hatte.

Dabei fiel Chee etwas anderes ein. «Mr. Sanchez, könnten Sie mal nachsehen, ob Dr. Elliot am... Augenblick... am 13. Oktober einen Hubschrauber gemietet hat?»

Sanchez sah ihn wieder so komisch an wie vorhin, als Chee gebeten hatte, die Charterrechnung an die Navajo Tribal Police zu schikken. Er hatte Chee so lange durchdringend angeguckt, bis der seine MasterCard zückte. Sanchez hatte telefonisch das Kreditlimit geprüft und wieder recht fröhlich ausgesehen. «Sehen Sie, jetzt liegt's nur noch an Ihrer Rechnungsstelle, ob Sie Ihr Geld zurückbekommen.»

Diesmal hatte Sanchez andere Bedenken. «Ich weiß nicht, ob ich Ihnen das überhaupt alles erzählen soll? Randall ist einer unserer Stammkunden, auf einmal erfährt er was davon?»

«Hier geht's um polizeiliche Ermittlungen», sagte Chee.

Sanchez setzte eine störrische Miene auf. «In welchem Zusammenhang?»

«Im Zusammenhang mit den beiden Männern, die im Checkerboard erschossen wurden, Nails und Etcitty.»

«Oh», machte Sanchez. «Na gut, ich seh mal nach.»

«Während Sie das tun, möchte ich gern meine Dienststelle anrufen.»

Benally hatte Schichtdienst. Nein, wie er Leaphorn erreichen könnte, wüßte er auch nicht.

«Aber er hat eine Nachricht für dich durchgeben lassen, Jim. Eine Frau namens Irene Musket hat aus Mexican Hat angerufen. Angeblich ist Leaphorn auf dem San Juan unterwegs.» Benally kicherte vor sich hin. «Hört sich an, als wollte uns einer verarschen, wie? Sie sagt, Leaphorn sei mit einem Boot den San Juan runter gefahren. Weil er 'n anderes Boot sucht. Und das soll die Frau benutzt haben, nach der du suchst. Die Musket sollte Leaphorn heute morgen bei Mexican Hat abholen und dich anrufen, falls er nicht auftaucht. Na ja – und er ist eben nicht aufgetaucht.»

In dem Augenblick wurde die Tür aufgestoßen, ein kühler Luftzug wehte herein.

«Hier soll jemand sein, der 'n Hubschrauber braucht?»

Ein stämmiger, kahlköpfiger Typ mit gelb verfärbtem Schnauzer stand unter der Tür, sah Chee fragend an. «Wenn Sie der verrückte Hund sind, der bei dem Wetter losfliegen will, dann bin ich der verrückte Hund, der Sie kutschiert.»

18

Eleanor Friedman-Bernals Kajak zu finden, stellte Leaphorn sich nicht sehr schwierig vor. Sie konnte nur flußabwärts gefahren sein. Zwischen Bluff und Mexican Hat säumten steile Felswände den San Juan, es gab nur wenige kleine Sandbuchten, an denen man ein Boot ans Ufer bringen konnte, und vielleicht zwanzig Stellen, an denen Schluchten und tief eingeschnittene Flußläufe einmündeten. Allein hätte die Frau es kaum schaffen können, das Boot so weit landeinwärts zu tragen, daß es vom Wasser aus nicht zu sehen war. Leaphorn beschränkte seine Suche auf eine Uferseite, denn sein Gefühl –

wie auch alle Fakten – sprachen dafür, daß Eleanors Anasazisiedlung auf Reservationsgebiet liegen mußte. Das Problem lag vermutlich nicht darin, das Kajak aufzuspüren, selbst wenn es dunkel wurde und er auf das Licht seiner Taschenlampe angewiesen war. Die Schwierigkeiten fingen wahrscheinlich erst danach an, wenn es galt, Dr. Friedman-Bernal zu finden.

Nur mit dem Wind hatte er nicht gerechnet. Er trieb das Kajak vor sich her wie ein Boot unter vollen Segeln. Stürmische Böen zerrten an der Außenhaut, Leaphorn durfte die Paddel nicht einen Augenblick ruhen lassen, wenn er nicht von der Strömung abgetrieben werden wollte. Ungefähr vier Meilen unterhalb der Brücke von Bluff ließ er das Kajak auf eine Sandzunge zutreiben, weil er eine Pause brauchte und die verspannten Muskeln lockern wollte, ein wenig auch in der vagen Hoffnung, er könne zufällig hier auf eine erste Spur stoßen.

Felszeichnungen, von dunklem Wüstenfirnis überzogen, schmückten die Steilwände. Er entdeckte eine Reihe Figuren mit quaderförmigen Schultern und gezackten Linien, die aus den Köpfen nach oben zu wachsen schienen. Halbbogenförmige Wellen vor den Mündern deuteten an, daß die in Stein geschnittenen Gestalten jemandem etwas zuriefen. Leaphorn mußte an die Navajo *yei* denken, die Geister, die mit Talking God sprachen. Aber die Figuren hatten wohl eine andere Bedeutung, denn lange bevor sein Volk sich diese Felsenwildnis zur Heimat erkoren hatte, war sie Zufluchtsort für die Anasazi gewesen. Über den Gestalten schwebte ein Vogel, nur skizzenhaft angedeutet, vielleicht ein Silberreiher. Um so eindeutiger der Kokopelli ganz oben auf der Felswand. Tiefgebeugt stand er, die Flöte nach unten gerichtet, als wäre sein Lied eine Botschaft an die Erde und ihre Bewohner. Überall am Fuß der Klippen lagen Scherben von Tongefäßen.

Aber weit und breit keine Spur vom Kajak. Im Grunde hatte Leaphorn auch nicht damit gerechnet. Er fühlte sich wieder bei Kräften, schob das Boot ins Wasser zurück und lenkte es in die Strömung. Allmählich senkte sich Dämmerung über den Fluß. «Das Rauschen des Wassers besänftigt die Gedanken», hatte er mal gelesen. Ganz anders als der Wind, bei dessen Heulen er sich innerlich immer angespannt, fast verkrampft fühlte. Aber der Wind war nun schwächer geworden. Leaphorn hörte – irgendwo weiter vorn – das dumpfe Gurgeln der Stromschnellen. Er hörte einen Vogel rufen und dann das Bellen eines Kojoten, drüben am anderen Ufer, das zu Utah gehörte.

Zwei Stellen, an denen eine Anlandung möglich gewesen wäre, suchte er sorgfältig ab, auch an der Einmündung der Butler Wash und des Comb Creek verlor er mehr Zeit, als er gedacht hatte. Als er seine Fahrt flußabwärts fortsetzte, ging gerade der Mond auf. Kurz nach Vollmond, die Scheibe war schon nicht mehr ganz rund. Plötzlich ein Flattern, ein schneeweißer Reiher stob von seinem Nest hoch, floh vor dem Mann im Boot. Weiße Schwingen vor dem Schwarz der Uferklippen, vom Mond beschienen, ein Bild verlorener Einsamkeit, bis der Vogel um die nächste Flußbiegung verschwand.

Reiher, dachte Leaphorn, haben – genau wie die Schneegänse und die Wölfe – etwas mit mir gemeinsam: sie suchen sich einen Partner und bleiben ihm treu. Das erklärte auch, warum nur ein Vogel in die beginnende Dunkelheit aufgestiegen war. Er war wohl allein zurückgeblieben und hatte sich diese Schlucht als Zuflucht für sein einsames Dasein ausgesucht.

Das Kajak glitt aus dem Dunkel unterhalb der Klippen in einen mondbeschienenen Flußabschnitt. Leaphorn sah den eigenen, überlebensgroß verzerrten Schatten auf den Wellen tanzen. Wenn er die Paddel bewegte, sah es aus wie der Schwingenschlag eines Vogels. Er hielt die Arme ruhig, das Bild veränderte sich. Nun schien der *yei* Black God über dem Wasser zu schweben, wie ihn die Schamanen der Navajos beim Gesang der Nacht in den Sand malten. Beugte er sich nach vorn, verwandelte sich das Schattenbild in Kokopelli, und der Buckel war die Last des Kummers, die Leaphorn tragen mußte. Darüber dachte er gerade nach, als ihn die Strömung um eine Klippe herum und zurück ins Dunkel trug. Es gab kein Licht mehr, nur das Glitzern der Sterne unendlich fern über ihm. Und es gab keine Gedanken an Einsamkeit und Kummer mehr, das Rauschen des Flusses schien alles verschluckt zu haben.

Immer mehr näherte sich Leaphorn der Mündung des San Juan in den mächtigen Colorado, dennoch war die Strömung erstaunlich gering. Weiter vorn, wo unter reißenden Flußschnellen die Strudel schäumten, lag das Paradies der Sportwasserfahrer. Sie liebten es, ihre winzigen Kajaks durchs wirbelnde Wasser zu lenken und den Nervenkitzel zu fühlen, wenn die Boote in einen Schlund gerissen und die Fahrer von weißer Gischt zugeschüttet wurden. Leaphorn lag mehr daran, die Fahrt durch den aufgewühlten Fluß mit möglichst trockener Haut zu beenden – ein Ziel, das ohnehin Illusion zu sein schien, denn von der Taille abwärts war er jetzt schon durchnäßt.

Der Fluß hatte sich hier seinen Weg durch den Gesteinssattel des Comb Ridge geschnitten – immer noch ein eindrucksvolles Felsmassiv und doch, nachdem die Erosion von Jahrmillionen daran genagt hatte, nur der kümmerliche Rest einer einst monumentalen Verwerfung. Vor Urzeiten waren hier in großer Tiefe Gesteinslagen aufeinandergeprallt, hatten sich übereinandergeschoben und schließlich die Erdkruste wie eine riesige Blase nach oben gedrückt. Leaphorn glitt im Kajak an Gesteinsschichten vorüber, die so schräg gelagert waren, daß sich sogar im schwachen Licht der beginnenden Nacht das schaurige Gefühl aufdrängte, mitten auf das Zentrum der Erdkugel zuzusteuern.

Als der Felssattel hinter ihm lag, gab es wieder eine Sandbucht und zwei Flußmündungen, an denen Leaphorn sich im Licht der Taschenlampe auf die Suche nach Eleanor Friedman-Bernals Boot machte. Vergeblich. Danach lohnte sich die Suche erst wieder jenseits der nächsten Flußbiegung. Als er die Strudel hörte, das weiß gischtende, wirbelnde Wasser sah und sicher war, daß er die Einmündung der Many Ruins Wash erreicht hatte, befiel ihn plötzlich eine Ahnung, fast schon eine Gewißheit: Wenn die Anthropologin ein bestimmtes Ziel gehabt hatte, als sie von Sand Island ablegte, dann mußte es diese Stelle gewesen sein – hier, wo sich nach Regentagen und Gewitterstürmen entfesselte Wassermassen, vermischt mit Schlamm und Geröll, in den San Juan ergossen.

Vergessen war der Versuch, halbwegs mit trockener Haut davonzukommen. Knietief watete er durch die Wirbel, zerrte das Kajak hinter sich her, aufs Ufer zu. Dort ließ er sich hechelnd zu Boden fallen. Er fühlte sich erschöpft. Durchnäßt bis auf die Haut. Und er fror entsetzlich. Ein Schütteln überlief ihn, er konnte seine Hände nicht ruhig halten, die Beine zitterten unkontrolliert, er klapperte mit den Zähnen. Eine Hypothermie. Er hatte so einen jähen Kälteschock schon einmal erlebt und erinnerte sich, wieviel Angst ihm das damals eingejagt hatte. Dieselbe Angst, die er auch jetzt wieder empfand.

Er stemmte sich hoch. Der Lichtstrahl der Taschenlampe zuckte gespenstisch durch die Dunkelheit, als Leaphorn versuchte, sich den nassen Sand von den Kleidern zu klopfen. Irgendwo entdeckte er trockene Äste, der Fluß mußte sie vor langer Zeit hergetragen und ans Ufer geworfen haben. Er tastete in den Jackentaschen nach dem Plastikröhrchen, in dem er die Streichhölzer aufbewahrte. Er hätte später nicht sagen können, wie es seinen zitternden Fingern gelungen war, den Schraubverschluß zu öffnen, wo er das verdorrte Gras gefunden hatte, das er unter das Reisighäufchen schob, wie er das Streichholz angerissen hatte. Hastig sammelte er Treibholz, fachte das Feuer mit dem Hut an. Und dann, als die Wärme aufstieg, stand er nur noch keuchend und zitternd da.

Seine Jeans begannen zu dampfen, er spürte, wie allmählich Leben in ihn zurückströmte, das Blut zu kreisen begann, wohlige Wärme unter die Haut kroch. Erst jetzt merkte er, daß er sich in der ersten Eile den falschen Feuerplatz ausgesucht hatte. Ein Stück weiter hinten entdeckte er eine kleine, von Felsbrocken und Geröll gesäumte Sandnische, in der sich trockene Äste und allerlei Treibholz verfangen hatten. Dort entfachte er ein neues Feuer. Er sammelte so viel Holz, daß es bis zum nächsten Morgen reichte und er hoffen konnte, mit trockener Kleidung aufzuwachen.

Irgendwo hier in der Nähe mußte das Kajak versteckt sein, davon war er überzeugt. Und irgendwo in diesem Cañon würde er auch Eleanor Friedman-Bernal finden. Eigentlich hatte er sich vorgenommen, erst im Morgengrauen nach dem Boot zu suchen. Aber nun konnte er trotz aller Erschöpfung seine Ungeduld nicht zügeln. Er griff nach der Taschenlampe und ging aufs Flußufer zu.

Das Versteck war sorgfältig ausgewählt. Und Dr. Friedman mußte wohl kräftiger sein, als Leaphorn vermutet hatte, sonst wäre es ihr nicht möglich gewesen, das Kajak ohne fremde Hilfe so weit zu schleppen – bis unter die tiefhängenden Äste einer Gruppe von Tamarisken. Leaphorn durchsuchte das Boot, obwohl er nicht damit rechnete, irgend etwas zu finden. Tatsächlich fand er auch nur Eleanors fest zu einem kleinen Bündel verschnürten roten Nylonponcho. Er nahm ihn mit. Am Feuerplatz lockerte er mit den Stiefelspitzen den Sand auf, um es zum Schlafen ein wenig weicher zu haben. Dann rollte er den Poncho als Unterlage aus und rückte sich so zurecht, daß die Beine nahe am Feuer lagen. Auf die Weise, hoffte er, würde er sich morgen vielleicht sogar mit trockenen Stiefeln auf den Weg machen können.

Das Feuer lockte Insekten an. Und die Insekten lockten Fledermäuse an. Leaphorn sah ihnen zu, wie sie aus dem Dunkel heranflatterten, sich blitzschnell auf ihre Beute stürzten und wieder in der Nacht verschwanden. Fledermäuse waren für Emma immer ein Grauen gewesen. Fast wie die Küchenschaben, mit denen sie in Dauerfehde lag. Zu Spinnen hatte sie dagegen ein geradezu inniges Verhältnis gehabt, ihnen sogar Namen gegeben. Und das nicht nur, wenn sie sich draußen im Garten einnisteten, wogegen aus Leaphorns Sicht nichts einzuwenden war, sondern auch, wenn sie sich im Haus aufhielten, wo er ihnen am liebsten den Garaus gemacht hätte. Ach ja – und die Eidechsen, für die hatte sie regelrecht geschwärmt.

Emma hätte es hier am Flußufer gefallen. Immer hatten sie sich so eine Bootsfahrt vorgenommen, aber nie Zeit dafür gefunden. Und nun war es zu spät, das Wort Zeit hatte keine Bedeutung mehr. An diesem Fall Eleanor Friedman-Bernal hätte Emma lebhaft Anteil genommen, das Schicksal dieser Frau hätte ihr sehr am Herzen gelegen. Und wenn er es nicht von sich aus erzählt hätte, wäre sie jeden Abend mit Fragen über ihn hergefallen, was es denn in der Sache Neues gäbe. Sogar mit guten Ratschlägen wäre sie zur Hand gewesen.

Na schön, morgen würde er die Frau finden. Auf irgendeine Weise auch Emma zuliebe.

Er rückte sich im Sand zurecht. Ein brennendes Holzscheit fiel in die Glut, Funken stoben hoch, glitzerten sekundenlang in der Dunkelheit mit den Sternen um die Wette. Mit diesem Bild schlief Leaphorn ein.

Die Kälte weckte ihn schließlich auf. Nur ein paar glühende Holzscheite waren vom Feuer geblieben. Kein Mond mehr am Himmel, dafür war das unendliche schwarze Zelt mit funkelnden Sternen besetzt – so hell und so dicht gedrängt, wie man sie nur im Hochland bei klarer, trockener Luft sieht, vorausgesetzt, ringsum ist es völlig dunkel, so wie hier zwischen den schwarzen, ein paar hundert Meter steil aufragenden Felsen. Leaphorn fachte das Feuer neu an, kroch auf sein Lager zurück und lauschte den Stimmen der Nacht. Irgendwo oberhalb des Cañons jagte ein Kojotenpaar, noch ein zweites konnte er bellen hören, drüben, über dem anderen Flußufer. Schrill kreischend klang der Schrei einer Eule hoch oben in den Klippen. Und als Leaphorn gerade wieder einschlafen wollte, hörte er eine Melodie. Nur ein paar Töne, auf einer Flöte gespielt. Aber das mußte er wohl schon träumen.

In der Morgendämmerung schreckte die Kälte ihn wieder aus dem Schlaf. Eisige Luft sank zwischen die Felswände des Cañons nieder. Zitternd kam er hoch, schlug sich mit gekreuzten Armen warm, legte Feuerholz nach und langte nach dem Päckchen, das Irene Musket ihm mitgegeben hatte. Ein großes Stück Brot und geräucherte Hartwurst. Er hatte Hunger, beschloß aber, lieber sparsam mit den Vorräten umzugehen. Wer weiß, ob er sie nicht später noch dringender brauchte. Nur einen Schluck aus der Warmhaltekanne gönnte er sich.

Im festen Sand unter den Tamarisken fand er Spuren, die von Eleanor Friedman-Bernal stammen mußten. Schwach, aber noch deutlich sichtbar. Unter den dichten Zweigen waren sie auch in all den Wochen nicht verweht. Er suchte weiter, denn er wollte sicher sein, daß er hier, an der Einmündung des Many Ruins Canyon in die Schlucht des San Juan, zugleich jene Stelle gefunden hatte, zu der Harrison Houk jeden Monat einmal unterwegs gewesen war.

Er hatte sie gefunden. Houk mußte oft hiergewesen sein. Jemand hatte – und nicht nur einmal, wie die Spuren verrieten – ein Kajak über das Sandufer geschleift und ein paar Meter landeinwärts unter dem dürren Holz abgestorbener Baumwollsträucher versteckt. Von dort aus führte ein schmaler, kaum auszumachender Pfad ein paar hundert Meter weiter durch Gras, Kräuter und Sanddünen und schließlich hinunter in den Cañon. Vor mächtigen Findlingen, die wie zu einem Höhleneingang getürmt lagen, endete die Spur.

Leaphorn verbrachte eine halbe Stunde damit, den Boden hinter den aufgetürmten Felsen gründlich abzusuchen, fand aber keinen Anhaltspunkt dafür, daß je ein Mensch tiefer in den Cañon vorgedrungen wäre. Alle Spuren – und es gab deren viele, manche so frisch, daß sie von Houks letztem Besuch vor seinem gewaltsamen Tod stammen mußten – endeten vor den Findlingen. Diese Stelle schien das Ziel zu sein, zu dem Houk jeden Monat bei Vollmond aufgebrochen war. Es konnte nicht anders sein. Auf dem feuchten Boden hielten die Spuren sich lange. Leaphorn konzentrierte sich auf die, die noch am deutlichsten sichtbar waren. Er fand nicht nur Abdrücke von Stiefeln, sondern entdeckte auch eine zweite Spur: eine sehr merkwürdige, zwar mit Wucht in den Boden getretene, dennoch seltsam weiche, fast konturenlose Spur. Von Mokassins stammte sie nicht. Rätselhaft. Erst als Leaphorn die Spur mehrmals und aus allen möglichen Blickwinkeln untersucht hatte, wurde ihm klar, warum der Abdruck so plump und verhuscht aussah. Ein Stück Fell. Und dennoch keine Spur, die von einem Tier stammte. Der Größe und der Form nach mußte es der Fußabdruck eines Menschen sein.

Er entschloß sich, tiefer in die Felswildnis einzudringen. Unterwegs zählte er in Gedanken die Summe von Ahnungen und Vermutungen zusammen. Beinahe schon Fakten, wenn er sich auf sein Gefühl verließ.

Offenbar war Brigham Houk damals doch nicht ertrunken. Irgendwie mußte er es geschafft haben, das jenseitige Ufer des San Juan zu erreichen. Brigham, der seine Mutter, seine Schwester und seinen Bruder umgebracht hatte, hielt sich – menschenscheu und einsam, wie es immer seine Art gewesen war – seit zwanzig Jahren irgendwo in dieser Schlucht versteckt. Irgendwann nach den ersten Wochen der Trauer und des Schmerzes mußte Harrison Houk seinen Sohn aufgespürt haben. All die Jahre hatte er ihm heimlich gebracht, was Brigham, vertraut mit der Natur und erfahren in der Jagd, zusätzlich zum Leben brauchte.

Anders ließ sich die kurze Nachricht, die Houk unmittelbar vor seinem Tod aufgeschrieben hatte, nicht erklären. Warum hätte er sonst die letzten Minuten seines Lebens für eine Mitteilung an Leaphorn verschwenden sollen, statt doch noch zu versuchen, sich vor seinem Mörder zu verstecken? Houk hatte nicht gewollt, daß sein verwirrter Sohn völlig verlassen und von jeder menschlichen Hilfe abgeschnitten in dieser Schlucht zurückblieb. Er wollte, daß er gefunden wurde. Aber nicht irgendwer sollte ihn finden, sondern der Polizist, der schon damals vor zwanzig Jahren Mitleid mit Brigham gezeigt hatte. Er wollte, daß sich jemand um seinen Sohn kümmerte, diese Hoffnung war ihm wichtiger gewesen als der verzweifelte Versuch, sein eigenes Leben zu retten. In winziger Schrift hatte er seine Nachricht geschrieben, ganz oben auf der Karte beginnend, so daß ihm noch viel Platz blieb. Was hätte er noch alles geschrieben, wenn ihm genug Zeit geblieben wäre? Die Wahrheit über Brigham? Leaphorn würde es nie erfahren.

Zwei Meilen weit war er nun schon den Windungen des Cañons gefolgt, als er auf die Überreste eines Schwitzbades stieß. Nicht mehr als ein Stangengerüst auf einem Felssims, aber immerhin der Beweis, daß auch in jüngerer Zeit jemand mindestens gelegentlich hierhergekommen war. Aus der Größe des Aschehaufens unter den

Stangen konnte Leaphorn schließen, daß das Bad viele Jahre lang benutzt worden war. Spuren einer Besiedlung fand er nicht, auch keine Spuren von Schaf- oder Ziegenherden. Die einzigen Hufspuren stammten von Maultieren. Kaninchen schien es zu geben, Stachelschweine und alle möglichen Nagetiere. Dreimal stieß er auf Wildwechsel, die zu Wasserlöchern in der Nähe von Quellen führten.

Nach vier Meilen legte er an einem schattigen Platz eine Rast ein, aß ein Stück Brot und ein paar Scheiben Wurst. Am Nordwesthimmel ballten sich Wolken, es war kühler geworden, und auch der Wind kam wieder auf, fast so heftig wie gestern. Böen fegten durch den Cañon, trieben eiskalte Luft, Staub und Laub vor sich her, fingen sich in Felsnischen und Klüften und erstickten mit schaurigem Heulen alle anderen Geräusche.

Er mußte sich gegen den Wind anstemmen. Wie tief er nun schon im Cañon war, ließ sich nicht verläßlich abschätzen. Das überall ähnliche Bild der zerklüfteten Steilwände, die vielen Windungen, die ständigen Kletterpartien über Fels- und Geröllhalden und die Umwege um dichtes Gestrüpp erschwerten selbst einem Mann mit Leaphorns Erfahrung die Orientierung zusätzlich. Fünfeinhalb Meilen vom Nordufer des San Juan – hatte Etcitty in seinen Angaben zum Fundort geschätzt. Leaphorn war inzwischen ziemlich sicher, daß es nicht so weit sein könnte, denn ein paar markante Punkte, an denen der Weg vorbeiführte, hatte er unterwegs nach Etcittys Beschreibung wiedererkannt. Gleich hinter einer scharfen Biegung lag zum Beispiel eine der Ruinen: in einer Felsspalte in den Klippen, von einem Schutzwall umgeben, offenbar ein Vorratslager der Anasazi. An der darunterliegenden Sandsteinwand, halb durch Strauchwerk verdeckt, sah Leaphorn die Felsmalereien. Er bahnte sich einen Weg durch dicht wuchernde Nesseln, um sich die Zeichnungen aus der Nähe anzusehen.

Im Mittelpunkt des Bildes erkannte er eine der breitschultrigen, kegelköpfigen Figuren, die nach der Deutung der Anthropologen Schamanen der Anasazi darstellten. Etcitty hatte die Gestalt zutreffend beschrieben: wie ein riesiger Baseballschiedsrichter mit einem hellroten Brustpanzer sah sie aus. Leaphorn wußte nun, daß er seinem Ziel ganz nahe war. Er durchquerte die Schlucht und kletterte am gegenüberliegenden Felshang nach oben.

Im Südwesten, wo der Many Ruins Canyon in den Chuska

Mountains beginnt, hat sich die Schlucht tief und schmal in die Sandsteinformation des Chinle Plateaus gegraben, die Felswände ragen dort stellenweise dreihundert Meter fast senkrecht auf. Erst weiter nordwestlich, wo die Schlucht ins Chinle Valley einmündet, flachen die Klippen mehr und mehr ab, das Flußbett schlängelt sich in zahlreichen Windungen nordwärts, durch die Greasewood Flats nach Utah hin, und ähnelt über weite Strecken mehr einem ausgetrockneten Wasserlauf im Hochland als einem Cañon. Erst beim Einschnitt in die Nokaito Bench, wenige Meilen vor der Einmündung in den San Juan, wird der Charakter einer wilden Schlucht wieder deutlich, und auch die Vielfalt der geologischen Erscheinungen verändert das Bild. Many Ruins steigt hier noch einmal in drei Stufen an. Zunächst ist der Höhenunterschied kaum merklich, was eher ins Auge fällt, ist das enger werdende, zwischen zahlreichen Felsvorsprüngen eingezwängte Flußbett. Dann öffnet sich die Schlucht, die Sandsteinwände scheinen zurückzuweichen. Der steilste Anstieg beginnt kurz vor der Nokaito Mesa, zu der die Felsen wie eine riesige Treppe hinaufführen.

Im Frühjahr, wenn Hunderte Meilen entfernt auf den Chuska Mountains die Schneeschmelze beginnt, wälzen sich gewaltige Wassermassen nordwärts. Im Spätsommer verwandelt sich der Wasserlauf nach jedem schweren Gewitter in einen reißenden Fluß, der zentnerschwere Felsbrocken mit in die Tiefe trägt, als wären es kullernde Glasmurmeln. Im Spätherbst trocknet das Flußbett aus, nur ein paar Wasserlöcher in der Nähe von Felsquellen spenden noch das lebensnotwendige Naß für die Tier- und Pflanzenwelt.

Leaphorn war gerade auf einer der Sandsteinstufen in der Nähe eines Tümpels angekommen, als er die nächste Ruine entdeckte, von der in Etcittys Beschreibung die Rede war. Eigentlich waren es zwei Ruinen. Zunächst fielen ihm in einer Felsnische, zwei Stufen weiter oben, die Reste von Mauerwerk auf. Die andere Ruine, knapp zweihundert Meter entfernt, war schwerer auszumachen, denn viel mehr als ein von Gestrüpp überwucherter Buckel war von ihr nicht übriggeblieben.

Den ganzen Tag über hatte er sich gezwungen, Jagdfieber und innere Unrast zu zügeln und wegen der weiten Strecke, die vor ihm lag, seine Kräfte einzuteilen. Jetzt verfiel er in Laufschritt.

Erst kurz vor der Nische in der Steinwand blieb er stehen. Wie überall hatten die Anasazi ihre Felswohnung auch hier so errichtet, daß sie in kühleren Tagen der Sonne zugewandt, vor der Hitze des Sommers aber durch einen schattenspendenden Felsüberhang geschützt lag. Langsam ging er darauf zu. Er glaubte zwar nicht, daß ihm von Brigham, den Houk schizophren genannt hatte, eine unmittelbare Gefahr drohte. Er mochte unberechenbar sein, doch das mußte ja nicht bedeuten, daß er jeden Fremden sofort anfiel. Andererseits hatte er damals in einem Anfall von Verwirrung drei Menschen getötet. Leaphorn klappte die Verschlußtasche des Pistolenholsters auf.

Millionen und Abermillionen Wassertropfen, die am Felsüberhang heruntergeronnen und zu Boden getropft waren, hatten im Laufe vieler Jahrhunderte den Sandsteinboden tief ausgehöhlt. Am verfärbten Besatz der Ränder war abzulesen, daß das Wasser im Tümpel nach heftigen Regenfällen über einen Meter hoch stand. Sogar jetzt, in der trockenen Jahreszeit, rann unablässig eine winzige Wasserspur den Felsspalt entlang. Moos markierte den Weg des Rinnsals bis dahin, wo es heruntertropfte. Halb voll mochte die Kuhle im Gestein sein, einen halben Meter tief unter grün schimmernden Algen. Zuflucht für Dutzende winziger Leopardenfrösche, die hastig davonhüpften, als Leaphorn näher kam.

Nein, nur ein paar hüpften davon.

Leaphorn stieß ein verblüfftes Knurren aus, ging in die Hocke und starrte auf die Frösche. Die meisten lagen tot auf dem Boden, einige schon von Hitze und Trockenheit verdorrt, andere waren wohl erst vor kurzem umgekommen. Jemand hatte sie festgebunden. Ein Kunststoffaden spannte sich zwischen den Froschbeinen und fest in den Boden gerammten Holzpflöcken. Leaphorn kam hoch. Was hatte das zu bedeuten? Die Pflöcke gruppierten sich in konzentrischen Kreisen rund um den Tümpel, der äußerste Kreis fast anderthalb Meter vom Wasser entfernt. Irgendein grausames Spiel? Was mußte in einem Hirn vorgehen, wenn ein Mensch daran Spaß fand? Leaphorn begriff, daß er sich geirrt hatte. Brigham Houk war wirklich verrückt. Und wahrscheinlich auch gefährlich.

Vermutlich weiß er längst, daß ich hier bin, ging ihm durch den Kopf. Er formte aus den Händen einen Trichter und rief laut: «Eleanor?» Und noch einmal: «Ellie! Ellie?»

Er lauschte. Nichts. Nur der Wind strich leise wimmernd um die Felsnische.

Er versuchte es noch einmal. Wieder keine Antwort.

Die Anasazi hatten ihre Felswohnungen auf einer flachen Sandsteinplatte oberhalb des Wasserlochs gebaut. Einst ungefähr ein Dutzend kleiner Räume, schätzte Leaphorn, auf zwei Ebenen verteilt. Er ging um den Tümpel herum, kletterte über eine eingestürzte Mauer und stieg zur Ruine hoch. Einen Raum nach dem anderen suchte er ab – nichts. Er kletterte wieder nach unten, zurück zum Wasserloch. Ein Rätsel. Wo konnte er noch nach Eleanor Friedman-Bernal suchen?

Am Rand der Felsnische waren Schrunden ins Gestein geschlagen, eindeutig eine Steighilfe, die zum nächsthöheren Sims führte. Vielleicht gab es da oben noch eine Ruine? Möglich, aber erst wollte er es bei dem von Gestrüpp überwucherten Buckel versuchen. Als er hinkam, sah er sofort, daß hier Raubgräber ans Werk gegangen waren. Entlang den Resten der äußeren Schutzmauer war ein Graben ausgehoben worden. Das mußte erst kürzlich geschehen sein, nach den Gewittern im Spätsommer, denn der Aushub sah locker und trocken aus. Überall lagen Gebeine herum. War Eleanor Friedman-Bernal deshalb hergekommen? Hatte sie heimlich eine Anasazisiedlung ausplündern wollen? Hatte sie hier ihre polychromen Tongefäße gesucht? Alles deutete darauf hin. Und was war dann geschehen? Wodurch war sie gestört worden?

Leaphorn suchte im aufgebrochenen Erdreich eine Handvoll Scherben zusammen. Scherben von jener speziellen Keramik, mit der Dr. Friedman-Bernal sich bei ihrer wissenschaftlichen Arbeit beschäftigt hatte? Vielleicht, mit Sicherheit konnte er es nicht feststellen. Er beugte sich über den Graben. Ein Tongefäß ragte halb aus der Erde. Und ein Stück weiter hinten noch eins. Er zählte ein halbes Dutzend Bruchstücke, darunter auch zwei große. Warum hatte sie die Funde einfach liegenlassen?

Und dann fiel ihm etwas Merkwürdiges auf. Überall im Graben waren Reste menschlicher Skelette zu sehen. Aber nicht ein einziger Schädel. Die lagen alle draußen, neben dem Graben. Ungefähr ein Dutzend. Und bei allen fehlten die Unterkiefer. Möglicherweise gab es eine natürliche Erklärung dafür. Kinnbacken sind mit dem oberen Teil des Schädels nur durch Muskeln und Knorpel verbunden, und das Stützgewebe zerfällt im Laufe der Jahrhunderte. Dennoch, irgendwo hätten die Kinnbacken liegen müssen. Er sah sich suchend um. Da drüben, da lagen sie – fünf Unterkiefer. Ordentlich nebeneinander aufgereiht, wie damals in der Schlucht, in die Chee ihn nach dem Mord an Etcitty und Nails geführt hatte.

Leaphorn riß sich von seinen Grübeleien los. Es gab eine wichtigere Frage: Wo war die Frau, die hier gegraben hatte? Er ging zurück zum Wasserloch und starrte auf die Schrunden, die in der Felswand nach oben führten. Als er den Fuß auf die unterste Steighilfe setzte und sich hochstemmte, ging ihm durch den Sinn, daß er viel zu alt für so eine Kletterpartie wäre. Nach ungefähr fünfzehn anstrengenden Metern war er um zwei Erkenntnisse reicher. Erstens, er mußte ein alter Narr sein, sonst hätte er sich auf dieses Abenteuer nicht eingelassen. Zweitens, diese vor Jahrhunderten in den Stein gehauenen Schrunden fühlten sich so glatt an, daß nur eine Erklärung denkbar war: sie wurden auch jetzt noch regelmäßig benutzt. Und so hing er an der Wand, tastete nach dem nächsten Halt und fragte sich, wie oft er noch suchend die Hand ausstrecken müßte, bis er das Steinsims erreicht hätte. Der Anstieg kam ihm nicht mehr ganz so steil vor, er schaute nach oben. Tatsächlich, er hatte es geschafft. Fast konnte er schon den Kopf über die Felskante recken. Zum letztenmal stieß er sich mit dem Fuß ab, stemmte den Oberkörper hoch.

Und da sah er den Mann auf dem Sims stehen und zu ihm herunterblicken. In zerrissenen Jeans, mit einem Windbreaker, der nagelneu aussah, an den Füßen weiches, gebundenes Schuhwerk aus ungegerbtem Fell. Der Bart war wohl erst kürzlich gestutzt worden – und gewiß nicht von jemandem, der sich seinen Lebensunterhalt als Barbier verdiente.

«Mr. Leaphorn», sagte der Mann, «mein Papa hat schon gesagt, daß Sie herkommen werden.»

19

Harrison Houks letzte Nachricht für Leaphorn erwies sich als wahr, Dr. Friedman-Bernal lebte noch. Schlafend lag sie unter einer grauen Wolldecke und einem warmen Zudeck aus zusammengenähten Kaninchenfellen. Sie sah krank aus, sehr krank.

Leaphorn fragte Brigham: «Kann sie sprechen?»

«Ein bißchen», antwortete er. «Manchmal.»

Dieselbe Antwort hätte auch für ihn gegolten. Es war schwer, ihn überhaupt zum Reden zu bringen. Aber wie hätte es auch anders sein können, wenn einer zwanzig Jahre lang niemanden hat, mit dem er reden kann, außer in den Vollmondnächten?

«Wie schlimm ist es denn? Ist sie schwer verletzt?»

«Knie tut weh. Arm gebrochen. Und irgendwas hier an der Seite. Und an der Hüfte.»

Und wahrscheinlich alles entzündet, dachte Leaphorn. Ihr Gesicht sah winzig aus, von fiebriger Röte überzogen.

«Du hast sie gefunden und hergebracht?»

Brigham nickte. Er sah klein und drahtig aus wie sein Vater, mit kurzen Armen und Beinen und von kräftigem, etwas plumpem Körperbau.

«Weißt du, was ihr zugestoßen ist?»

«Der Teufel war's. Er ist hergekommen und hat ihr weh getan.» Brighams Stimme klang seltsam flach und ausdruckslos. «Hat sie geschlagen. Da ist sie weggerannt. Er hinterher. Sie ist hingefallen. Er hat sie gestoßen. Da ist sie in die Schlucht gestürzt. Hat sich alles gebrochen.»

Brigham hatte für sie als Lager eine Kuhle in den angewehten Sand gegraben, nicht sehr tief, wie ein Sarg geformt. Er hatte trokkene Blätter aufgeschichtet und sie darauf gebettet. Obwohl das Viereck der Ruine kein geschlossener Raum mehr war, hing der Geruch von Urin und Notdurft in der Luft.

«Erzähl mir mehr darüber», sagte Leaphorn.

Brigham stand in dem gähnenden Loch, da, wo einst der Eingang gewesen war. Der Wind, der nachmittags abgeflaut war, lebte wieder auf. Garstig kalter Nordwestwind, dachte Leaphorn, Winterwind. Er suchte Brighams Blick, hielt ihn fest. Dieselben blaugrauen Augen wie sein Vater, derselbe lebhafte Ausdruck. Verrieten sie etwas über Brighams geistige Verwirrung? Jetzt, da er gezielt danach suchte, glaubte Leaphorn untrügliche Spuren des Irrsinns zu entdecken.

Brigham sprach sehr langsam. «Der Teufel ist hiergewesen. Hat nach Knochen gegraben. Saß da, hat sie sich angeguckt, einen nach dem anderen. Hat irgend so ein Werkzeug in der Hand gehabt und dran rumgemessen. Das ist nämlich, weil er nach den Seelen sucht, für die keiner betet. Er saugt die Seelen aus den Totenschädeln, und dann spuckt er sie aus. Manche hat er auch in seinen Sack gestopft und mitgenommen. Und eines Tages – das war, als der Mond gerade rund gewesen ist...»

Er starrte einen Augenblick vor sich hin, eine Spur Freude huschte über sein bedrücktes bärtiges Gesicht. «Nämlich, wenn der Mond rund ist, dann kommt Papa und redet mit mir. Und bringt mir alles, was ich brauche.» Das kleine Lächeln war verkümmert. «Ein bißchen später ist dann die Frau hergekommen.» Er deutete mit dem Kopf auf Eleanor. «Hab gar nicht gesehen, daß sie kommt. Und ich denk noch: kann ja sein, daß der Engel Moroni sie hergeführt hat, weil ich doch sonst immer alles sehe. Moroni hat gewollt, daß sie mit dem Teufel kämpft. Sie war unten bei dem alten Haus – da am Tümpel, wo ich meine Frösche habe. Aber ich hab nicht gewußt, daß sie dort war. Ich hab auf meiner Flöte gespielt. Da ist sie erschrocken und weggerannt. Am nächsten Tag ist sie wiedergekommen. Da war der Teufel da und hat die Knochen ausgegraben. Und da hab ich gesehen, wie sie mit ihm geredet hat.»

Brighams Miene sah grimmig aus. Seine Augen schienen vor Wut zu sprühen. «Er hat auf sie eingeschlagen. Und dann war er über ihr, hat sie immer wieder geschlagen. Und wie er angefangen hat, in ihrem Rucksack zu wühlen, ist sie schnell hochgesprungen und weggelaufen. Ist losgelaufen und vom Rand der Klippen gestürzt, ganz tief runter, bis dahin, wo das Flußbett ist. Da war nämlich der Teufel dran schuld. Der war hinter ihr und hat ihr einen Tritt gegeben.» Brigham sprach nicht weiter, Tränen liefen ihm übers Gesicht.

«Und er hat sie einfach dort liegenlassen?»

Brigham nickte.

«Du hast ihr das Leben gerettet», sagte Leaphorn. «Aber ich glaube, jetzt ist sie dem Tod sehr nahe. Wir müssen sie hier wegbringen. In ein Krankenhaus. Damit die Ärzte ihr Medizin geben können.»

Brigham sah ihn lauernd an. «Papa hat gesagt, Ihnen könnte ich ruhig trauen.» Es klang bitter und enttäuscht.

«Wenn wir sie nicht wegbringen, wird sie sterben», redete ihm Leaphorn zu.

«Papa wird Medizin mitbringen. Wenn der Mond wieder rund ist, bringt er sie mit.»

«Zu spät. Schau sie doch an!»

Brigham sah hinüber. «Sie schläft», flüsterte er.

«Sie hat Fieber. Fühl mal, wie heiß ihre Stirn ist. Ihre Wunden sind entzündet. Sie braucht Hilfe.»

Brigham streckte die Hand aus, berührte mit den Fingerspitzen Eleanors Wangen. Seine Hand zuckte zurück, er sah erschrocken aus. Leaphorn mußte an die gefesselten, hilflos umgekommenen Frösche denken. Wie paßte dieses Bild zu der zärtlichen Geste, die er eben beobachtet hatte? Aber wie paßte bei einem Geistesgestörten überhaupt eins zum anderen?

«Wir brauchen eine Trage», sagte Leaphorn. «Wenn du zwei Stangen herbringen kannst, die lang genug sind, könnten wir eine Decke daran festbinden und sie tragen.»

«Nein», widersprach Brigham hastig, «das tut ihr weh. Wenn sie ihr Geschäft gemacht hat, das kleine oder das große, und ich sie umdrehen will, fängt sie immer gleich zu schreien an.»

«Wir haben keine Wahl, es muß sein.»

Brigham schüttelte den Kopf. «Es ist so schrecklich, wenn sie schreit. Ich kann's nicht hören. Darum hab ich sie nie saubermachen können.»

Er sah Leaphorn fast flehentlich an. Houk hatte ihm anscheinend, als er das letzte Mal hiergewesen war, die Haare geschnitten und den Bart getrimmt. Nicht sehr geschickt. Das Haar hatte er auf Streichholzlänge gestutzt, den Bart noch ein wenig kürzer.

«Du hast es ganz richtig gemacht», sagte Leaphorn. «Es war besser, sie nicht sauberzumachen. Was ist nun – kannst du mir die beiden Stangen besorgen?»

Brigham nickte. «Augenblick. Ich hab Stangen. Gar nicht weit von hier.» Lautlos huschte er davon.

Hier haben die Menschen vor Urzeiten gehaust, als sie entweder die Tiere an Geschicklichkeit übertreffen oder ihre Kinder dem sicheren Hungertod ausliefern mußten. Wie mochte Brigham gejagt haben? Vermutlich mit Fallen. Und auf größeres Wild mit Pfeil und Bogen. Oder hatte sein Vater ihm ein Gewehr mitgebracht? Aber das wäre riskant gewesen, jemand hätte die Schüsse hören können.

Er lauschte Eleanors flachen, halb vom Rauschen des Windes erstickten Atemzügen. Und dann hörte er ein anderes Geräusch, wie trockenes Hämmern. Es kam rasch näher. Er sprang auf. Ein Hubschrauber! Aber bevor er den Eingang erreichte, war das hämmernde Geräusch irgendwo verklungen. Verweht im Wind. Enttäuscht starrte er in den grau verhangenen Himmel.

Er hatte sie gefunden. Nun mußte er sie lebend hier wegbringen. Aber sie war schwach und gebrechlich. Das Risiko, sie durch diese Felsenwildnis zu tragen, war groß. Ein schweres Stück Arbeit. Vielleicht sogar unmöglich. Ein Hubschrauber hätte die Rettung für sie bedeutet.

Warum hatte Houk nichts unternommen? Vermutlich, weil alles zu schnell gegangen war. Sein Sohn hatte ihm von dieser Frau erzählt. Und auch, daß sie verletzt war. Aber Brigham hatte wohl selbst nicht geahnt, wie nahe sie dem Tode war. Houk hätte ihr gern geholfen. Er mußte nur einen Weg finden, wie er die Frau retten und dennoch seinem Sohn ein Leben hinter Gittern ersparen konnte. Oder den Tod hinter Gittern. Sogar ein alter Fuchs wie Houk brauchte Zeit, um sich dafür eine Lösung auszudenken. Er selbst hätte sie nicht wegbringen können, dazu reichten seine Kräfte nicht mehr. Und sie hätte ja später auch über den Mann geredet, der sich nach ihrem Sturz um sie gekümmert hatte. Vor dem Gesetz war Brigham ein Geistesgestörter, der drei Menschen umgebracht hatte. Irgendwann wären sie gekommen und hätten ihn aufgespürt. Harrison Houk mußte erst ein anderes Versteck für Brigham finden. Darum hatte er Zeit gebraucht. Aber sein Mörder hatte ihm keine Zeit gelassen.

Eleanor bewegte sich stöhnend auf ihrem Lager. Fünf Meilen weit mußten sie sie durchs Flußbett tragen, Brigham und er. Und vorher aus den Felsen hinunterbringen in die Schlucht. Wenn sie erst mal am San Juan waren, konnten sie die beiden Kajaks zusammenbinden, die Trage auf dem einen festschnallen und sich flußabwärts bis Mexican Hat treiben lassen. Fünf oder sechs Stunden mindestens, bis ein Krankenwagen da war. Vielleicht konnten sie einen Hubschrauber aus Farmington kommen lassen, wenn das Wetter mitspielte. Eben war ja auch einer über die Schlucht geflogen.

Er ging nach draußen. Der Himmel sah düster aus. Es roch nach Kälte und Schnee. Und plötzlich sah er Randall Elliot auf sich zukommen.

«Hab Sie von da oben aus entdeckt.» Elliot deutete zum Kamm der Felsklippen, wo die Mesa begann. «Ich denke, gehst mal runter und siehst, ob er Hilfe braucht.»

«Und wie», sagte Leaphorn. «Und wie ich Hilfe brauche!»

Elliot blieb ein paar Schritte vor ihm stehen. «Sie haben sie also gefunden?»

Leaphorn deutete mit einem Nicken zur Ruine. Elliot ist Hubschrauberpilot, fiel ihm ein.

«Wie geht's ihr?»

«Nicht gut», sagte Leaphorn.

«Aber sie lebt wenigstens noch?»

«Sie liegt im Koma», sagte Leaphorn. «Ich konnte mich nicht mit ihr unterhalten.» Es war sicher gut, das Elliot von vornherein wissen zu lassen. «Ich glaube nicht, daß sie's überlebt.»

«Mein Gott!» stöhnte Elliot auf. «Was ist denn passiert?»

«Sie muß gestürzt sein. Allem Anschein nach ziemlich tief.»

Elliot runzelte die Stirn. «Ist sie da drin? Wie ist sie denn dort hingekommen?»

«Hier draußen lebt ein Einsiedler. Er hat sie gefunden und sich alle Mühe gegeben, sie durchzubringen.»

«Verdammt und zugenäht», murmelte Elliot. Er ging auf die Ruine zu. «Da drin?»

Leaphorn blieb hinter ihm. Und so standen sie am Eingang. Elliot starrte auf die Frau. Leaphorn behielt Elliot im Auge. Er durfte jetzt keinen Fehler machen. Wenn es jemanden gab, der Dr. Friedman-Bernal mit dem Hubschrauber wegbringen konnte, dann war es Elliot.

«Ein Einsiedler hat sie gefunden?» Es hörte sich an, als spräche Elliot mit sich selbst. Kopfschüttelnd fragte er: «Wo ist denn der Mann?»

«Er ist unterwegs, um ein paar Stangen zu holen. Wir wollen eine Tragbahre machen. Sie runterbringen zum San Juan. Da liegen zwei Kajaks, ihres und meins. Wir lassen uns nach Mexican Hat treiben und sehen zu, daß wir Hilfe holen.»

Elliot wandte wieder den Kopf, warf einen Blick auf Eleanor. «Oben auf der Mesa habe ich einen Hubschrauber. Wir können sie dort rauftragen. Das geht viel schneller.»

«Großartig», sagte Leaphorn. «Ein Glück, daß Sie uns entdeckt haben.»

«Zu dumm von mir!» murmelte Elliot. «An diese Ruinen hätte ich gleich denken sollen. Sie hat mir mal davon erzählt. Hier hat sie nämlich diese Tongefäße mit dem speziellen Muster gefunden. Ist schon lange her, sie hat damals bei einem Vermessungsteam mitgearbeitet. Ich wußte, daß sie vorhatte, irgendwann wieder herzukommen.» Er wandte sich um, sah Leaphorn fest an.

«Aber irgendwie hat sie mal eine Bemerkung gemacht... Ich meine, ich dachte, sie wäre schon zum zweitenmal hiergewesen. So hat sie das natürlich formuliert, aber ich hatte den Eindruck, daß sie hier illegale Ausgrabungen vorgenommen hätte. Es wird wohl so sein, daß sie hier gefunden hat, wonach sie suchte, und jetzt zum drittenmal hergekommen ist, um noch mehr Tongefäße zu holen.»

«Wahrscheinlich», sagte Leaphorn, «sie hat da unten einen Graben ausgehoben. Bei der untersten Ruine, wo die Gräber sind.»

Elliots Blick ruhte wieder auf Eleanor. «Und dabei ist sie leichtsinnig geworden und in die Tiefe gestürzt.»

Leaphorn nickte. Wo blieb Brigham so lange? Nur einen Augenblick, hatte er gesagt. Er ging nach draußen, sah sich suchend um. Und da standen die Stangen – an die Steilwand unter dem Sims gelehnt. Brigham war zurückgekommen, hatte gesehen, daß der Teufel da war, und sich davongeschlichen. Zwei schlanke Föhrenstämme, trocken und verwittert. Offenbar Treibholz, ein Sturzwasser mußte es irgendwann von den Bergen bis fast ans Ende der Many Ruins Wash getragen haben. Daneben lag eine Rolle Bindegarn aus gedrehter Naturwolle. Leaphorn nahm beides mit in die Ruine.

«Er ist schrecklich scheu», sagte er zu Elliot, «er hat die Sachen einfach draußen hingestellt und ist verschwunden.»

Elliot sah ihn skeptisch an. «Aha.»

Sorgfältig verschnürten sie die gefaltete Decke und die beiden Stangen zu einer Trage.

«Wir müssen sie vorsichtig transportieren», sagte Leaphorn, «wahrscheinlich ist das Knie gebrochen. Der Arm sowieso. Und wer weiß, ob sie nicht auch innere Verletzungen hat.»

Elliot sah nicht hoch. «Ich hab Erfahrung mit dem Transport von Verwundeten. Hab so was lange genug gemacht.»

Er schien tatsächlich sehr umsichtig und vorsichtig zu sein. Dennoch stöhnte Eleanor Friedman-Bernal gequält auf, als sie sie anhoben. Bewußtlosigkeit erlöste sie von ihren Schmerzen.

«Sieht aus, als wäre sie ohnmächtig geworden», meinte Elliot. «Glauben Sie wirklich, daß sie sterben wird?»

«Ist zu befürchten», sagte Leaphorn. «Nehmen Sie das obere Ende? Sie sind jünger und kräftiger, und ich bin erschöpft.»

«In Ordnung.» Elliot faßte am Kopfende der Trage an.

«Und führen müssen Sie auch. Ich kenne ja den Weg zum Hubschrauber nicht.»

Vorsichtig trugen sie ihre Last den Steilhang hinunter, auf eine Geröllhalde zu, die der kürzeste Weg zur Mesa über dem Cañon zu sein schien. Am Fuß der Geröllhalde war ein tiefer Einschnitt, vermutlich das schmale Bett, das sich das Wasser nach Gewitterstürmen und nach der Schneeschmelze ins Gestein gegraben hatte, nachdem der Hang heruntergebrochen war und Hunderten kleiner Rinnsale, auf die die Wassermassen sich vorher verteilt hatten, der Weg abgeschnitten war.

«Machen wir hier, wo es noch flach ist, einen Augenblick Pause», sagte Leaphorn, «setzen Sie ab.»

Er ahnte jetzt, was Elliot vorhatte. Irgendwo unterwegs, auf dem Weg vom Fuß der Geröllhalde bis zum Hubschrauber, würde er einen Unfall inszenieren. Einen Unfall, den Eleanor Friedman-Bernal nicht überlebte. Sie durfte nicht lebend in ein Krankenhaus eingeliefert werden, das wäre zu riskant für ihn gewesen. Und am besten mußte es in Elliots Pläne passen, wenn auch Leaphorn bei dieser Gelegenheit tödlich verunglückte. Rund hundert Meter weit die Geröllhalde hinauf würde Elliot sich noch Zeit lassen, schätzte Leaphorn. Dann brauchte er die Trage nur mit einem kräftigen Ruck zurückzustoßen – so plötzlich, daß nicht nur Eleanor herunterkippte und in die Tiefe rollte, sondern auch Leaphorn von den Beinen gerissen wurde. Lagen sie erst mal hilflos da, war es sicher nicht schwierig, den Rest zu erledigen. Ein Schlag mit einem Felsbrocken auf den Kopf genügte. Wenn sie überhaupt je gefunden wurden, würde kein Arzt Verdacht schöpfen.

Soweit war die Rechnung einfach gewesen. Schwieriger wurde es schon, sich irgend etwas einfallen zu lassen, um Elliots Pläne zu durchkreuzen. Leaphorn fiel nichts ein. Elliot zu erschießen, hätte bedeutet, niemanden mehr zu haben, der den Hubschrauber fliegen konnte. Und auch von der Möglichkeit, ihn mit vorgehaltener Waffe zum Fliegen zu zwingen, hielt Leaphorn nichts. Elliot konnte sich darauf verlassen, daß Leaphorn nicht schießen würde, sobald sie in der Luft waren. Er konnte Gott weiß was mit dem Hubschrauber anstellen, alle möglichen Tricks, gegen die Leaphorn machtlos war. Und vielleicht trug er selbst eine Waffe. Nein, im Grunde lagen die Dinge noch einfacher: Sobald sie auf der steilen Geröllhalde waren, brauchte Elliot nur das Kopfende der Trage fallen zu lassen, und schon war Leaphorn hilflos.

«Ist das der einzige Weg nach oben?» fragte Leaphorn.

«Ich wüßte sonst keinen. Ist auch nicht so schlimm, wie's von hier unten aussieht. Wir können im Zickzack gehen, dann ist es nicht so steil.»

«Oder ich bleibe mit Ellie hier», schlug Leaphorn vor. «Sie können den Hubschrauber hier unten landen, dann sparen wir uns den Anstieg.» Die flache Gesteinsplatte mußte für eine Landung genügen. Natürlich nur, wenn der Pilot ein Könner war. Aber Elliot war ein Könner, in Vietnam hatte er mit ganz anderen Situationen fertig werden müssen.

Elliot schien darüber nachzudenken. «Das wäre eine Idee», murmelte er. Und plötzlich langte er in die Jacke, zog eine kleine blauschimmernde Automatik und richtete sie auf Leaphorn. «Schnallen Sie den Waffengurt auf.»

Leaphorn gehorchte.

«Weg mit dem Ding.»

Leaphorn löste das Holster, ließ es zu Boden fallen.

«Und jetzt stoßen Sie die Waffe mit dem Fuß zu mir herüber.»

Leaphorn tat es.

«Sie haben's mir ganz schön schwergemacht», sagte Elliot.

«Offenbar nicht schwer genug.»

Elliot lachte.

«Eigentlich kann Ihnen nicht daran gelegen sein, daß man mich eines Tages mit einer Schußwunde hier findet», sagte Leaphorn. «Oder Ellie.»

«Das stimmt. Aber mir bleibt keine andere Wahl mehr. Sieht so aus, als hätten Sie den richtigen Riecher gehabt.»

«Ich vermute, Sie wollten mich ein Stück weit die Halde hinauflocken und dann dafür sorgen, daß Ellie und ich in die Tiefe stürzen.»

Elliot nickte.

«Worauf ich mir keinen Reim machen kann, ist Ihr Motiv. Warum mußten so viele Menschen sterben?»

«Wenn Sie Maxie zugehört haben, wissen Sie's.» Von Elliots jungenhafter Fröhlichkeit war nichts mehr zu spüren, Bitterkeit sprach aus jedem Wort. «Was, zum Teufel, kann ein Sohn reicher Eltern schon tun, um irgend jemanden zu beeindrucken?»

«Auf Maxie hätten Sie Eindruck machen sollen», sagte Leaphorn. «Eine wunderschöne junge Frau, wirklich.»

Und er dachte: vielleicht geht's mir wie dir. Ich will das hier unbedingt zu einem guten Ende bringen. Emma zuliebe. Emma hatte das nie sehr beeindruckt: hinter Menschen herzujagen und sie der Gerechtigkeit auszuliefern. Aber in diesem Fall wäre das anders gewesen. Und wenn man eine Frau liebt, will man eben Eindruck auf sie machen. Das ist den Männern wohl angeboren. Der Held findet die verschwundene Frau. Und rettet ihr das Leben. Nein, hier durfte nichts schiefgehen. Aber es war schon schiefgegangen. Nicht mehr lange, und Randall Elliot würde Eleanor Friedman-Bernal und ihn ermorden, wann und wo es ihm am besten in den Kram paßte. Leaphorn fiel nichts ein, um das zu verhindern. Es sei denn, daß Brigham Houk…

Er mußte irgendwo in der Nähe sein. Er hatte nicht lange gebraucht, die Stangen zu holen. Und als er zurückgekommen war, hatte er den Fremden gesehen, in ihm seinen Teufel wiedererkannt und sich davongeschlichen. Brigham war ein Jäger. Und ein geistig Verwirrter. Und er hatte Angst vor dem Teufel. Was mochte er also getan haben? Leaphorn glaubte es zu ahnen.

«Wir bleiben erst mal hier und gehen da rüber.» Elliot deutete mit der Pistole auf den Rand der Felsplatte. Genau dahin wollte auch Leaphorn. Es gab sonst in der Nähe keine Stelle, an der sich jemand verstecken konnte. Irgendwo hier mußte sich Brigham aufhalten.

«Es sieht immer merkwürdig aus, wenn zu viele Leute irgendwo abstürzen», sagte er zu Elliot. «Und zwei werden schon zu viele sein.»

«Ich weiß. Haben Sie eine bessere Idee?»

«Könnte sein», sagte Leaphorn. «Erzählen Sie mir mehr über Ihr Motiv.»

«Ich vermute, das ahnen Sie längst.»

«Ich ahne, daß es um Maxie geht. Sie wollen sie gewinnen. Aber sie ist eine selbstbewußte Frau, sehr klassenbewußt, und sie hat eine Menge schlechter Erfahrungen damit gemacht, wie die da oben mit denen da unten umspringen. Sie weiß genau, was sie will, und kann ganz schön bissig werden. Da ist Ihnen nun alles in die Wiege gelegt worden, und alle mögen Sie, und dann kommt Maxie und weist Sie zurück. Deshalb haben Sie beschlossen, irgendeine Leistung zu vollbringen, die nun wirklich nichts damit zu tun haben kann, daß Sie in die Gesellschaft der oberen Zehntausend hineingeboren wurden. Etwas, was jeden beeindrucken muß, sogar Maxie. Andeutungsweise haben Sie mir ja in Chaco davon erzählt. Genetische Veränderungen als Beweis für die Wanderungen eines Volkes. Fährtensuche an Hand menschlicher Gebrechen.»

«Schau mal an», sagte Elliot, «Sie sind tatsächlich nicht so dumm, wie Sie sich gelegentlich stellen.»

«Sie haben dieselben Veränderungen bei den Gebeinen hier und drüben im Checkerboard gefunden, vermute ich. Ihre Ausgrabungen hier in der Schlucht waren illegal, und unsere gute Eleanor hat Sie dabei erwischt.»

Elliot schien das alles mit einem lässigen Wink beiseite zu wischen. «Und deshalb habe ich versucht, sie zu töten. Was mir leider nicht gelungen ist.»

«Eins würde mich noch interessieren: Waren Sie der anonyme Anrufer, der Eleanor beschuldigt hat, Fundstätten auszuplündern?»

«Ja», gab Elliot zu, «wie haben Sie denn das rausgebracht?»

«Es war nur eine Vermutung», sagte Leaphorn.

Wo, zum Teufel, blieb Brigham? Vielleicht weggerannt? Nein, das konnte er sich nicht vorstellen. Sein Vater wäre nie davongerannt. Sein Vater war allerdings auch nicht schizophren gewesen.

«Man bekommt einfach keine Ausgrabungsgenehmigung», versuchte ihm Elliot zu erklären. «Da können Sie alt und grau drüber werden. Diese Arschlöcher von Bürokraten wollen alles für künftige Forschung erhalten. Aber wenn es an einer bestimmten Stelle schon Raubgrabungen gegeben hat, dann sieht die Sache anders aus. Ist erst mal alles verwüstet, stellen sie sich auf einmal nicht mehr so stur an. Ich hatte vor, später noch mehr anonyme Hinweise zu geben. Ganz konkret Fundstätten zu nennen, an denen Eleanor angeblich geräubert hatte. Dann hätte man hier ihre Leiche gefunden und angenommen, daß sie auch nicht besser ist als jeder gewöhnliche Keramikdieb. Was übrigens den Vorteil gehabt hätte, jeden Verdacht von mir abzulenken. Und dann hätte ich endlich meine Ausgrabungsgenehmigung bekommen.» Er lachte. «Ein bißchen umständlich, aber ich hab gedacht, es funktioniert.»

«Sie hätten Ihre Schädel doch auch so bekommen können», sagte Leaphorn, «durch Ankauf oder durch legale Ausgrabungen.»

«Tja, mein Freund, ich hätte bloß nichts damit anfangen können. Was ich bis jetzt habe, sind sozusagen inoffizielle, nicht existente Knochenfunde. Ich hätte nicht sagen dürfen, woher ich sie habe. Nachdem ich erst mal wußte, wo ich sie finden kann, brauchte ich nur noch die Genehmigung. Dann wären es eben offizielle Knochenfunde gewesen, kapiert?» Elliot grinste ihn an, er genoß die Situation. «Sobald ich die Genehmigung in der Tasche habe, komme ich wieder her. Dann kann ich alles fotografieren und dokumentieren.» Wieder dieses Siegerlächeln. «Es sind zwar dieselben Knochen, aber dann habe ich sie ganz legal ausgegraben.»

«Und wie war das mit Etcitty und Nails?» fragte Leaphorn.

Hinter Elliots Rücken hatte er Brigham gesehen. Bestimmt nur deshalb, weil Brigham wollte, daß Leaphorn ihn sah. Hinter einen herabgestürzten Sandsteinbrocken geduckt, halb im Gebüsch verborgen, winkte er Leaphorn zu sich her. In der einen Hand hielt er etwas, was wie ein krumm gewachsener Knüppel aussah.

«Ach – das?» Elliot zuckte die Achseln. «Das war ein Fehler.»

«Sie meinen: die beiden zu töten?»

«Nein, das war nötig, um den Fehler wiedergutzumachen. Nails war zu leichtsinnig geworden. Er konnte den Hals nicht voll genug kriegen. Nachdem die blöden Hunde den Grabenbagger gestohlen hatten, war ja klar, daß sie irgendwann erwischt werden mußten.» Er warf Leaphorn einen lauernden Blick zu. «Und wenn's erst soweit war, hätte Nails bei euch alles ausgeplaudert, aber auch alles.»

«Was Ihrem guten Ruf nicht gerade förderlich gewesen wäre», warf Leaphorn ein.

«Eine Katastrophe wäre das gewesen», bestätigte Elliot. Dann fuchtelte er mit der Pistole. «Aber sehen wir zu, daß wir fertig werden. Ich hab keine Lust, hier Wurzeln zu schlagen.»

Leaphorn startete seinen letzten Versuch. «Wenn ich Ihr Spezialgebiet richtig verstanden habe, könnte ich Ihnen etwas Interessantes zeigen. Etwas, was Friedman-Bernal gefunden hat. Sie beschäftigen sich doch mit Veränderungen am Unterkiefer? Mal ganz grob gesagt.»

«Grob gesagt – ja. Ist Ihnen das Zusammenspiel menschlicher Chromosome ein Begriff? Jeder Fötus enthält dreiundzwanzig Chromosome der Mutter und ebenso viele vom Vater. Die spätere Entwicklung wird durch Gene vorherbestimmt, und bisweilen – bei bestimmten Konstellationen, die zu einer Vervielfachung führen – kann es vorkommen, daß mehr als zwei Chromosomensätze vorhanden sind. Die sogenannte Polyploidie, die zu charakteristischen Veränderungen führt. Erblich. Um so etwas nachzuweisen, genügt es natürlich nicht, nur einen einzigen Beleg zur Hand zu haben. In Chaco, und zwar in einigen frühen Gräbern, habe ich drei Schädel mit typischen Veränderungen gefunden. Ein zusätzlicher Molar im linken Unterkiefer. Und gleichzeitig zeigte sich jeweils eine Verdikkung der Stirnplatte über dem linken Augensockel und...» Er brach ab. «Drücke ich mich verständlich aus?»

«Genetik war nicht gerade mein Lieblingsfach, zuviel mathematisches Drumherum», sagte Leaphorn. Was, verdammt noch mal, trieb Brigham? War er noch hinter dem Sandsteinbrocken?

«Genau», gab ihm Elliot lächeln recht, «ein Prozent praktische Forschung und neunundneunzig Prozent Arbeit an statistischen Modellen, um den Computer zu füttern. Nun, jedenfalls habe ich festgestellt, daß bei entsprechender Genkonstellation jeweils eine dritte markante Veränderung auftritt, und zwar eine zusätzliche mandibulare Aushöhlung für Nerven- und Blutbahnen. Bei der Sippe in Chaco weist die Mandibula linksseitig diese zweite Aushöhlung auf, während rechts alles normal ausgebildet ist. Das Phänomen läßt sich bis zur frühesten Besiedlung zurückverfolgen, ungefähr 650 vor unserer Zeitrechnung. Zusätzlich treten die anderen Charakteristika auf. Und dann stelle ich plötzlich hier draußen – bei Familien, die außerhalb der Kernsiedlung ansässig geworden waren – die gleichen Veränderungen fest. Verstehen Sie, wie wichtig diese Entdeckung war?»

«Und faszinierend», sagte Leaphorn. «Dr. Friedman muß gewußt haben, wonach Sie suchen. Sie hat eine Reihe von Kieferknochen für Sie gesammelt.» Er war während des Gesprächs immer näher auf den Sandsteinbrocken zugegangen. «Kommen Sie, ich zeig's Ihnen.»

Elliot zögerte. «Ich kann mir nicht vorstellen, daß sie auf Funde gestoßen ist, die ich übersehen hätte.» Er folgte Leaphorn, hielt aber die Pistole auf ihn gerichtet. «Andererseits – Sie gehen ohnehin in die Richtung, in die ich auch wollte.»

Sie waren angekommen. Leaphorn spannte die Muskeln an. Wenn jetzt nichts geschah, mußte er selbst etwas unternehmen. Es würde nicht viel nützen. Aber er würde keinesfalls stillhalten und sich einfach abknallen lassen.

«Dort drüben», sagte er.

«Ich habe den Eindruck, Sie legen es nur darauf an...»

Der Satz endete in einem Stöhnen. Es hörte sich wie ein tiefer Atemzug an. Leaphorn fuhr herum. Elliot stand nach vorn gebeugt, die Pistole hing schlaff in seiner Hand. Der Pfeil mußte tief eingedrungen sein, das gefiederte Ende ragte nicht mehr als eine Handbreit aus Elliots Rücken.

Leaphorn wollte zupacken und Elliot auffangen, da hörte er den zweiten Pfeil heranschwirren und aufprallen. Er durchbohrte Elliots Nacken. Die Pistole fiel ihm aus der Hand, schlug polternd aufs Gestein. Elliot brach zusammen.

Leaphorn nahm die Pistole an sich, kauerte sich neben Elliot, drehte ihn auf den Rücken. Blicklos starrten ihn die offenen Augen an. Eine Blutspur rann aus Elliots Mundwinkel.

Der Wind trug den ersten Schnee heran, kleine, trockene Flocken, die wie weißer Staub über den Boden tanzten. Leaphorn sah sich den Pfeil an. Sportschützen benutzten solche Pfeile, handelsübliche Ausrüstung, die jedes Sportgeschäft führte. Er war Elliot tief in den Nacken gedrungen. Ihn herauszuziehen, hätte alles nur schlimmer gemacht. Wenn es überhaupt noch etwas schlimmer zu machen gab. Leaphorn stand auf, sah sich suchend nach Brigham Houk um. Brigham stand neben dem Felsbrocken, in der Hand hielt er den Bogen. Ein häßliches, großes Ding aus Metall, Holz und Kunststoff. Er blickte nach oben, suchte den Himmel ab. Von irgendwoher hörte Leaphorn das knatternde Rotorengeräusch eines Hubschraubers. Brigham hatte es vor ihm gehört. Er wich keinen Schritt von seinem Versteck, immer auf dem Sprung, hinter der Deckung zu verschwinden.

Der Hubschrauber erschien über dem Kamm der Felswände, schwebte direkt auf sie zu. Leaphorn winkte, jemand winkte zurück. Dann drehte sich die Maschine und verschwand über der Mesa.

Leaphorn tastete nach Elliots Puls. Der Herzschlag war kaum noch zu fühlen. Er wandte sich um, suchte wieder nach Brigham. Aber von Brigham war nichts mehr zu sehen, er war wie vom Erdboden verschluckt. Leaphorn ging zur Trage, auf der Dr. Eleanor Friedman-Bernal lag. Sie schlug kurz die Augen auf, sie schien ihn zu sehen, aber nicht wahrzunehmen. Er breitete die Decke aus Kaninchenfell über sie, stopfte sie fest, sehr vorsichtig, um ihr nicht weh zu tun.

Das Schneegestöber wurde dichter, immer noch waren die Flokken federleicht. Er ging zurück zu Elliot. Kein Puls mehr. Leaphorn öffnete Elliots Jacke, fühlte nach dem Herzschlag. Nichts. Auch kein Atemhauch. Randall Elliot, graduiert in Exeter, in Princeton und in Harvard, ausgezeichnet mit dem Navy Cross, war an einem Pfeilschuß gestorben. Leaphorn faßte ihn unter den Armen und zog ihn zum Sandsteinbrocken. Dort hatte sich Brigham Houk versteckt, dort mochte Elliot jetzt Schutz vor dem Schneegestöber finden. Elliot war ein schwerer Mann, und Leaphorn spürte, daß seine Kräfte nachließen. Er mußte heftig zerren und drehen, bis er die Pfeile aus Elliots Rücken und Nacken gezogen hatte. So gut es ging, wischte er das Blut an Elliots Jacke ab. Dann zerhämmerte er die beiden Pfeile mit einem Stein, die Bruchstücke steckte er ein. Schließlich suchte er trockenes Holz und verdorrte Kräuter, um den Toten damit zuzudecken. Es wurde ein sehr behelfsmäßiges Leichentuch. Aber das spielte wohl keine Rolle, die Kojoten würden Randall Elliot ohnehin finden.

Steine polterten die Geröllhalde herunter. Officer Jim Chee. Er sah zerzaust aus, gehetzt, voller Unruhe.

Leaphorn konnte seine Anerkennung nur mit Mühe verbergen. Er zeigte auf die Trage. «Wir müssen Dr. Friedman rasch ins Krankenhaus bringen. Können Sie den Hubschrauber herholen?»

«Natürlich», sagte Chee und wollte schon losrennen.

«Augenblick noch», hielt ihn Leaphorn auf.

Chee blieb stehen.

«Was haben Sie hier gesehen?» fragte Leaphorn.

Chee hob die Augenbrauen. «Ich habe Sie neben einem Mann stehen sehen, der am Boden liegt. Ich nehme an, es ist Elliot. Und dann habe ich die Trage gesehen. Und den anderen Mann. Er verschwand irgendwo da drüben, als wir mit dem Hubschrauber über den Kamm kamen.»

«Warum halten Sie den da für Elliot?» fragte Leaphorn.

Chee sah ihn überrascht an. «Er hat den Hubschrauber gemietet, der da oben auf der Mesa steht. Es war nicht schwer, sich auszurechnen, was er tun würde, sobald er erfuhr, daß Dr. Friedman-Bernal noch lebt. Er würde herkommen und sie töten, bevor Sie hier sein konnten.»

Im stillen bewunderte Leaphorn ihn immer mehr. Und das war ihm jetzt sogar anzumerken. «Wissen Sie, wie Elliot erfahren hat, daß sie noch am Leben ist?»

Chee verzog das Gesicht. «Im Grunde hat er's durch mich erfahren.»

«Aber dann haben Sie Ihre Schlußfolgerungen daraus gezogen?»

«Er hat Ausgrabungsgenehmigungen beantragt – für hier und für die Schlucht, in der Etcitty und Nails ermordet wurden. Beide Anträge wurden abgelehnt. Ich bin dann raus nach Chaco gefahren, um mit ihm zu reden. Dabei habe ich... Erinnern Sie sich an die beiden Plastikbeutel in der Schlucht im Checkerboard? Und an den einen, der in der Packung fehlte? Nun, den habe ich bei ihm in der Küche gefunden. Voll mit Unterkiefern.»

Leaphorn wollte nicht erst lange fragen, wie Chee in Elliots Küche gekommen war.

«Also los», sagte er, «holen Sie den Hubschrauber her. Und kein Wort über das, was Sie hier gesehen haben, klar?»

Chee sah ihn fragend an.

«Das heißt, daß Sie überhaupt nichts sagen sollen. Warum, erkläre ich Ihnen, sobald wir Zeit dazu haben.»

Chee trabte los, auf die Geröllhalde zu.

«Danke», sagte Leaphorn hinter ihm her. Aber er war nicht sicher, ob Chee das noch gehört hatte.

Als sie die Trage verladen hatten und selbst in den Hubschrauber geklettert waren, war aus dem lockeren Gestöber dichter Schneefall geworden. Der Hubschrauber hob ab, Leaphorn wurde gegen die Bordwand geworfen. Er blickte nach unten. Eine wilde Schlucht, in Jahrhunderten in die Landschaft gegraben, von tanzenden Schneeflocken verschleiert. Er mußte rasch wegsehen. Selbst in großen Maschinen machte ihm das Fliegen zu schaffen. Irgendwas in seinem Innenohr geriet dann jedesmal aus den Fugen, brachte sein Gleichgewichtsgefühl ins Wanken, würgte in seinem Hals. Er schloß die Augen und schluckte gegen den Brechreiz an.

Der erste Schnee. Sobald das Wetter besser war, würden sie wieder herfliegen, den anderen Hubschrauber abholen und sich um Elliots Leiche kümmern. Was sicher nicht viel Sinn hatte. Denn bis dahin war alles unter einer Schneedecke begraben. Im Frühjahr, wenn das Tauwetter einsetzte, würden sie noch einmal herkommen. Aber dann fanden sie nur noch Elliots Skelett. Verstreute Knochen – wie die neben den Gräbern der Anasazi. Eine Pfeilwunde konnte dann niemand mehr entdecken. Todesursache unbekannt, stand in solchen Fällen im Bericht des Coroners. Und hier fügte er vielleicht noch hinzu: Die Leiche ist Raubtieren zum Opfer gefallen.

Er warf einen Blick nach hinten. Chee saß eng eingeklemmt im

Stauraum neben der Tragbahre. Seine Hand lag auf Eleanors Arm. Sie schien wach zu sein.

Ich werde ihn fragen, welche Zeremonie der Heilung er mir empfiehlt, dachte Leaphorn. Und im selben Augenblick wußte er, daß ihm ein solcher Gedanke früher nie gekommen wäre. Er dachte darüber nach, woran das lag. Und daran, wie stolz Emma heute wäre, wenn sie zu Hause auf ihn gewartet und erfahren hätte, daß er die Frau im Krankenhaus abgeliefert hatte. Und er dachte auch an Brigham Houk. In vierundzwanzig Tagen war wieder Vollmond. Brigham würde vorn bei den Findlingen stehen und warten. Aber sein Vater kam nicht mehr.

Ich werde noch mal zu ihm gehen, dachte Leaphorn. Irgend jemand muß es ihm ja sagen. Aber das bedeutete, daß er nun doch noch nicht seinen Abschied von der Navajo Tribal Police nehmen konnte. Er mußte es verschieben. Vielleicht für lange Zeit. Es war nicht so einfach, eine Lösung für das Problem zu finden, was aus Brigham Houk werden sollte. Er mußte wohl ein paarmal ins Kajak steigen und sich den Fluß hinuntertreiben lassen. Und wenn das alles zu lange dauerte, mußte er eben sein Entlassungsgesuch zurückziehen. Wie Captain Nez schon gesagt hatte: er konnte ja jederzeit ein neues schreiben.

Chee merkte, daß Leaphorn zu ihm herblickte.

«Alles in Ordnung?» fragte Chee.

«Ich hab mich schon besser gefühlt», sagte Leaphorn. Und dann fiel ihm etwas ein. Er dachte kurz darüber nach. Warum nicht? «Wie ich höre, sind Sie Medizinmann. Ein Sänger, der das Lied singt, das den Segen bringt, hat man mir gesagt. Stimmt das?»

Chee starrte ihn ein bißchen trotzig an. «Ja, Sir.»

«Ich wollte Sie bitten, es für mich zu singen», sagte Leaphorn.

Philip Kerr

Philip Kerr wurde 1956 in Edinburgh geboren und lebt heute in London. Er hat den Ruf, einer der ideenreichsten und intelligentesten Thrillerautoren der Gegenwart zu sein. Für seinen Roman «Das Wittgensteinprogramm» erhielt er den Deutschen Krimi-Preis 1995, für seinen High-Tech Thriller «Game over» den Deutschen Krimi-Preis 1997.
«Philip Kerr schreibt die intelligentesten Thriller seit Jahren.» *Kirkus Review*

Das Wittgensteinprogramm
Ein Thriller
Deutsch von
Peter Weber-Schäfer
416 Seiten. Gebunden.
Wunderlich Verlag
und als rororo 22812

Feuer in Berlin
(22827)

Alte Freunde - neue Feinde
Ein Fall für
Bernhard Gunther
(22829)

Im Sog der dunklen Mächte
Ein Fall für
Bernhard Gunther
(22828)
«Ein kantiger, subversiver Held vor einem kraftvoll gestalteten geschichtlichen Hintergrund: Kerr liefert das Beste.» *Literary Review*

Gruschko *Gesetze der Gier*
Roman (26133)

Der Plan *Thriller*
Deutsch von Cornelia
Holfelder- von der Tann
(22833)

rororo Unterhaltung

Game over *Thriller*
Deutsch von
Peter Weber-Schäfer
(22400)
Ein High-Tech-Hochhaus in Los Angeles wird zur tödlichen Falle, als der Zentralcomputer plötzlich verrückt spielt. Mit dem ersten Toten beginnt für die Yu Corporation ein Alptraum.
«Brillant und sargschwarz.» *Wiener*

Esau *Thriller*
Deutsch von
Peter Weber-Schäfer
(22480)

Der zweite Engel
Deutsch von Cornelia
Holfelder-von der Tann
448 Seiten. Gebunden.
Wunderlich und als
rororo 23000

Weitere Informationen in der **Rowohlt Revue**, kostenlos im Buchhandel, oder im **Internet: www.rororo.de**

Paul Auster

Paul Auster, geboren 1947 in Newark / New Jersey, gilt in Amerika als eine der großen literarischen Entdeckungen der letzten Jahre. Er studierte Anglistik und vergleichende Literaturwissenschaft an der Columbia University und verbrachte danach einige Jahre in Paris. Heute lebt er in New York.

Die New York-Trilogie *Roman*
(rororo 12548)
«Eine literarische Sensation!» *Sunday Times*

Mond über Manhattan *Roman*
(rororo 22756)

Smoke. Blue in the Face
Zwei Filme
(rororo 13666)

Die Erfindung der Einsamkeit
(rororo 13585)

Die Musik des Zufalls *Roman*
(rororo 13373)

Mr. Vertigo *Roman*
Deutsch von Werner Schmitz
320 Seiten. Gebunden und als rororo Band 22152

Leviathan *Roman*
Deutsch von Werner Schmitz
320 Seiten. Gebunden und als rororo Band 13927

Von der Hand in den Mund
Deutsch von Werner Schmitz
512 Seiten. Mit 24 farbigen Tafeln. Gebunden und als rororo Band 22634
Aller Anfang ist schwer: Paul Austers amüsantes Selbstporträt des Künstlers als hungernder Mann vor dem Hintergrund der bewegten sechziger und siebziger Jahre.

rororo Literatur

Timbuktu *Roman*
Deutsch von Peter Torberg
192 Seiten. Gebunden und als rororo 22882

Das rote Notizbuch
Deutsch von Werner Schmitz
64 Seiten. Pappband und als rororo 23040

Paul Auster's Stadt aus Glas
Herausgegeben von Bob Callahan und Art Spiegelman. New York-Trilogie I. Großformat
(rororo 13693)

Im Land der letzten Dinge
Roman
Deutsch von Werner Schmitz
200 Seiten. Gebunden und als rororo Band 13043

Lulu on the Bridge
Das Buch zum Film mit Vanessa Redgrave und Harvey Keitel
(rororo 22426)

Mein New York.
Mit einem Vorwort von Luc Sante.
Deutsch von Joachim A. Frank und Werner Schmitz
120 Seiten. 15 Fotos. Gebunden

Stewart O'Nan

Stewart O'Nan wurde in Pittsburgh geboren und wuchs in Boston auf. Er arbeitete als Flugzeugingenier und studierte in Cornell Literatur. Heute lebt er mit seiner Frau in Avon, Connecticut. Für seinen Erstlingsroman «Engel im Schnee» erhielt Stewart O'Nan 1993 den William-Faulkner-Preis.

Sommer der Züge *Roman*
Deutsch von Thomas Gunkel
512 Seiten. Gebunden
Der bewegende Roman einer Familie, deren Leben im Kriegssommer 1943 von lauten und leisen Katastrophen überschattet wird. O'Nans neuer Roman zählt zu den Werken, «die man leichtfüßig betritt und nur schweren Herzens wieder verläßt». *Neue Zürcher Zeitung*

Engel im Schnee Roman
Deutsch von Thomas Gunkel
256 Seiten. Gebunden und als rororo 22363
«Stewart O'Nan spürt die großen Tragödien menschlicher Vestrickungen auf. Meisterhaft beschreibt er kleine Demütigungen und Mißverständnisse im täglichen Leben, unerfüllte Hoffnungen rund um Liebe und Leid, die zu Dramen eskalieren. Sein spannendes Erzählwerk ist zum Heulen traurig und voller Schönheit, seine Sprache genau und von bestechendem Charme. Die literarische Szene ist um einen exzellenten Erzähler reicher geworden.»
Der Spiegel

Literatur

Die Speed Queen *Roman*
Deutsch von Thomas Gunkel
480 Seiten. Gebunden und als rororo 22640
Margie Standiford sitzt in der Todeszelle eines Gefängnisses. Stunden vor der Hinrichtung spricht sie ihre Lebensgeschichte auf Band. Sie erzählt, wie sie zur «Speed Queen» wurde; wie aus dem Drogenkonsum mit ihrem Mann und ihrer – und seiner – Geliebten Dealen wurde, aus Dealen Raub und aus Raub vielfacher Mord.
«Ein großartiges Buch.»
Die Welt

Die Armee der Superhelden
Erzählungen
(paperback 22675 / Februar 2000)
In diesen preisgekrönten Erzählungen entfaltet Stewart O'Nan die ganze Bandbreite menschlichen Lebens zwischen Verzweiflung und Hoffnung.

Weiter Informationen in der **Rowohlt Revue**, kostenlos in Ihrer Buchhandlung, und im **Internet: www.rowohlt.de**